7. Amerikanischer Schwarzbär

8. Eisbär

DROEMER

MORITZ KLOSE

IM REICH DER BÄREN

DIE GELASSENEN GEBIETER
DES WALDES

DROEMER

Zur besseren Lesbarkeit wird in diesem Text das generische Maskulinum verwendet. Die verwendeten Personenbezeichnungen beziehen sich – sofern nicht anders kenntlich gemacht – auf alle Geschlechter.

Besuchen Sie uns im Internet:
www.droemer-knaur.de

MIX
Papier | Fördert gute Waldnutzung
FSC® C014496

Originalausgabe Mai 2025

Ein Imprint der Verlagsgruppe Droemer Knaur GmbH & Co. KG
Maria-Luiko-Straße 54, 80636 München

Covergestaltung: ZERO Werbeagentur, München
Coverabbildung: ZERO Werbeagentur unter Verwendung eines Motivs von Dimitri Tymchenko / Shutterstock.com
Satz und Layout: Adobe InDesign im Verlag
Druck und Bindung: GGP Media GmbH, Pößneck
ISBN 978-3-426-44904-2

Kontaktadresse nach EU-Produktsicherheitsverordnung:
produktsicherheit@droemer-knaur.de

2 4 5 3 1

INHALT

Alaska
125

Rumänien
185

Bayern
229

ANFANG

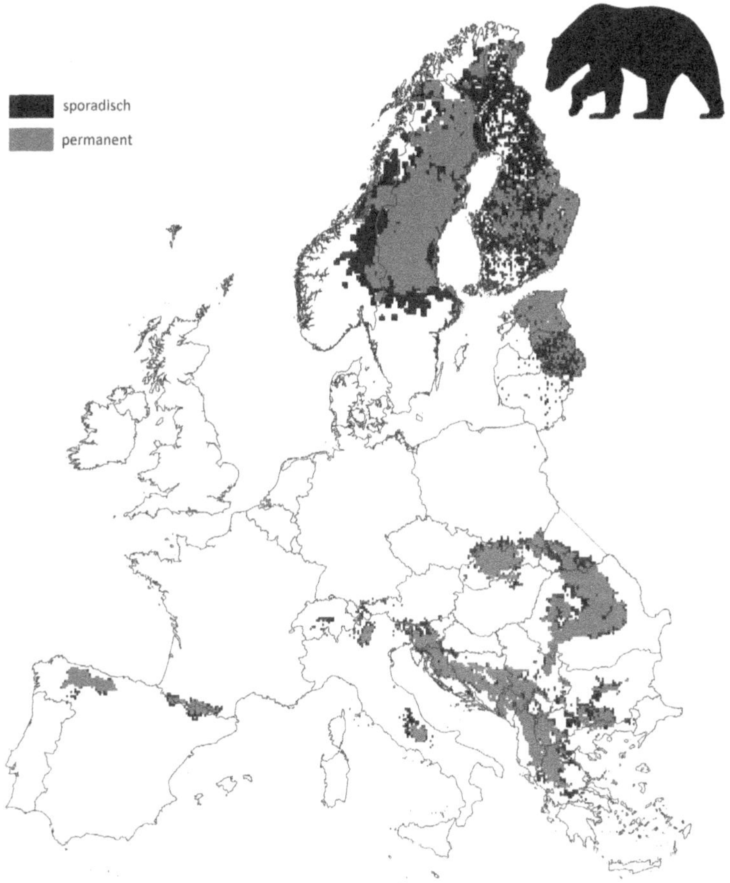

Diese Karte zeigt die Verbreitung von Braunbären in Europa im Zeitraum 2017 bis 2023. Die Kategorie permanent (hellgrau) bezeichnet Gebiete, in denen Bären dauerhaft vorkommen. Die Kategorie sporadisch (dunkelgrau) zeigt Regionen, in denen Bären gelegentlich nachgewiesen wurden.

Den ersten frei lebenden Bären, den ich in Europa sah, hielt ich für einen Fuchs.

Es war im Juni 2017, als ich mit einer Gruppe von Jugendlichen, die sich im WWF für den Luchs engagierten, in die Slowakei fuhr, um mich mit ihnen auf die Spuren der Pinselohren zu begeben. Neben Wölfen und Bären gibt es dort auch Luchse, und wir wollten uns ein Bild von ihrem Lebensraum machen und Menschen treffen, die sich für den Schutz der heimlichen Katzen engagieren. Wir trafen Jäger, Tierhalter, Bürgermeister, Tierfilmer und Wissenschaftler, unter anderem auch diejenigen, die zu dem Zeitpunkt Luchse einfingen, damit sie für ein Wiederansiedlungsprojekt im Pfälzer Wald nach Deutschland gebracht werden konnten. In den Wäldern des Muránska-Planina-Nationalparks wurde der Bestand an Luchsen zu diesem Zweck schon länger mithilfe von Fotofallen beobachtet, man spricht auch von Monitoring. Auf von Wildtieren häufig frequentierten Wegen, sogenannten Wechseln, wurden große Kastenfallen aufgestellt, die mit Kameras und Sensoren ausgerüstet waren. Die Forscher wurden sofort informiert, wenn ein Tier in die Falle ging, es wurde unmittelbar daraus befreit und in ein Gehege zur Untersuchung gebracht. Nach einigen Wochen in Quarantäne konnten die eingefangenen Luchse dann nach Deutschland transportiert werden.

Es war früh am Morgen, als ich mich zum Joggen aufmachte. Ich kannte mich nicht aus in dieser Region der Slowakei, aber das machte mir nichts aus: Ich lief einfach los. Joggen ist für mich die beste Möglichkeit, um die Landschaft zu erkunden. Auch wenn ich auf Dienstreisen in Städten bin, habe ich meist die Laufschuhe dabei. Sightseeing on the run.

Mir wird oft gesagt, dass ich eine große Ruhe ausstrahlen würde und man mir anmerke, dass ich mit mir im Reinen sei. Merkwürdig, denn innerlich bin ich ständig in Bewegung; manchmal habe ich das Gefühl, mein Kopf würde vor Gedanken und Ideen platzen und mein Bauch vor Unruhe explodieren. Ich weiß in aller Regel sechs Wochen vorher, was ich an einem Dienstagnachmittag um 15.00 Uhr mache, mit manchen meiner Freunde plane ich ein halbes Jahr im Voraus Ausflüge und Kochabende, ich gehe in meinem Kopf kontinuierlich diverse berufliche und private To-do-Listen durch.

Meine Hündin Thula, eine sechsjährige, mittelmäßig gut erzogene, dafür aber umso bezauberndere Magyar-Vizsla-Dame, hat ein ähnliches Temperament. Vizslas jagen am liebsten Niederwild, Vögel und Kaninchen, sie sind Familienhunde und möchten immer bei allem dabei sein, sie sind ständig bereit zu arbeiten, zu erkunden, zu suchen, zu schnüffeln. Zu meinem Freund Markus, der auch einen Vizsla hat, meinte ich einmal: Vizslas haben einfach eine höhere Grundgeschwindigkeit. Markus fand, das sei sehr zutreffend. Man sagt ja, dass die Halter ihren Hunden oft sehr ähnlich seien. Was soll ich sagen. Thula trägt mein Inneres nach außen.

Ich jogge nicht, um vor Dingen wegzurennen. Auch nicht vor Bären, denn vor ihnen sollte man unter keinen Umständen wegrennen, doch dazu später mehr. Es ist eher so: Wenn ich neue Gebiete erkunde, ist Joggen für mich die effizienteste Art, in möglichst kurzer Zeit möglichst viel zu sehen. Sightseeing in »fast forward«. Aber indem ich immer schneller renne, schaffe ich es auch, meine Gedanken auszubremsen und zu ordnen.

Beim Laufen hilft mir neuerdings auch klassische Musik. Als sportliche Begleitung habe ich sie für mich bei »Chef's Table« auf Netflix entdeckt. Die exakt auf die Melodien aus Vivaldis Vier Jahreszeiten abgestimmte Abfolge von Zeitrafferaufnahmen aus den bedeutendsten Gourmetküchen entspricht dem Wirbeln in meinem Kopf und meiner Vorliebe für Synchronisation und Perfektion. Genauso wie der Moment, wenn ich unter der Brücke am Schkeuditzer Kreuz hindurchfahre, sich ein Airbus auf dem Weg zum Rollfeld befindet und ein anderes Flugzeug in der gleichen Sekunde auf der Landebahn aufsetzt. Alles gleichzeitig! In der Logistikbranche oder im Veranstaltungsmanagement hätte ich mich auch wohlgefühlt.

Doch ich wurde Naturschützer. Mit elf sammelte ich auf dem Marktplatz meiner Heimatstadt Magdeburg Unterschriften gegen den Walfang, gründete ein Greenteam – eine Jugendorganisation von Greenpeace – und säuberte mit ein paar Klassenkameraden Waldgrundstücke von Müll. Damals wollte ich Parkranger in einem der großen Nationalparks der USA werden, am besten Yellowstone oder Grand Canyon. Vielleicht würde man erwarten, dass ich als Autor eines Bärenbuches jetzt schreibe, dass ich Bären schon liebte, als ich fünf war, mit acht bereits alle Bärenparks in Deutschland besucht hatte, mit zwölf in Alaska Bären beim Lachsfischen beobachtet hatte und während meines Biologiestudiums zum Winterschlaf von Schwarzbären in Nordamerika forschte.

So war es jedoch nicht! Zwar studierte ich Biologie, erforschte aber während meiner Bachelorarbeit epiphytische (auf Bäumen wachsende) Orchideen. Meinen Master machte ich im Fach Naturschutz, Ökologie und Evolution und ging dabei der Frage nach, ob Totholz und Kuhdung sinnvolle Alternativbrennstoffe sein könnten, um die Entwaldung in der Nordost-Mongolei aufzuhalten.

Die Natur ist so vielfältig und interessiert mich schon immer. Tiere faszinieren mich ebenso wie Pflanzen und vor allem ihre komplexen Wechselbeziehungen, über die sie miteinander in Verbindung stehen. Manchmal wäre ich gern ein naturwissenschaftlicher Universalgelehrter wie Alexander von Humboldt oder wie einige der Biologieprofessoren, bei denen ich Vorlesungen hörte. Meine Freunde und Familie denken, ich wäre den ganzen Tag draußen und würde mich auf die Spuren von imposanten Vierbeinern begeben. Schön wäre das, denke ich, aber die Realität sieht meistens anders aus. Ich greife häufiger zum Telefon als zum Fernglas.

Seit einiger Zeit arbeite ich für die Internationale Naturschutzstiftung des NABU und darf Projekte zum Erhalt seltener Arten und ihrer Lebensräume koordinieren. Ob in den Bergnebelwäldern Äthiopiens oder in den Feuchtgebieten Ruandas: Weltweit setzt sich die Stiftung für Mensch und Natur ein. Davor leitete ich acht Jahre lang das Wildtierprogramm des WWF Deutschland. In den Projekten begleitete ich die Rückkehr von Wolf, Luchs, Bär, Elch und Wisent nach Deutschland und Europa.

Die Rückkehr von Raubtieren, die lange Zeit hierzulande als ausgestorben galten, wirft viel mehr gesellschaftliche als ökologische Fragen auf. Wie können wir Schafe, Ziegen und Rinder vor Übergriffen durch Wölfe schützen? Frisst der Luchs die letzten Rehe des Bayerischen Waldes und haben die dortigen Jäger dann gar nichts mehr zu schießen? Welche Gefahr geht von Wölfen aus, die auch tagsüber in Siedlungen gesichtet werden? Kann ich in den Gebirgen Süddeutschlands noch angstfrei spazieren gehen, wenn dort jetzt immer wieder Bären gesichtet werden? Müssen Waldkindergärten geschlossen werden, wenn sich ein neues Wolfsrudel in der Gegend etabliert hat? Wie viele Wölfe brauchen wir überhaupt? Und bedeutet die Rückkehr der großen Beutegreifer nicht gar das Ende des christlichen Alpenlandes?

Wir sprechen von Mensch-Wildtier-Konflikten, die jetzt vermehrt auftreten, doch häufig sind dies nicht Konflikte zwischen Menschen und Tieren, sondern Meinungsverschiedenheiten zwischen Menschen mit unterschiedlichen Wertvorstellungen, die sich hervorragend auf Bär, Wolf und Co. projizieren lassen.

Es war kühl an diesem Morgen, und ich lief zuerst die Straße entlang, die zu unserer Unterkunft – einer urigen Hütte auf einem Hügel, umgeben von lichten Wäldern – führte. Ich querte eine Hauptstraße und bog auf der anderen Seite auf eine Forststraße ab, als ich auf einmal ein kleines Fellknäuel ungefähr 30 Meter vor mir liegen sah. Oh, ein Fuchs, dachte ich, der ist ja ganz entspannt und liegt da einfach herum. Ich ging etwas näher und realisierte: Oh, kein Fuchs, sondern ein Bär!

Da vorne lag tatsächlich ein Bärenjunges. Sofort begann es in meinem Kopf zu rattern. Wenn dort vorne ein Bärenjunges liegt, ist die Mutter mit Sicherheit nicht weit weg. Ich bekam keine Panik, aber meine Sinne waren schlagartig aktiv, und ich fühlte mich sehr lebendig.

Ich kannte dieses Gefühl von früher. Als ich mit neun Jahren die alte Praktica-Spiegelreflexkamera meiner Mutter geschenkt bekam und meine Leidenschaft für die Fotografie entdeckte, verbrachte ich viel Zeit in stillgelegten Fabrikhallen, um die Ruhe, die ich dort vorfand, auf Silberhalogenid und Gelatine zu bannen. Heute spricht man von »lost places«. Damals, vor über 25 Jahren, gab es sie auch schon, diese verlassenen Fabrikhallen, in denen die Zeit stillzustehen schien. Ich schlich allein durch die Räume auf der Suche nach Stillleben, Lichtspielen, zeitlosen Objekten, Symmetrie, Licht und Schatten. Meine Sinne waren so wach und ich mit mir selbst so im Reinen, dass ich das Gefühl hatte, die Unendlichkeit spüren zu können.

So ähnlich fühlte ich mich jetzt also auch, als ich das Bärenjunge erkannte und unmittelbar realisierte, dass dies eine sehr gefährliche Situation sein könnte. Meine eigene Endlichkeit stand mir sehr deutlich vor Augen.

Ich schaute mich um, doch weit und breit war keine Bärenmutter in Sicht. Der junge Bär bewegte sich nur wenig, und ich war zugegebenermaßen etwas ratlos und wusste nicht genau, was ich jetzt tun sollte. Deshalb tat ich etwas, von dem ich wusste, dass es nicht die weiseste Entscheidung war, und lief weiter den Weg entlang. Das Bärenjunge ließ ich circa fünf Meter links neben mir liegen. Ich wollte unbedingt diesen Berg hochlaufen, und der einzige Weg dort hinauf führte direkt an dem Bärenbaby vorbei. Ich lief also leise und vorsichtig weiter, die Ohren gespitzt und ein paar kurze Blicke auf den kleinen Bären werfend um die nächste Kurve. Ein paar Hundert Meter den Weg entlang hörte ich es links im Wald laut knacken, so als würde sich ein großes Lebewesen durch das Unterholz bewegen. Oh, Mist, da kommt Mama Bär, dachte ich und ging sehr langsam weiter. Doch da sich keine Bärin zeigte, war ich fürs Erste beruhigt und lief und lief und lief.

Langsam wich meine von Adrenalin befeuerte Besessenheit, unbedingt diesen Berg erklimmen zu müssen, einem realistischeren Verständnis für die Gefahrenlage, in der ich mich befand beziehungsweise befunden hatte, und der Einsicht, dass ich auf keinen Fall diesen Weg zurücklaufen sollte. Ich wollte nicht doch noch das Risiko eingehen, auf Mama Bär zu treffen und von ihr angegriffen zu werden, weil sie ihr Junges verteidigen wollte.

Also lief ich weiter den Pfad entlang, fest entschlossen, einen anderen Weg zurück zu finden und in einem sehr großen Bogen pünktlich zum Frühstück zurück zur Unterkunft zu gelangen. Doch leider gab es nirgends einen Abzweig, geschweige denn einen Weg nach unten. Der Weg führte immer weiter bergauf – Höhentraining war ich als Flachland-Berliner zu diesem Zeitpunkt in keiner Weise gewohnt –, sodass meine Kräfte bald nachließen. Seit der Begegnung mit dem jungen Bären war ich schon über eine halbe Stunde unterwegs, ohne Aussicht auf alternative Abstiegsmöglichkeiten. So entschied ich mich schließlich, umzudrehen. Je näher ich dem Platz kam, wo das Bärenjunge gelegen hatte, desto mehr schärften sich meine Sinne, und ich fragte mich, was ich tun würde, wenn ich jetzt der Bärenmutter begegnete.

Braunbären greifen dann an, wenn sie sich bedroht oder in die Enge gedrängt fühlen. Angriffe von Bären auf Menschen sind in Europa relativ selten, jedoch sind insbesondere Bärenmütter mit Jungen sehr aggressiv. Häufig starten sie in Situationen einen Angriff, in denen sie überrascht werden. Deshalb tragen manche Wanderer Glocken am Rucksack in der Hoffnung, Bären schon frühzeitig darauf aufmerksam zu machen, dass Menschen in der Nähe sind, damit sie sich eben nicht überrascht fühlen. Glocken taugen als Frühwarnsystem für Bären allerdings nur sehr bedingt, da die Bären die Glockengeräusche erst hören, wenn man ihnen praktisch unmittelbar gegenübersteht. Schreien, Klatschen und Reden sind wirksamere Methoden, um einen Bären auf die Anwesenheit eines Menschen aufmerksam zu machen.

Ich hatte weder eine Glocke dabei, noch war mir nach Reden oder Klatschen zumute, eher nach Schreien, aber ich entschied mich für Singen. Ich trällerte leise vor mich hin; lauter dann, als ich es wiederholt rechts und links im Wald knacken hörte.

Ich war mir selbst peinlich, was für eine blöde Situation! Ich sah die Schlagzeile schon vor mir: WWF-Wildtier-Experte bei Bärenangriff in der Slowakei getötet. Aber es half ja nichts! Ich lief weiter. Als ich wieder zu der Stelle kam, lag das Bärenjunge immer noch dort. Ich lief einfach weiter, spürte schon förmlich die Pranke von Mama Bär in meinem Nacken, doch auch dieses Mal wurde ich verschont, und so kam ich völlig außer Puste wieder an dem Häuschen an, wo die anderen schon auf mich und das Frühstück warteten.

Ich erzählte ganz aufgeregt von meiner Begegnung, und wir überlegten gemeinsam, was wir machen könnten. Ich sagte, dass es sich vielleicht um ein verwaistes Bärenjunges handeln könnte, das in diesem Alter nur in menschlicher Obhut eine Überlebenschance hätte, doch in der Slowakei gab es keine Station für Bärenwaisen, und es war ja auch gar nicht klar, ob dieser Jungbär wirklich seine Mutter verloren hatte. Schließlich hatte ich ja das wiederholte Knacken im Wald als Zeichen für die Anwesenheit eines erwachsenen Bären gedeutet. Es kommt auch durchaus vor, dass Bärenmütter ihre Jungen für eine gewisse Zeit allein zurücklassen, jedoch in der Regel nicht für mehrere Stunden.

Am nächsten Tag wollte ich noch einmal vorbeischauen und lief wieder zu der Stelle, doch das Bärenjunge war fort. So konnte ich nun also hoffen, dass es sich nicht um ein verwaistes Junges gehandelt hatte und dass die Bärenmutter zurückgekommen war, um ihren Sprössling zu holen.

Hier in der Slowakei gab es schon immer Bären, Wölfe und Luchse. Auch während der Verfolgung und Zurückdrängung der großen Beutegreifer insbesondere ab dem Mittelalter fanden die drei Arten in den großen Waldgebieten und Mittelgebirgen der Karpaten, deren nordöstliche Ausläufer bis in die Slowakei reichen, immer einen Rückzugsort.

Ich fragte mich, wie es wäre, wenn auch nach Deutschland wieder dauerhaft Bären zurückkehren würden. In Anbetracht der großen emotionalen Diskussionen um die Rückkehr von Wölfen und die damit einhergehenden Konflikte schien mir der Bär noch mal eine andere Dimension zu sein: ein Raubtier, das Menschen töten kann, ist im wahrsten Sinne des Wortes eine noch größere Nummer. Immer wenn Journalisten mich fragten, ob es Pläne gäbe, Bären wieder in Deutschland anzusiedeln, antwortete ich deshalb auch ganz wahrheitsgemäß, ich könne mir nicht vorstellen, dass jemand dies ernsthaft in Erwägung zöge.

Doch in den letzten zwanzig Jahren werden immer wieder Bären in Deutschland nachgewiesen, durch Fotofallenaufnahmen, Sichtungen, Risse an Nutztieren oder Spuren im Schnee. Dauerhaft geblieben ist bislang keiner.

Bei der Frage nach einer dauerhaft geglückten Rückkehr von Meister Petz nach Deutschland gilt es meiner Meinung nach zwei Hauptfragen zu bedenken, und keine von beiden ist leicht zu beantworten: Erstens, welche Rolle spielt der Braunbär eigentlich im Ökosystem, und gibt es hierzulande genug geeigneten Lebensraum für die großen Braunen? Und zweitens, wie viel Raum geben wir dem Bären in unserem Alltag, in unseren Köpfen und Herzen? Sprich: Sind wir als Gesellschaft insgesamt und speziell die Menschen vor Ort in den Bärenlebensräumen überhaupt bereit für ein Leben in Nachbarschaft zu einem Raubtier?

Ich lade Sie ein, auf den nächsten Seiten mit mir auf eine faszinierende Reise durch die Welt der Bären zu gehen. Zuerst werfen wir einen Blick auf die verschiedenen Bärenarten weltweit, die Bedrohungen, denen sie ausgesetzt sind, und die Art und Weise, wie andere Kulturen mit diesen Raubtieren zusammenleben. Danach reisen wir in die Vergangenheit und tauchen ein in die Kulturgeschichte der Beziehung von Mensch und Bär: Warum wurden die

Tiere ausgerottet? Welche Bedeutung hatten sie bei Naturvölkern und Kriegergesellschaften? In welchen Geschichten, Mythen und Namen begegnen sie uns heute noch?

Um die Biologie der Braunbären und das richtige Verhalten ihnen gegenüber besser verständlich zu machen, nehme ich Sie anschließend mit in die Wildnis Alaskas, in eine der bärenreichsten Regionen der Welt. Und schließlich kehren wir nach Europa zurück. Wir betrachten die Situation des Bären in Rumänien, wo er nie vollständig ausgerottet wurde, und diskutieren, welche Zukunftsaussichten es für Meister Petz hierzulande gibt.

Ich freue mich, dass Sie mich auf dieser Reise begleiten wollen.

ACHT

»When encountering bears, remember this:
Brown *= Lay down (play dead)*
Black *= Fight back*
White *= Goodnight (you are f*****, no matter what)«*

Verfasser unbekannt

Vor vielen Jahren bin ich in Panama einem Ameisenbären begegnet. Das von Kopf bis Schwanz etwa anderthalb Meter große Tier kletterte gemütlich auf einem Baum und war offensichtlich auf der Suche nach Ameisen, die im Umfeld meines damaligen Forschungsobjekts, einer auf Bäumen wachsenden Orchidee, zuhauf vorkamen. Das Tier gehörte zu einer Art, deren Name wie Musik in meinen Ohren klingt: *Tamandua.* Sprechen Sie dieses Wort einmal langsam mit ruhiger Stimme aus. Klingt es nicht wunderschön?

Der Name stammt aus dem Tupi-Guarani, einer Sprachfamilie, die von verschiedenen indigenen Völkern in Südamerika gesprochen wird. »Tamanduá« wird insbesondere im brasilianischen Portugiesisch verwendet und setzt sich aus den Wörtern tacy (»Ameise«) und monduar (»fangen«) zusammen.

Der Bär, den ich dort vor mir sah, war ein nördlicher Tamandua *(Tamandua mexicana),* der sich überwiegend von Staaten bildenden Insekten wie Ameisen und Termiten ernährt. Sein südlicher Verwandter *(Tamandua tetradactyla)* tut das Gleiche, kommt aber ausschließlich von Kolumbien südwärts und nur östlich der Anden vor. Was beide Bären noch verbindet: Sie sind gar keine Bären.

Ich muss gestehen, dass ich mir dessen damals noch nicht bewusst war. Mittlerweile weiß ich, dass es eine ganze Reihe vermeintlicher Bären gibt, die nicht oder nur sehr entfernt mit unseren heute weltweit lebenden acht »Echten Bären« verwandt sind.

Nasenbär – Fehlanzeige: Eine in Mittel- und Südamerika verbreitete Gattung der Kleinbären (Procyonidae), die nach ihrer rüsselartig verlängerten Schnauze mit beweglicher Nase benannt ist.

Waschbär – Auch kein echter Bär, sondern ein weiterer Vertreter der Kleinbären aus Nordamerika, der in den letzten Jahren, nachdem im 20. Jahrhundert immer wieder Tiere aus Pelztierfarmen befreit wurden oder entwichen sind, weite Teile Europas erobert hat und sich insbesondere zum Leidwesen von Naturschützern und Jägern immer weiter ausbreitet. Waschbären tasten ihr Futter und andere Gegenstände sorgfältig mit ihren Vorderpfoten ab, um sich ein Bild davon zu machen und unerwünschte Teile zu entfernen. Wenn eine Wasserstelle in der Nähe ist, tun sie das gern im Wasser; vermutlich können sie durch die aufgeweichte Hornhaut noch besser fühlen, was sie eigentlich in Händen halten. So kamen die Waschbären zu ihrem Namen.

Koala(bär) – Mehr Känguru als Bär: Koalas sind baumlebende Beuteltiere und eng mit den Kängurus verwandt. Beide Arten leben nur in Australien.

Honigbär – Wird häufig auch als Wickelbär bezeichnet und gehört ebenfalls zu den Kleinbären. Er lebt in Mittel- und Südamerika und hat einen langen Schwanz, den er als Greiforgan nutzen kann. Funfact: Unter dem gleichen Namen bekam man in der DDR rund 250 Gramm Honig in einer Kunststoffflasche in Bärenform.

Allen unechten und echten Bären ist gemein, dass sie gewisse Ähnlichkeiten im Aussehen haben, insbesondere wenn es um Merkmale wie Fell, Schnauze und Ohren geht. Auch die Verhaltensweisen ähneln sich teilweise. So können die meisten von ihnen gut klettern, und der Tamandua zeigt bei Gefahr eine »bärenähnliche« Drohgebärde, wenn er sich auf die Hinterbeine stellt und potenziellen Angreifern seine kräftigen, mit Sichelklauen ausgestatteten Vorderpranken entgegenstreckt.

Die Ordnung der Raubtiere (Carnivora) wird in die Unterordnungen der Hundeartigen (Caniformia) und der Katzenartigen (Feliformia) unterteilt. Die »Echten Bären« (Ursidae) gehören zu den Hundeartigen, sind mit Wölfen, Füchsen, Schakalen, Mardern, Kleinbären und Robben also näher verwandt als mit Katzen, Löwen, Tigern und Hyänen.

Allen Echten Bären ist ihr großer Körper mit kräftigen Pranken und muskulösem Kiefer gemein. Und egal ob Braunbär, Schwarzbär oder Eisbär – sie alle sind Einzelgänger, die nur zur Paarungszeit auf das andere Geschlecht treffen und die Aufzucht der Jungen den Weibchen überlassen. Während der Große Panda sich nahezu ausschließlich vegetarisch von Bambus ernährt und der Eisbär primär Robben frisst, sind die anderen Bären Allesfresser; der Speiseplan der übrigen sechs Arten ist in der Tat eher abwechslungsreich. Viele Arten entziehen sich der kalten Jahreszeit durch Winterschlaf oder Winterruhe, was je nach Region unterschiedlich tief und lang ausfallen kann.

In Afrika und Ozeanien leben keine Bären (mehr). Ansonsten sind sie weltweit zu finden und bewohnen eine Vielzahl von Lebensräumen. Man trifft auf Eisbären in der bitterkalten Arktis, Gobibären, eine Unterart der Europäischen Braunbären, in der Wüste Gobi und Brillenbären in den Nebelwäldern der Anden.

Bärendienste

Viele Bärenarten sind aufgrund direkter Verfolgung durch den Menschen seltener geworden oder wurden – wie der Eisbär und der Große Panda – zurückgedrängt, weil der Mensch sich immer breiter macht, das Klima in den Kollaps treibt und den Bären den Lebensraum nimmt. In Europa erleben Braunbären hingegen aufgrund ambitionierter Schutzmaßnahmen seit Jahren ein wahres Comeback.

In den Ökosystemen, in denen sie vorkommen, übernehmen Bären und andere Spitzenprädatoren wichtige Funktionen. Durch das Jagen und Fressen von Beutetieren können sie deren Anzahl beeinflussen und dazu beitragen, dass Beutetierpopulationen nicht übermäßig anwachsen und somit das ökologische Gleichgewicht stabilisieren.[1] So führt zum Beispiel eine übermäßig hohe Anzahl von Pflanzenfressern wie Rehen und Rotwild in einem Wald dazu, dass junge Bäume immer wieder verbissen, also angefressen werden und sich der Wald womöglich nicht gut verjüngen, also erneuern kann. Auch das Verhalten der Beutetiere ändert sich in der Anwesenheit von Raubtieren, da Rehe, Hirsche & Co. vorsichtiger sind und bestimmte Gebiete meiden, ihre Bewegungsmuster oder Aktivitätszeiten anpassen. Somit werden auch Vegetation und Landschaftsstruktur beeinflusst.[2]

Im Laufe der Jahrmillionen haben sich Räuber und Beute im Rahmen der Koevolution immer wieder aneinander angepasst und gegenseitig beeinflusst. So haben Raubtiere spezielle Merkmale und Fähigkeiten entwickelt, um effektiver jagen zu können, während sich bei den Beutetieren Abwehrmechanismen herausgebildet haben, um den Räubern besser entkommen zu können.[3] Ohne Wölfe, Luchse, Bären und andere Fressfeinde wären Rehe heute keine so aufmerksamen Tiere, die mit ihren schlanken, kräftigen Beinen schnell sind und geschickt Haken schlagen können, um ihren Verfolgern zu entkommen.

Die Beziehungen zwischen Räubern und ihrer Beute sind äußerst komplex. Sie beeinflussen sich gegenseitig und stehen in vielfältigen Wechselwirkungen innerhalb ihres Ökosystems. Vereinfacht stellt eine Nahrungspyramide die grundlegenden Zusammenhänge dar. Die breite Basis bilden die sogenannten Primärproduzenten, also die gesamte pflanzliche Biomasse, die nur mithilfe von Mineralien, Wasser und Sonnenlicht die Nahrungsgrundlage für die Pflanzenfresser bildet. Zu diesen zählen zum Beispiel Rehe, Seekühe, Kolibris, Grüne Leguane, Schmetterlinge, Blattläuse – die Liste der Herbivoren, wie die Vegetarier im Tierreich genannt werden, ist lang. An der Spitze der Pyramide stehen die Raubtiere: die sogenannten Prädatoren oder Fleischfresser. Zahlenmäßig stellen sie die kleinste Gruppe dar, denn der Energiebedarf, um ein Kilogramm Raubtierorganismus zu ernähren, ist erheblich. So frisst ein Mäusebussard mit einem durchschnittlichen Körpergewicht von einem Kilogramm in einem Jahr dreitausend Feldmäuse und andere Kleintiere mit insgesamt 90 Kilogramm Körpergewicht, die ihrerseits zuvor rund eine Tonne Getreidekörner vertilgt haben. Man spricht auch von sogenannten Trophie-Ebenen (auch trophische Ebenen oder Nahrungsebenen), die verschiedene Stufen der Nahrungskette in einem Ökosystem repräsentieren.

Es hat in den letzten Jahren mehrere Untersuchungen dazu gegeben, wie genau Wölfe, Luchse, Bären und Pumas die Population ihrer Beutetiere, kleinerer Raubtiere und somit ganze Ökosysteme beeinflussen können, indem sie trophische Kaskaden auslösen. Großes Aufsehen erregte dabei eine Studie von William Ripple und Robert Beschta aus dem Jahr 2012[4], die nahelegte, dass die Wiederansiedlung von Wölfen im Yellowstone-Nationalpark Mitte der 1990er-Jahre zu einer Reihe von Veränderungen im Greater Yellowstone Ecosystem (GYE) geführt hatte. Das zu einem der weltweit größten intakten Ökosysteme der gemäßigten Breiten gehörende Gebiet, das sich hauptsächlich über die Bundesstaaten Wyoming, Montana und Idaho erstreckt, enthält als Herzstück den 1872 gegründeten Yellowstone-Nationalpark, den ersten Nationalpark der Welt. Die Freilassung von 31 kanadischen Wölfen und die sich daraus etablierende Population, so Ripple und Beschta, habe dazu geführt, dass der Verbiss durch Rothirsche an jungen Zitterpappeln, Weiden und Pappeln deutlich abnahm. In der Folge habe sich die Baumvegetation insbesondere entlang von Flussläufen erholen können, was sogar dazu geführt haben soll, dass es mehr Biber und Bisons gibt. Erklärt wird das damit, dass die Wölfe zum einen die Dichte der Rothirschpopulation reduzieren, indem sie sich von den großen Pflanzenfressern ernähren, aber auch damit, dass die Anwesenheit von Raubtieren das Verhalten ihrer Beutetiere verändert, die nun vorsichtiger sind und bestimmte Gebiete meiden, um potenziellen Raubtieren zu entgehen.

Auch wenn von einigen Wissenschaftlern bezweifelt wird, dass die tatsächlich zu beobachtende Zunahme von Bibern im GYE nur auf die Wiederansiedlung von Wölfen zurückführen ist, so deutet doch sehr viel darauf hin, dass große Beutegreifer Schlüsselspezies sind, die trotz ihrer geringen Biomasse das Potenzial haben, die

Bestände von Huftieren und anderen Prädatoren zu limitieren, und somit weitreichende Effekte in Ökosystem, wie die Verjüngung von Wäldern, anstoßen können.[5]

Eine andere Studie aus Nordamerika zeigt, auf welche Weise Schwarzbären, die Ameisen verzehren, einen positiven Einfluss auf Pflanzen haben können. Ameisen pflegen häufig mutualistische, also wohlwollende, auf Gegenseitigeit beruhende Beziehungen zu pflanzenfressenden Insekten. So schützen sie beispielsweise Blattläuse vor Fressfeinden und dürfen im Gegenzug den sogenannten Honigtau, die zuckerhaltigen Ausscheidungen der Pflanzenparasiten, »melken«.

Es wurde festgestellt, dass Pflanzen in der Nähe von durch Bären beschädigten Ameisennestern eine höhere Reproduktionsrate aufweisen als Pflanzen in der Nähe unbeschädigter Nester. Sobald der Schutz durch die (nicht mehr vorhandenen) Ameisen wegfällt, können räuberische Insekten Jagd auf Blattläuse und andere Herbivoren machen, und die Pflanzen werden somit weniger ausgebeutet.[6]

Bären spielen auch eine wichtige Rolle bei der Verbreitung von Samen. Im Kot von Bären finden sich manchmal mehrere Tausend Samen, vor allem von Gräsern und Beerenfrüchten. Aber auch mit ihrem langen Fell bieten Bären den verschiedensten Pflanzenarten eine hervorragende Möglichkeit, ihre Samen zu transportieren. Pflanzen, die auf diesen Verbreitungsweg angewiesen sind, haben meist klebrige Strukturen (z. B. Kletten) oder Schleim an ihren Samen entwickelt, um die Transportchancen zu erhöhen.

Die Funktionen von Bären in ihren Ökosystemen sind vielfältig, doch sie lassen sich unter anderem deshalb so schwer konkret benennen, weil es nur noch wenige intakte, vom Menschen weitgehend unbeeinflusste Ökosysteme wie das GYE gibt. Insbesondere bei uns in Mitteleuropa sind die Landschaften stark zerschnitten, und der menschliche Nutzungsdruck ist sehr hoch. Nahezu alle Lebensräume, in denen die acht Bärenarten vorkommen, haben sich in den letzten Jahren verkleinert, und Bären und Menschen kommen sich immer näher.

Komplexe Verwandtschaftsverhältnisse

Vor einigen Jahren glaubte man noch, die Bären seien vor etwa 25 Millionen Jahren aus einer kleinen Gruppe baumbewohnender, fleischfressender Säuger entstanden: den Miaciden. Diese These ist mittlerweile widerlegt, doch der gemeinsame Vorfahre unserer heute lebenden Raubtiere bleibt unbekannt.

Zuletzt postulierte ein Team belgischer Wissenschaftler, dass die Gattung *Dormaalocyon* zumindest nicht ganz, aber sehr nah am Anfang des gesamten Stammbaums der heutigen Hunde- und Katzenartigen steht.[7] Der Urahn von Löwen, Hyänen, Füchsen und Bären war demzufolge ein kleines, schlankes, vielleicht ein Kilogramm wiegendes fleischfressendes Säugetier, das vor rund 55 Millionen Jahren auf Bäumen lebte und sich von kleineren Säugetieren und vor allem Insekten ernährte.

Weitere 35 Millionen Jahre mussten noch vergehen, bis die ersten Bärenartigen auf der Bildfläche erschienen.

Die älteste bekannte Bärengattung wird *Ursavus* genannt. Fossilienfunde aus China und Colorado legen nahe, dass diese frühen Bärenverwandten, die vor rund 20 Millionen Jahren und damit rund 13 Millionen Jahre vor unseren eigenen Vorfahren lebten, ungefähr die Größe eines Schäferhundes hatten. Die wirklichen Urväter unserer heute lebenden Bärenarten entwickelten sich erst in den letzten fünf Millionen Jahren.[8]

Die Gattung *Agriotherium* war die einzige Bärengattung, die jemals bis südlich der Sahara vordrang. Bären breiteten sich in Afrika und Eurasien aus und gelangten auf den amerikanischen Kontinent.[9] Der Höhlenbär *(Ursus spelaeus)*, der ausschließlich in Europa lebte, starb während der letzten Eiszeit vor 40 000 bis 25 000

Jahren aus. Viele Überreste der Art wurden in Höhlen gefunden, welche diese Bären vermutlich zur Überwinterung nutzten. Der Höhlenbär entwickelte sich vom Allesfresser zum reinen Pflanzenfresser und ernährte sich von Beeren, Gräsern und Früchten. Dies geht aus zahlreichen Gebissfunden hervor. *Ursus spelaeus* war größer als die heutigen Braunbären und starb möglicherweise aufgrund seiner Nahrungsspezialisierung aus: Mit der rein pflanzlichen Kost konnte er sich nicht genug Winterspeck anfressen. Manche Wissenschaftler hingegen sagen, dass der Höhlenbär die erste Art war, die von Menschen ausgerottet wurde.[10] Knochenfunde belegen auf jeden Fall, dass Neandertaler Höhlenbären gezielt mit Lanzen oder Speeren erlegten. Unsere Vorfahren müssen recht wagemutig gewesen sein, wenn sie die bis zu einer Tonne schweren und drei bis vier Meter großen Bären in die Enge drängten. Die Höhlenbären boten eine wichtige Nahrungs- und Materialquelle, und die Neandertaler verwerteten die erlegten Tiere vollständig, einschließlich Fell, Knochen, Fleisch und Sehnen.[11] Die Zeichnung eines Höhlenbären, die 1994 in einer Höhle an einer Felsschlucht der Ardèche in Südfrankreich gefunden wurde, dürfte im Übrigen eine der ältesten erhaltenen Darstellungen eines Bären sein. Auf ein Alter von 35 000 Jahren wird die Zeichnung geschätzt, allerdings verrät auch sie wenig über das Verhältnis von Menschen und Bären zur damaligen Zeit.

Die genauen Verwandtschaftsverhältnisse der acht heute noch vorkommenden Bärenarten sind noch nicht bis ins Letzte erforscht und geben Wissenschaftlern weiterhin Rätsel auf. Untersuchungen am Erbgut der verschiedenen Bärenarten zeigen, dass sich mehrere Arten im Laufe ihrer Entwicklungsgeschichte über Artgrenzen hinweg gepaart und dabei Erbmaterial ausgetauscht haben. Diese Hybridisierung zwischen unterschiedlichen Arten ist im Gegensatz zu Pflanzen bei Säugetieren äußerst selten und führte zu Vermischungen im Erbgut, die es für die Wissenschaft sehr schwierig machen, bestimmte Genabschnitte einer einzelnen Art zuzuordnen. Eine umfangreiche Untersuchung von Bärengenomen kommt zu dem Schluss, dass der Asiatische Schwarzbär durch die Hybridisierung zwischen den Vorfahren der nördlichen Bären (Eisbär, Braunbär, Amerikanischer Schwarzbär) und den Vorfahren der südlichen Bären (Malaienbär, Lippenbär) entstanden ist. Klimaveränderungen vor rund fünf Millionen Jahren, die zu einer Ausdehnung des Verbreitungsgebiets der damals lebenden Bären führten, könnten der Auslöser für die Herausbildung der neuen Art gewesen sein. Die mittlere Körpergröße der Asiatischen Schwarzbären geht auf die Kombination relevanter Gene aus den beiden Elternlinien mit unterschiedlichen Größen zurück.[12]

Auch das Verwandtschaftsverhältnis zwischen Braun- und Eisbären wurde erst vor wenigen Jahren geklärt. Weil Eisbären einen Großteil ihres Lebens auf dem arktischen Eis verbringen, verschwinden ihre Gebeine in den Tiefen des Meeres, und es gibt so gut wie keine erhaltenen Fossilien. Bevor es technisch möglich beziehungsweise bezahlbar war, gesamte Genome einer Art zu sequenzieren, untersuchte man für evolutionsbiologische Forschungen in den 1990er-Jahren häufig nur die mitochondriale DNA von Lebewesen. Dieses Erbgut, welches weniger umfangreich als das gesamte Erbgut im Zellkern ist und sehr häufig in den Zellen eines Organismus vorkommt, ließ sich einfach isolieren. Untersuchungen an der mitochondrialen DNA von Eisbären ergaben, dass sich die Art erst vor 100 000 bis 150 000 Jahren von den Braunbären abspaltete. Aus evolutionsgeschichtlicher Perspektive wäre dies nicht viel mehr als ein Wimpernschlag, und deshalb war es eine kleine Sensation, als bekannt wurde, dass sich eine Art in so kurzer Zeit an extreme Umweltbedingungen angepasst haben sollte.

Doch als Frank Hailer und andere Wissenschaftler 2010 das gesamte Genom von Braun- und Eisbär untersuchten, wurde diese Hypothese komplett widerlegt. Sie konnten zeigen, dass Eis- und Braunbären sich schon vor 600 000 Jahren getrennt haben.[13] Die Ähnlichkeiten beider Bärenarten in der mitochondrialen DNA erklärten sie damit, dass sich Braunbären und Eisbären auch in der

Vergangenheit immer wieder gepaart haben, wenn sich ihre Verbreitungsgebiete während einer Warmzeit überlagerten. Genetische Überreste dieser Paarungen sind bis heute im Erbgut beider Bärenarten zu finden.

Beginnen wir nun eine kleine Weltreise. Bevor sich der Rest des Buches hauptsächlich um »unseren« Bären, den Braunbären, dreht, möchte ich Ihnen die anderen sieben Verwandten vorstellen. Ein Blick auf die Biologie und das Verhältnis des Menschen zu den anderen Bärenarten hilft, auch unser zwiespältiges Verhältnis zu den großen Braunen in Europa besser zu verstehen.

Brillenbär *(Tremarctos ornatus)* – der Andenbär

Bestand: 2500 bis 10 000 Exemplare.[14]
Vorkommen: Der Brillenbär ist die einzige einheimische Bärenart Südamerikas und lebt in den tropischen Anden mit dem Hauptverbreitungsgebiet in Bolivien, Peru, Ecuador, Kolumbien und Venezuela.
Gefährdung: Der Bestand ist durch den Verlust von Lebensraum, Wilderei und zunehmende Konflikte mit Menschen gefährdet.

»Oh, wie schön ist Panama«

Der kleine Bär liebt das Angeln, während sein Freund, der kleine Tiger mit seiner gelb-schwarz gestreiften »Tigerente«, lieber Pilze sammeln geht. Eines Tages zieht der kleine Bär eine leere Holzkiste mit der Aufschrift »Panama« aus dem Fluss. Als er daran schnuppert und den Duft von Bananen wahrnimmt, ist er überzeugt, dass Panama das Land seiner Träume ist.
Voller Begeisterung erzählt der kleine Bär seinem Freund von

Panama: einem Ort, an dem alles besser, größer und schöner ist als zu Hause. Entschlossen, dieses Land zu erreichen, machen sich die beiden am nächsten Tag mit einem Kochtopf, einer Fischerrute, einem Hut und der Tigerente auf den Weg nach Panama. Aus der Kiste basteln sie einen improvisierten Wegweiser und folgen der angegebenen Richtung.
Während ihrer Reise begegnen sie den unterschiedlichsten Tieren, doch viele von ihnen wissen nicht, wo Panama liegt, und einige geben falsche Richtungshinweise. So laufen die beiden Freunde im Kreis und finden schließlich ihren Weg zurück nach Hause. Durch die Veränderungen in der Umgebung (das Haus ist verwittert, die Brücke teilweise zerstört, und die Bäume sind gewachsen) erkennen sie jedoch nicht, dass sie wieder an ihrem Ausgangspunkt sind.
Am Boden vor ihrem Haus entdecken sie die Überreste des Wegweisers mit der Aufschrift »Panama«, den sie fälschlicherweise für ein Ortsschild halten. Glücklich und überzeugt, in Panama angekommen zu sein, reparieren sie ihr Zuhause und genießen ihr vermeintlich erreichtes Traumland.

Für meine Bachelorarbeit suchte ich auch das Glück in Panama. Ich wollte unbedingt Feldarbeit im Ausland machen, möglichst weit weg, um einen mir unbekannten Lebensraum zu erforschen. Es verschlug mich nach Barro Colorado Island, eine 15 Quadratkilometer große Insel im Panamakanal, genauer gesagt im Lake Gatun, einem Stausee, den täglich bis zu 36 der weltweit größten Containerschiffe passieren. Auf dieser Insel, die vollständig von tropischem Regenwald bedeckt ist, unterhält das US-amerikanische Smithsonian Tropical Research Institute eine Forschungsstation. Wissenschaftler und Studenten aus der ganzen Welt kommen hierher, um die Ökologie der Tropen zu untersuchen. Sie versuchen, die Vielfalt von Pflanzen, Tieren, Insekten und Mikroorganismen in den tropischen Regenwäldern besser zu verstehen, forschen am Verhalten von Kapuzineräffchen, Ozelots (ein Vertreter der Pardelkatzen), Fledermäusen oder Schmetterlingen, um deren Strategien zum Nahrungserwerb, zur Fortpflanzung, zur Kommunikation und zum sozialen Verhalten besser zu verstehen. Und sie untersuchen Pflanzen hinsichtlich ihrer Physiologie, ihrer Wachstumsstrategien und der Wechselwirkungen mit anderen Organismen.

Tiere sind cool, aber ich mag Pflanzen auch, und so kam ich zu meiner Forschungsarbeit an einer Orchideenart: Ich untersuchte den Fortpflanzungsmechanismus der epiphytisch – das heißt auf Bäumen – lebenden Orchidee *Caularthron bilamellatum*. Dafür durfte ich jeden Tag entweder mit Seilen auf bis zu 30 Meter hohe Bäume klettern oder mit einem Motorboot über den Panamakanal fahren, vorbei an großen Containerschiffen aus der ganzen Welt, um zu erforschen, wieso meine Pflänzchen, die eine Symbiose mit Ameisen eingehen, sowohl geschlossene sich selbst bestäubende Blüten als auch weiße, große, schön duftende offene Blüten hervorbringen. Weder ich damals noch irgendjemand sonst hat bis heute wirklich verstanden, welche Faktoren dazu führen, dass diese unscheinbare Orchideenart zwei verschiedene Blütenarten produziert.[15] Und so ist es doch auch spannend, dass die Natur nicht alles offenbart und immer noch Rätsel für uns bereithält.

Ähnlich ist es mit dem Brillenbär. Er heißt auch Andenbär, denn dort lebt er, so versteckt in den Bergregenwäldern der Anden, dass nur wenig über sein Verhalten bekannt ist. Kolumbien stellt die nördliche Grenze seines Verbreitungsgebietes dar, doch tatsächlich hat es auch schon Hinweise auf das Vorkommen von Brillenbären in Panama gegeben.[16] Abbildungen von Bären in traditioneller panamaischer Kunst, zum Beispiel auf Grabbeigaben aus Bronze aus der Zeit zwischen 500 und 1000 n. Chr., deuten darauf hin, dass Bären in der Kultur Panamas eine Rolle gespielt haben.

Sogar in der britischen Kultur ist ein Brillenbär zum Popstar geworden. Michael Bond schrieb das Buch über einen Bären, den er seiner Frau zu Weihnachten geschenkt hatte: *A Bear Called Paddington* wurde 1958 in England veröffentlicht. Bis 1981 schrieb

Bond jedes Jahr ein Buch mit neuen Abenteuern vom Paddington-Bär, und 1972 wurde der erste Plüsch-Paddington produziert. Der Bär wurde nach dem gleichnamigen Bahnhof in London benannt, da Bond und seine Frau zu jener Zeit, als der Bär zu ihnen kam, in der Nähe lebten. In seinen Geschichten wird der Bär am Bahnhof Paddington entdeckt, nachdem er dort auf mysteriöse Art und Weise aus dem »dunkelsten Peru« angekommen ist. Er trägt nur einen Hut und einen verbeulten Koffer bei sich. Um seinen Hals hängt ein Schild mit der Aufschrift: »Bitte kümmert euch um diesen Bären. Danke.« Paddington wird dann von der Familie Brown aufgenommen. Die Geschichten leben von dem Durcheinander, das der Bär unabsichtlich bei alltäglichen Dingen, zum Beispiel beim Einkaufen, anrichtet. Der in einen dunkelblauen Dufflecoat und einen roten Hut gekleidete Bär kann sprechen und hat gute Manieren. Seine besondere Vorliebe für Marmelade aus Bitterorangen teilt er mit Königin Elisabeth II., die er zu ihrem siebzigjährigen Thronjubiläum 2022 auf einen Tee im Buckingham Palace traf.[17]

Der Brillenbär verdankt seinen Namen den Abzeichen im Gesicht, die bei jedem Tier unterschiedlich sind. Viele Brillenbären haben keine vollständigen Kreise um beide Augen; manchmal sind die Kreise nur teilweise vorhanden, asymmetrisch oder fehlen ganz, während andere ein fast komplett weißes Gesicht besitzen. Damit sind Brillenbären die einzige Bärenart, die eine Unterscheidung der Individuen aufgrund ihres äußeren Erscheinungsbildes möglich macht. Braunbären, Eis- oder Schwarzbären kann man lediglich anhand der Größe oder äußerer Geschlechtsmerkmale unterscheiden oder wenn ein Tier zum Beispiel durch eine Verletzung im Kampf eine Narbe am Körper trägt.

Brillenbären leben so versteckt, dass nur wenig über ihr Leben bekannt ist. Ihr Habitat befindet sich überwiegend in unzugänglichen Bergregenwäldern bis in einer Höhe von 4750 Metern. Da in ihrem gesamten Verbreitungsgebiet das ganze Jahr über Nahrung zur Verfügung steht, halten Brillenbären keine Winterruhe. Sie leben vorwiegend vegetarisch, ernähren sich von Sträuchern und Bäumen, Früchten und insbesondere Sukkulenten, also saftreichen Pflanzen. Möglicherweise hat der Brillenbär durch seine Vorliebe für große, süße Früchte eine wichtige Rolle bei der Domestizierung der Cherimoya *(Annona cherimola)* gespielt, einer Frucht, die auch Rahmapfel genannt wird und die Geschmäcker von Ananas, Banane und Erdbeere vereint. Es wird vermutet, dass auch unsere Braunbären *(Ursus arctos)* bei der Domestizierung des Apfels *(Malus pumila)* eine Rolle gespielt haben könnten. Denn die Bären pflücken am liebsten die süßesten und größten Früchte. Ihre Kiefer sind jedoch nicht in der Lage, die Samen zu zerkleinern, sodass die Samen durch den Verdauungstrakt gelangen und unversehrt ausgeschieden werden. Die Bären haben somit dazu beigetragen, dass sich insbesondere Bäume mit großen, zuckerreichen Früchten verbreiteten, die dann der Mensch schließlich weiterzüchtete. So lautet jedenfalls eine Theorie.[18,19] Die Verbreitung widerstandsfähiger Samen, die einmal durch den Verdauungstrakt von Tieren wandern und an anderer Stelle wieder lebensfähig ausgeschieden werden, bezeichnet man als Endozoochorie. Vor allem Vögel tragen auf diese Weise zur Verbreitung saftiger, meist farbenprächtiger Früchte (z. B. Brombeere, Heidelbeere, Holunder oder Kirsche) und der darin enthaltenen Samen bei. Die von Säugetieren verbreiteten Früchte sind meist weniger auffällig gefärbt, dafür aber stark duftend oder süß und ebenfalls sehr saftig. Sie fallen meist von der Pflanze ab (z. B. Apfel, Pfirsich, Dattelpalme, Zitrusfrüchte), da sie vom Boden aufgenommen werden müssen.[20]

Auf der Suche nach den schmackhaftesten Früchten und Blättern scheut der Kletterkünstler Brillenbär auch nicht die Kronen hoher Bäume, in denen er zudem Nester baut, um sich auszuruhen. Doch dort, wo der Lebensraum der Bären zerstört wird und sie nicht mehr genug Nahrung finden, wo Bananen-, Kaffee- und Kakaoplantagen, Rinderweiden, Mais- und Sojafelder sich in den

Regenwald ausbreiten, nehmen die Konflikte zwischen Mensch und Bär zu. Bären wandern zunehmend in menschliche Siedlungen und Felder ein und reißen auch das Vieh der Bauern. Oft sind es kleine Rinderherden von fünf bis dreißig Tieren, die mehrere Tage unbeaufsichtigt auf hoch gelegenen Weiden weit entfernt von der nächsten Siedlung stehen, wo die Bären zu Fleischfressern werden. Doch nicht immer sind es die Bären, die die Rinder töten. Oft sterben die Tiere aus anderen Gründen, aber die verwesenden Kadaver locken Bären und andere Aasfresser an. Wie auch immer: Die Bären werden von Teilen der lokalen Bevölkerung als Viehräuber wahrgenommen und für den Tod der Nutztiere verantwortlich gemacht. Wie in anderen Regionen der Welt ist die Einstellung der Menschen, die in der Nähe der Tiere leben, eine andere als die der Menschen, die weiter entfernt leben. Aus der Entfernung gesehen sind Brillenbären charismatische Symbole der Wildnis, Tiere, die nicht aggressiv sind und sich überwiegend vegetarisch ernähren. Viele Menschen vor Ort sehen sie als Viehräuber und Schädlinge an, die vorbeugend getötet werden sollten.[21]

Die International Union for Conservation of Nature (IUCN) ist eine weltweit agierende Organisation, die sich dem Schutz von Natur und biologischer Vielfalt verschrieben hat und eine bedeutende Rolle bei der Bewertung des Gefährdungsstatus von Tier- und Pflanzenarten auf globaler Ebene spielt. Sie ist vor allem bekannt für ihre Roten Listen, auf denen Informationen über den Erhaltungszustand verschiedener Arten veröffentlicht werden. Die Internationale Rote Liste klassifiziert Arten in neun verschiedene Kategorien, die Gefährdungen unterschiedlicher Ausprägung beschreiben wie gefährdet (vulnerable), stark gefährdet (endangered) und vom Aussterben bedroht (critically endangered).

Die IUCN listet den Brillenbären als gefährdet und geht davon aus, dass der Bestand in den nächsten dreißig Jahren um 30 Prozent abnehmen wird und der Lebensraum der Bären jährlich um zwei bis vier Prozent schwindet.[22] Insbesondere in Kolumbien, wo die Zersplitterung der Lebensräume schnell zunimmt, ist der Bär in Gefahr.[23]

Der Eisbär gilt als Symbol des Klimawandels, da sein Lebensraum mit den steigenden Temperaturen immer weiter schwindet. Dem Brillenbären droht ein ähnliches Schicksal, denn auch die Nebelwälder der Anden laufen Gefahr, durch die steigenden Temperaturen zurückgedrängt zu werden. Zwar ist es in größeren Höhen noch kühler, doch auf der Spitze der Berge endet der Lebensraum der Nebelwälder und damit auch der der Bären.

Es gibt so gut wie keine überlieferten Angriffe von Andenbären auf Menschen, sie gehören zu den friedlichsten der acht Bärenarten. Während der Andenbär in der traditionellen Medizin oder als Quelle von Fleisch eine untergeordnete Rolle spielt, hat er in der Folklore der Anden eine wichtige Bedeutung. Der Ukuku – Sohn einer Frau und eines Brillenbären – ist eng mit Ritualen, Festen und mythischen Vorstellungen der lokalen indigenen Gemeinschaften verbunden.

In vielen Traditionen wird der Ukuku als eine Art spiritueller Vermittler oder auch Wächter betrachtet, der zwischen der Welt der Menschen und der spirituellen Welt vermittelt. Es gibt Feste, bei denen Menschen, die mit Wollmasken und bunten Hemden als Ukuku verkleidet sind, Tänze und Rituale aufführen, um die Naturgeister zu ehren, für eine gute Ernte zu bitten oder andere spirituelle Anliegen vorzubringen.

In den peruanischen Anden wird jedes Jahr um Fronleichnam herum das Qoyllur-Rit'i- oder Schneestern-Fest gefeiert – eine Mischung aus christlicher Tradition und Andenfolklore. Tausende Pilger wandern dabei zur heiligen Stätte des Herrn von Qoyllur Rit'i am Fuß der Berge Sinakara und Colquepunku. Begleitet werden sie von Ukukus, die am Abend bis zu den Gletschern klettern und dabei Kreuze und Fahnen mit sich tragen. Traditionell übernachten sie oben am Gletscher und bringen am nächsten Tag Eisblöcke zurück zu den unten zeltenden Pilgern. Man sagt dem

Schmelzwasser dieser Gletscherstücke große Heilwirkungen für Körper und Geist nach. Aufgrund der drastisch zurückweichenden Gletscher wird heute jedoch darauf verzichtet, ganze Eisblöcke hinunterzubringen. Aufgrund des Klimawandels könnte dem Ukuku also zukünftig ein ganz ähnliches Schicksal drohen wie dem Andenbären.[24, 25]

Lippenbär *(Melursus ursinus)* – der Todestänzer

Bestand: Rund 20 000 Tiere.[26]
Vorkommen: Ausschließlich auf dem indischen Subkontinent. In Bangladesch und vermutlich auch in Bhutan ist die Art bereits ausgestorben. Indien ist der letzte große Zufluchtsort für die Tiere, ansonsten existieren nur noch kleine Bestände in Nepal und Sri Lanka.
Gefährdung: Gefährdet.

Mein Kollege Dipankar vom WWF Indien besuchte vor einigen Jahren gemeinsam mit mir eine Konferenz im niedersächsischen Goslar, bei der es um »Human Dimensions of Wildlife«, also soziologische und gesellschaftliche Aspekte im Umgang mit Wildtieren ging. Was in den USA schon lange Einzug in die Planung und Umsetzung von Schutzmaßnahmen für Wildtiere gehalten hat, spielt immer häufiger auch bei uns in Europa eine Rolle: die Berücksichtigung der menschlichen Perspektive im Naturschutz und Wildtiermanagement. Dabei geht es um den Versuch, menschliches Denken, Fühlen und Handeln in Bezug auf Natur und Wildtiere und auf deren Management zu verstehen und die Menschen, die vor Ort mit wilden Tieren in direkter Nachbarschaft leben, in das Management der Tiere einzubeziehen.

Es gibt wohl kein anderes Land der Erde, in dem die menschliche Perspektive im Zusammenhang mit Wildtieren eine größere

Rolle spielt als in Indien. Man muss sich vor Augen führen, dass in Indien jährlich Tausende Menschen durch Wildtiere getötet werden. Angriffe von Tigern, Elefanten, Schlangen, Leoparden und Bären sind in manchen Regionen an der Tagesordnung. Wenn so viele Menschen auf engem Raum leben und diesen mit der Natur teilen, ist es kein Wunder, dass es zu Konflikten kommt. Je weiter die Bevölkerung wächst und sich ausbreitet, desto mehr nehmen auch Mensch-Wildtier-Konflikte zu. Dabei geht es aufseiten der Menschen nicht nur um unmittelbare Gefahr für Leib und Leben, sondern auch um Ernteschäden, Viehverluste oder Sachbeschädigung. Aufseiten der Tiere sind insbesondere der Lebensraumverlust und die Gefahr gezielter Tötungen aus Rache oder zum Zweck der Konfliktlösung zu nennen.

Größer noch als die Gefahr, in Indien durch Raubtiere verletzt zu werden, ist die, durch einen Schlangenbiss zu sterben: Über 1,2 Millionen Menschen starben zwischen 2000 und 2019 in Indien durch Schlangenbisse.[27] Im Zeitraum von 2018 bis 2023 starben demgegenüber 293 Menschen durch Tigerangriffe und 2657 Menschen durch Begegnungen mit Elefanten.[28]

Rund ein Dutzend Menschen werden jedes Jahr in Indien durch Lippenbären getötet, viele weitere verletzt. Im Bundesstaat Odisha beispielsweise wurden zwischen 2014 und 2018 insgesamt 716 Angriffe von Lippenbären auf Menschen registriert, was die höchste Zahl menschlicher Opfer durch Wildtiere in diesem Bundesstaat darstellt. Verluste gibt es aber auch auf der Seite der Bären: Zur gleichen Zeit wurden 87 tote Lippenbären gemeldet. Häufig töten Menschen die Bären als Racheakt, vergiften oder steinigen sie, töten sie mit Elektroschocks oder erschießen sie.[29]

Der Lippenbär gehört zu den aggressivsten der acht Bärenarten. Im Gegensatz zu anderen Wildtieren, die bei Begegnungen mit Menschen meist flüchten oder Scheinangriffe starten, kommt es beim Aufeinandertreffen von Mensch und Lippenbär besonders häufig zu schweren Verletzungen auf menschlicher Seite. Dabei greifen die Tiere Menschen nicht an, um sie zu verspeisen, sondern zur Verteidigung, wenn sie sich durch die Zweibeiner, die in den Wald gehen, um Nahrung oder Feuerholz zu suchen oder auf dem Weg zu ihren Plantagen sind, überrascht oder in die Enge getrieben fühlen.[30]

Es gibt unterschiedliche Erklärungen für dieses äußerst aggressive Verhalten, das für andere Bärenarten untypisch ist. Liegt es daran, dass sich Lippenbären mit Tigern und Leoparden einen Lebensraum teilen und gewohnt sind, sich gegen diese zur Wehr zu setzen, weil sie nicht auf Bäume klettern und auch nicht schnell genug wegrennen können? Wenn sie nun auf Menschen treffen und sich von diesen bedroht fühlen, wenden sie womöglich einfach die gleiche Verteidigungsstrategie an. Die Angriffe treten zu bestimmten Jahreszeiten gehäuft auf, zum Beispiel zur Blüte des Mahuabaums, auch Indischer Butterbaum genannt. Menschen sammeln im frühen Sommer die Blüten, um daraus einen heilenden Sirup herzustellen, doch auch die Bären lieben die gelben Blüten.[31]

Seinen Namen hat der Lippenbär wohl seinen langen und gut beweglichen Lippen zu verdanken, die eine Anpassung an die hauptsächlich aus Ameisen und Termiten bestehende Nahrung sind. Gern fressen die Bären auch Früchte und Honig, den sie mit ihren Lippen gut aufsaugen können. Sie können sogar ihre Nasenlöcher schließen, um während des Essens keinen Staub einzuatmen.

Wie andere Bärenarten, die in südlicheren und somit wärmeren Gefilden leben, halten auch Brillenbären keinen Winterschlaf. Eher versuchen sie der Hitze des Sommers zu entkommen und ziehen sich dazu in Höhlen zurück.

Im Englischen heißen sie »sloth bear«, also Faultierbär, doch die Raubtiere sind weder faul noch langsam. In Indien leben Lippenbären auf engstem Raum mit Menschen und anderen Raubtieren. Seit 1980 hat sich Indiens Bevölkerung fast verdoppelt, und das Wachstum dauert an. Lippenbären leben in 19 der 36 Staaten und Territorien Indiens und werden zunehmend durch die Ausbreitung der menschlichen Bevölkerung bedrängt.

Es wird geschätzt, dass sichere Lebensräume von hoher Qualität für die Lippenbären nur noch etwa 10 Prozent der Waldfläche Indiens ausmachen. Wissenschaftler gehen davon aus, dass es in ganz Indien noch 6000 bis 11 000 Lippenbären gibt, Tendenz abnehmend.[32] Bis in die Mitte des 19. Jahrhunderts dürfte es noch deutlich mehr Tiere gegeben haben, ihr Bestand ging aber durch Jagd und Lebensraumverlust zurück und weil etliche Tiere für die Haltung als Tanzbären aus der Natur entnommen wurden. Nach 1950 nahm die Zerstörung von Lebensräumen und die Umwandlung von Wäldern in Flächen für die Landwirtschaft noch weiter zu. Die Waldfläche ging von etwa 40 Prozent der Landesfläche in den 1950er-Jahren auf aktuell rund 20 Prozent zurück.[33]

Durch die starke Fragmentierung und den Verlust von Lebensraum wird auch der Bestand von Lippenbären in den nächsten dreißig Jahren schätzungsweise um mehr als 30 Prozent zurückgehen (IUCN, Stand 2016). In Bangladesch gelten die Lippenbären inzwischen als ausgestorben (IUCN, Stand 2013). Insbesondere in kleinen isolierten Populationen ist das Überleben der Bären im gesamten Verbreitungsgebiet ernsthaft gefährdet. Lediglich in Schutzgebieten sind die Populationen stabil.

Beleuchten wir an dieser Stelle einmal den Unterschied zwischen Tierschutz und Artenschutz. Manche meiner Freunde glauben, dass ich für eine Tierschutzorganisation arbeite. Tatsächlich bin ich Artenschützer, und zwar von ganzem Herzen. Und ich bin normalerweise ein optimistischer Mensch, auch wenn der Verlust der Artenvielfalt, der heute eine der schlimmsten Katastrophen weltweit darstellt, schnell jegliche Hoffnung zunichtemacht. Ein Indikator für das Ausmaß der Artenkrise ist der Living Planet Index, für den Bestandsdaten von 5495 Arten, darunter Amphibien, Vögel, Fische, Säugetiere und Reptilien, beobachtet und ausgewertet werden. Die erschreckende Bilanz: In den letzten fünfzig Jahren (1970–2020) ist die durchschnittliche Größe der beobachteten Wildtierpopulationen um 73 Prozent geschrumpft.[34]

Etwa zwei Millionen Tier- und Pflanzenarten sind bislang beschrieben worden. Rund acht Millionen Arten soll es auf der Erde geben, vielleicht auch mehr.[35] Unzählige davon verschwinden jedes Jahr, manche ohne überhaupt entdeckt worden zu sein. Untersuchungen gehen davon aus, dass sich die Aussterberate durch menschliche Einflüsse mittlerweile um den Faktor 100 bis 1000 gegenüber der natürlichen Rate erhöht hat. Lebensraumverlust, die massive Übernutzung der natürlichen Ressourcen durch Überfischung oder Wilderei sowie Umweltverschmutzung gehören zu den wichtigsten Ursachen dafür. Und natürlich die Klimakrise, die untrennbar mit dem Artensterben verbunden ist.

Als Artenschützer versuchen wir die biologische Vielfalt auf der Erde zu bewahren. Wir wollen sicherstellen, dass verschiedene Arten und Ökosysteme dauerhaft überleben, indem wir Lebensräume schützen, Arten wieder ansiedeln, uns für schärfere Naturschutzgesetze und die Verfolgung von Wilderei und illegalem Handel einsetzen.

Der Tierschutz konzentriert sich auf das Wohl einzelner Tiere, unabhängig von ihrer Art oder ihrem ökologischen Kontext. Er zielt darauf ab, sicherzustellen, dass Tiere, die dem direkten Einfluss menschlicher Aktivitäten ausgesetzt sind, angemessen behandelt werden und kein unnötiges Leid erfahren. Ihre grundlegenden Bedürfnisse sollen erfüllt werden. Das ist etwas anderes als Artenschutz.

Ich liebe Tiere, aber wenn ein einzelner Wolf geschossen werden soll, weil er wiederholt gut geschützte Schafe oder Ziegen getötet hat, dann ist das okay für mich. Es kann sogar notwendig sein, um nicht die Akzeptanz für die gesamte Art zu gefährden. Doch wenn ich mir vor Augen halte, welches Schicksal Tausende von Lippenbären in den letzten Jahrhunderten durchmachen mussten, dann schlägt auch mein Tierschutzherz ganz laut.

Die Tradition des Tanzens mit Bären hat in Indien eine lange Geschichte und geht auf die Kalandars, eine nomadische Bevölkerungsgruppe zurück. Kalandars waren traditionell fahrende Künstler und Unterhalter, die oft Tiere wie Bären oder Schlangen besaßen und mit ihnen durch die Dörfer reisten, um ihre Kunst vorzuführen. Der Tanz mit den Bären war Teil ihrer Aufführungen.

Zwischen dem 16. und 19. Jahrhundert wurden Bären von den Kalandars gefangen und darauf trainiert, auf Befehl zu tanzen. Dieses Training war oft äußerst grausam und beinhaltete die Entfernung der Eckzähne der Bären, um sie weniger gefährlich zu machen. Die Bären wurden oft unter schlechten Bedingungen gehalten und mussten auf heißen Straßenböden tanzen, was für ihre Pfoten sehr schmerzhaft war.[36]

Zunächst wurden die Bären oft mit Fallen oder Netzen gefangen, wenn sie auf Nahrungssuche waren. Es wurden zum Beispiel Gruben angelegt, die mit Laub oder Zweigen abgedeckt wurden. Oft wurden auch Jungtiere von ihren Müttern getrennt. Die Jungen wurden aus der Höhle geholt, wenn die Mutter auf Nahrungssuche unterwegs war. Wenn die Mutter dabei auftauchte, wurde sie meist getötet.

Die Zähmung der Bären war eine grausame Praxis, die oft mit physischer und psychischer Gewalt verbunden war. Häufig wurde den Bärenjungen ohne Betäubung ein glühender Eisenstab durch die Schnauze getrieben. Durch die offene Wunde wurde dann ein grobes Seil gefädelt. Dies schmerzte nicht nur, sondern beeinträchtigte auch die Fähigkeit, zu riechen und zu atmen. Oft entzündeten sich die Wunden. Man zog und zerrte am Seil, um den Bären zum »Tanzen« zu bringen, und für viele Bären war das Leben am Seil alles, was sie kannten.

Auch wenn die Bären mit dem zotteligen Fell aussehen, als hätten sie ein durchtanztes Wochenende hinter sich – Bären tanzen weder von allein, noch bereitet es ihnen Freude. Normalerweise stehen sie nur auf den Hinterbeinen, um sich einen Überblick zu verschaffen oder an Früchte und Blätter zu gelangen. An einem Seil gehalten und mit Stöcken und Peitschen geschlagen, wurden die Bären zu bestimmten tänzerischen Bewegungen gezwungen. Um die Bären noch mehr zum Gehorsam zu zwingen, wurde ihnen

Futter und Wasser verweigert, bis sie den Befehlen der Menschen gehorchten.

Bis zu 40 Prozent der Bären starben innerhalb des ersten Jahres in menschlichem Gewahrsam, weil sie die Trennung von ihrer Mutter und die grausamen körperlichen und seelischen Qualen nicht überlebten. Doch das barbarische Geschäft mit den Bären war äußerst lukrativ: Ein einziger Bär konnte eine ganze Kalandar-Familie einen Monat lang ernähren. Mehr als vierhundert Jahre lang wurden Lippenbären in Indien als Tanzbären ausgebeutet, bevor die Praxis 1972 in ganz Indien verboten wurde. Seitdem wurden mehr als sechshundert tanzende Bären gerettet, um in Auffangstationen liebevoll betreut zu werden und einen friedlichen und schmerzfreien Ruhestand genießen zu dürfen.[37]

In Europa, wo es vom Mittelalter an ähnliche Vorführungen mit abgerichteten Braunbären auf öffentlichen Plätzen und für geschlossene Gesellschaften gab, endete die Praxis in den frühen 1900er-Jahren.

Auch Balu – eine bedeutende Figur im *Dschungelbuch,* einer Sammlung von Geschichten von Rudyard Kipling – ist ein Lippenbär.

In der bekannten Disney-Filmversion des Buchs (1967) ist er einer der wichtigsten Verbündeten von Mowgli/Mogli, dem Hauptcharakter des *Dschungelbuchs*. Balu übernimmt die Rolle eines Beschützers und Mentors für Mowgli, einen Menschenjungen, der im Dschungel von Tieren aufgezogen wurde. Balu lehrt Mowgli das Gesetz des Dschungels und Fähigkeiten, die für das Überleben in der Wildnis wichtig sind. Einen seiner bekanntesten Auftritte hat er mit dem Lied »Probier's mal mit Gemütlichkeit« (im Original: »The Bare Necessities«), das er zusammen mit dem Panther Baghira singt. Das Lied drückt Balus lockere und unbeschwerte Lebensphilosophie aus. Balu wird oft als gemütlich, gutmütig und humorvoll dargestellt. Seine Beziehung zu Mowgli steht im Mittelpunkt vieler *Dschungelbuch*-Geschichten und trägt dazu bei, die Themen von Freundschaft und Akzeptanz zu betonen.

Die Geschichte von Romulus und Remus (die von einer Wölfin gesäugt wurden) ist wohl die bekannteste Sage über von Tieren großgezogene Menschenkinder. Es gibt aber auch Geschichten und Legenden über Kinder, die von Bären aufgezogen wurden. In einigen nordamerikanischen indigenen Kulturen sowie in Geschichten aus Sibirien gibt es Legenden über Kinder, die von Bären adoptiert oder gerettet wurden.[38]

Großer Panda *(Ailuropoda melanoleuca)* – der Feinschmecker

Bestand: Rund 1900 Tiere wild lebend[39], 600 bis 800 in Gefangenschaft.
Vorkommen: Lichte Laub- und Nadelwälder mit Bambus in Bergregionen im Südwesten Chinas, früher auch in Myanmar und anderen Regionen Chinas verbreitet.
Gefährdung: Gilt als gefährdet und gehört zu den am meisten bedrohten Bären- beziehungsweise Tierarten der Welt.

Am 17. 12. 2023 treten Pit und Paule ihre lange Reise von Berlin nach China an. Die beiden Brüder lebten vier Jahre lang im Berliner Zoo und sind die ersten Großen Pandas, die in Deutschland geboren wurden. Ihre Mutter Meng Meng und ihr Vater Jiao Qing zogen im Sommer 2017 in das eigens für sie gebaute Pandagehege im Hauptstadtzoo ein und wurden zunächst für die Dauer von fünfzehn Jahren von der Volksrepublik China ausgeliehen.

Gut ein Viertel des weltweiten Bestands der großen schwarzweißen Bären lebt in menschlicher Obhut. In der Natur kommen die Bären nur noch in drei chinesischen Provinzen vor, und zwar in abgeschiedenen Bergmischwäldern mit hohem Bambusanteil.

Die Geburt von Pit und Paule war eine Sensation, da die Nachzucht von Pandas in Gefangenschaft erst seit einigen Jahrzehnten erfolgreich und nach wie vor mit einigen Herausforderungen und etwas Glück verbunden ist. Allerdings sind Pandas in menschlicher Obhut nicht – wie früher angenommen – weniger reproduktionsfreudig. Die langjährigen Fehlschläge bei der Nachzucht von Großen Pandas in Zoos gehen vielmehr auf unsachgemäße Haltung und fehlendes Wissen über die Eigenheiten der Reproduktion der großen Bären zurück.

Pandababys wiegen bei ihrer Geburt gerade einmal 80 bis 200 Gramm. Das ist nur etwa ein Tausendstel des Gewichts ihrer Mutter; sie sind drei- bis viermal kleiner als die Jungen anderer Bärenarten. Dies stellt einen der größten Gewichtsunterschiede zwischen einer Mutter und ihrem Nachwuchs im Tierreich dar, der nur noch von Beuteltieren wie Kängurus oder Koalas übertroffen wird. Kein Wunder, dass es gelegentlich vorkommt, dass Pandamütter ihre Babys versehentlich zerquetschen.[40]

Die Jungen sind rosa und fast nackt, wenn sie auf die Welt kommen, und entwickeln in den ersten drei Lebenswochen ihre schwarzen und weißen Abzeichen. Wieso ausgewachsene Pandas die markante schwarz-weiße Färbung zeigen, ist nach wie vor ein Rätsel. Von der Abschreckung von Feinden über Tarnung in den schneebedeckten Bambushängen bis hin zur Wärmeregulation wird unter Wissenschaftlern vieles diskutiert.

In der Natur bringen weibliche Riesenpandas ein oder zwei Junge in einem hohlen Baum oder einer Höhle zur Welt. Doch bei Zwillingsgeburten überlebt nur eines der beiden Jungen. Die Mütter verstoßen das Schwächere der beiden und widmen ihre ganze Fürsorge dem stärkeren Jungtier. Warum Große Pandas im Angesicht dieser Tatsache überhaupt Zwillinge zur Welt bringen, konnten Wissenschaftler bislang nicht herausfinden. Bei Doppelgeburten in Gefangenschaft wird alles dafür getan, dass beide Geschwister überleben. Dafür tricksen die Tierpfleger die Mutter aus, indem sie alle paar Stunden die Jungtiere austauschen. Während das eine von der Mutter gesäugt und gewärmt wird, liegt das andere im Brutkasten.

Weibliche Pandas erreichen ihre Geschlechtsreife im Alter zwischen fünf und sieben Jahren und bringen dann alle zwei bis drei Jahre Junge zur Welt. Das überlebende Junge bleibt bis zum Alter von anderthalb bis drei Jahren bei seiner Mutter. Der älteste Panda, der je in Gefangenschaft gelebt hat, wurde 38 Jahre alt.

Alle zehn Jahre werden die letzten wild lebenden Großen Pandas in China einer umfassenden Inventur unterzogen. Nachdem mehrere Tausend Mitarbeiter der chinesischen Forstbehörde, Wissenschaftler und Helfer zuletzt 2014 wochenlang die Wälder Südwestchinas durchkämmten, wurde bekannt gegeben, dass zu diesem Zeitpunkt genau 1864 erwachsene Große Pandas in Chinas Wäldern lebten.[41]

Der Panda wird auf der Roten Liste der IUCN weiterhin als »gefährdet« eingestuft, jedoch scheint sich der Bestand langsam zu erholen. Zehn Jahre zuvor wurde die Population auf 1600 Tiere geschätzt, und die Großen Pandas galten deshalb sogar noch als »stark gefährdet«.

Die Hauptbedrohung für den Großen Panda besteht heute in der Zerschneidung seines Lebensraums durch Straßen, Bahntrassen, Siedlungen und landwirtschaftliche Nutzflächen. Die Isolation der einzelnen Vorkommen und somit die Verhinderung des Austauschs von genetischem Material kann zu Inzucht führen, welche Ursache für eine verringerte Fitness der Tiere und somit eine höhere Anfälligkeit für Krankheiten ist. Insbesondere Jungtiere, die bei der Suche nach einem eigenen Revier Straßen überqueren oder sich in menschliche Siedlungen verirren, leben gefährlich.

Die Tatsache, dass Große Pandas extreme Nahrungsspezialisten sind, hat auch zur Folge, dass ihnen regelmäßig der Hungertod droht. Denn Pandas ernähren sich zu 99 Prozent von Bambusblättern, -trieben, und -stängeln. Es gibt fast 500 Bambusarten in China; nur sechzig davon werden von den Pandas gefressen, drei Arten mögen sie besonders gern. Doch der Bambus ist so kalorien- und nährstoffarm, dass Pandas etwa 9 bis 18 Kilogramm davon täglich verspeisen und dafür etwa zwölf Stunden am Tag mit der Futtersuche und Nahrungsaufnahme verbringen.

Um die Pflanzenteile besser greifen zu können, haben die Bambusbären im Laufe ihrer Evolution eine Art zweiten Daumen entwickelt. Mit dieser Verlängerung des Handwurzelknochens können sie die Bambusstangen besser festhalten. Der übrige Körper des Pandas ist ebenfalls optimal an seine Ernährung angepasst. Zum Beispiel ist seine Speiseröhre mit Horn ausgekleidet. Das verhindert, dass scharfkantige Bambusstücke beim Schlucken Verletzungen verursachen können.[42] Forscher haben außerdem herausgefunden, dass sich die Bakterien im Darm der Pandas über den Jahresverlauf hinweg verändern. Im Frühling und Sommer, wenn die proteinreichen Triebe sprießen, ist das Darmmilieu darauf ausgelegt, besonders viele Eiweißverbindungen zu verdauen und in Fettreserven zu speichern, um so den Nährstoffmangel in Jahreszeiten auszugleichen, in denen nur faserige, nährstoffärmere Blätter zur Verfügung stehen.[43]

Neben Bambus frisst der Panda gelegentlich auch Kräuter wie Bocksdorn und Enzian sowie Raupen und kleine Wirbeltiere, wenn sie ihm vor die Nase kommen. Pandas halten keine Winterruhe, da Bambus das ganze Jahr über verfügbar ist.

Normalerweise wechseln Große Pandas je nach Jahreszeit zwischen verschiedenen Bambusarten in unterschiedlichen Höhenlagen und wählen Arten mit viel Eiweiß und wenig Ballaststoffen aus, sofern sie nicht durch die Zerschneidung ihrer Lebensräume daran gehindert werden. Die Nahrungsaufnahme erfolgt im Sitzen, wobei die Pandas mit einer Hand einen Bambusstängel halten, gleichmäßig große Stücke abbeißen und diese fast unzerkaut verschlucken und nur wenig verdaut wieder ausscheiden. Pandas scheiden täglich bis zu zehn Kilogramm Kot aus. Es gibt sogar eine Methode, die Anzahl der Pandas in einem Gebiet zu schätzen, indem man die Kothaufen anhand der Größe der darin enthaltenen Bambusstücke einzelnen Tieren zuordnet.

Wobei … Nicht nur Bärenforscher lieben Kacke! Aufgrund eigener Exkursionen in der sächsischen Lausitz kann ich bestätigen, dass wenig das Herz eines Wolfsfreundes mehr beglückt als der

Fund eines frisch vom Wolf abgesetzten Kothaufens inklusive Fell- und Knochenresten des kurz zuvor verspeisten Beutetieres. Die offiziellen Protokolle zur Dokumentation von Wolfshinweisen zum Beispiel fragen sogar nach dem »wolfstypischen« Geruch der Losung (wie ein Kothaufen unter Biologen auch genannt wird), und bei ganz frischen Haufen sieht man noch Reste von Darmschleimhautzellen schimmern. Wenn diese Zellen noch intakt sind und die darin enthaltene DNA noch nicht durch Feuchtigkeit oder UV-Strahlung zerstört wurde, eignet sich die Wolfslosung hervorragend, um im Labor zu bestimmen, welchem Tier diese Hinterlassenschaft zuzuordnen ist. Auch Pandakot und Duftmarkierungen aus Urin, die die Bären an Bäumen in ihrem Revier hinterlassen, eignen sich gut für die Extraktion von DNA[44] und ermöglichen damit unter anderem Verwandtschaftsanalysen und andere Populationsstudien.

Und was ist mit dem Kleinen Panda?

Auch wenn sie den gleichen Namen haben und im gleichen Lebensraum vorkommen, sind sie nicht miteinander verwandt: der Große Panda und der Kleine Panda. Und auch wenn es in diesem Kapitel vorrangig um echte Bären gehen soll, scheint mir eine kurze vergleichende Betrachtung beider Arten – genauer gesagt Gattungen, denn vom Kleinen Panda gibt es zwei Arten: den Westlichen Kleinen Panda *(Ailurus fulgens)* und den Styans Kleinen Panda *(Ailurus styani)* – lohnend, da ihre evolutionäre Entwicklung ein Musterbeispiel der Konvergenz ist.

Konvergente Strukturen, Verhaltensweisen oder Stoffwechselvorgänge beruhen auf der gleichen Funktion, haben sich aber unabhängig voneinander entwickelt. Zum Beispiel dienen sowohl die Flügel einer Amsel als auch die einer Fledermaus beiden Arten dazu, sich in der Luft fortbewegen zu können, gehen aber nicht auf gemeinsame fliegende Verwandte zurück.

Beide Pandas gehören zwar zu den hundeartigen Raubtieren, ihr letzter gemeinsamer Vorfahre ist jedoch bereits vor rund 50 Millionen Jahren ausgestorben. Der Kleine Panda gehört zu den Marderartigen, die beiden »Bären« sind also ähnlich eng miteinander verwandt wie Fischotter und Braunbär. Trotz der sehr entfernten Verwandtschaft weisen beide erstaunliche Ähnlichkeiten auf, zum Beispiel den falschen Daumen oder die Unfähigkeit, *umami* – die fünfte Geschmacksrichtung neben süß, sauer, salzig und bitter – zu schmecken (ich bin mir nicht sicher, aber ich glaube nicht, dass man den Bären, um dies herauszufinden, unterschiedlich aromatisierte Bambushäppchen zu kosten gegeben hat). Tatsächlich zeigt sich die konvergente Entwicklung sogar in den Genen beider Pandas. In über siebzig Genen finden sich Übereinstimmungen, die auf die drastische Ernährungsumstellung von einem fleischfressenden Raubtier hin zum Vegetarier zurückzuführen sind.[45]

Wenn der Bambus stirbt

Alle paar Jahre wird es richtig brenzlig für die Bären, denn ganze Bambuswälder – je nach Art in Abständen von 3 bis 150 Jahren – sterben, nachdem sie geblüht haben, flächendeckend ab. Die Bären im betreffenden Wald drohen dann zu verhungern. Viele Fragen zum Lebenszyklus von Bambus, der im Übrigen trotz seiner Größe nicht zu den Bäumen, sondern zu den Süßgräsern gehört, sind noch nicht geklärt. Es ist zum Beispiel noch nicht genau verstanden, wie Pflanzen, die kilometerweit voneinander entfernt leben, sich gewissermaßen auf den Tag genau verabreden, nach Jahrzehnten des gemächlichen Dahinwachsens auf einmal zu blühen. Es gibt eine ganze Disziplin in der Biologie, die sich mit diesen und anderen Fragen der zeitlichen Organisation von biologischen Systemen befasst. Von Schlaf-Wach-Zyklen über den Vogelzug bis hin zu Lebenszyklen von Algen, die sich nach Mondphasen richten: Die Chronobiologie untersucht zeitliche Zusammenhänge und rhythmisch wiederkehrende Ereignisse in der Tier- und Pflanzenwelt.

Intensiv beschäftigte ich mich das erste Mal mit diesem Thema während meiner Feldarbeit in Panama, als ich Orchideenpflanzen aus der Gattung *Sobralia* beobachtete, die nur einen Tag lang blühten. In meinem Boot steuerte ich verschiedene zum Teil kilometerweit entfernte Standorte der Pflanzen an. Als hätten die Pflanzen auf ein für mich unsichtbares Signal gewartet, öffneten sie alle am gleichen Tag ihre Blüten. Schon am nächsten Tag war weit und breit keine blühende Sobralia mehr zu sehen.

Ähnlich wie wir Menschen haben auch Pflanzen eine innere sogenannte zirkadiane Uhr: ein komplexes Netzwerk aus verschiedenen Genen, das den Biorhythmus der Pflanzen steuert. Doch welchen Vorteil hat es für den Bambus, zur gleichen Zeit zu blühen? Dafür gibt es verschiedene Erklärungsansätze. Eine Hypothese besagt, dass die synchrone Fortpflanzung unter Artgenossen mehrere nachgewiesene Fitnessvorteile hat, darunter eine höhere Bestäubungsrate, weil so mehr Pollen und empfängliche Blütennarben zur gleichen Zeit verfügbar sind. Außerdem hat eine Massenproduktion von Samen eine erhöhte Anziehungskraft auf die Samenverbreiter, und gleichzeitig ist dadurch eine höhere Überlebenswahrscheinlichkeit für den einzelnen Samen gewährleistet. Wenn es Samen im Überfluss gibt, sind die Tiere, die sich von den Samen ernähren, nicht imstande, alle Samen auf einmal aufzufressen; somit kann der Verlust durch Samenfresser ausgeglichen werden.[46]

Bei unseren heimischen Laubbaumarten wie Eiche, Buche oder Kastanie erleben wir ein Phänomen, das sich ähnlich erklären lässt. Alle paar Jahre, in den sogenannten Mastjahren, produzieren die Bäume eine ungewöhnlich große Menge an Samen. Dadurch stellen die Pflanzen sicher, dass trotz des Verlusts durch Samenfresser genug Samen übrig bleiben, um die Überlebenschancen des Nachwuchses zu maximieren.

Neuere Studien weisen darauf hin, dass der Klimawandel die Bambuswälder im Lebensraum der Großen Pandas massiv beeinflussen könnte. Prognosen gehen davon aus, dass die Bambuswälder in den nächsten Jahrzehnten um mehr als 35 Prozent zurückgehen könnten. Gründe dafür könnten die mangelnde Anpassungsfähigkeit des Bambus und die Ausweitung von Acker- und Viehzuchtflächen sein, die die Großen Pandas weiter zurückdrängt.[47]

1992 etablierte die chinesische Regierung in Kooperation mit dem WWF ein nationales Schutzprogramm für den Großen Panda, in dessen Rahmen bis heute mehr als siebzig Pandareservate mit einer Fläche von mehr als 22 000 Quadratkilometern entstanden. Der Rettungsplan sieht außerdem vor, dass eine erfolgreiche Erhaltungszucht etabliert wird, um eine sichere Reservepopulation in menschlicher Obhut aufzubauen, sollten die wild lebenden Pandas aussterben oder ihre Zahl stark zurückgehen. Mittlerweile ist dies gelungen, wie die zahlreichen Zuchterfolge der letzten Jahre zeigen. In Zukunft, wenn genügend Gebiete unter Schutz gestellt und renaturiert sind, sollen Pandas aus Gefangenschaft gezielt ausgewildert werden. Ob dies gelingt, ist allerdings mehr als fraglich. Geeignete Gebiete, die noch nicht von Pandas besiedelt sind, sind rar, und eine Wiederansiedlung in Gebieten, in denen bereits Pandas leben, könnte die Sozialstruktur und die Gesundheit bestehender Pandapopulationen gefährden.

Der Große Panda ist auch das Symbol des WWF, der 1961, damals noch unter dem Namen World Wildlife Fund, gegründet wurde. 1986 benannte sich die Organisation in World Wide Fund for Nature um, da es in den mehr als 13 000 Schutzprojekten, die der WWF bislang in über 150 Ländern mit rund 7,3 Milliarden Euro finanziert hat, um mehr als den Schutz von Wildtieren geht. Der WWF hat sich zum Ziel gesetzt, die weltweite Zerstörung der Natur und Umwelt zu stoppen und eine Zukunft zu gestalten, in der Mensch und Natur in Einklang miteinander leben.

Als Vorbild für das WWF-Logo diente die Pandadame Chi Chi, die einst im Londoner Zoo lebte und 1958 sogar einige Wochen im Berliner Tierpark verbrachte. Gerald Watterson, einer der Gründerväter des WWF, besuchte Chi Chi und kritzelte ein paar erste Skizzen der verspielten Bärin. Nach dieser Vorlage gestaltete Sir Peter Scott, ein weiterer Mitbegründer des WWF, das erste Logo der Organisation. Es wurde über die Jahrzehnte nur minimal verändert. Zwar lebt Chi Chi schon lange nicht mehr, aber der Panda ist nach wie vor das Markenzeichen des WWF. Seine Gründer wollten damals als Erkennungszeichen ein schönes Tier, das man sofort wiedererkennt und das auf der ganzen Welt beliebt ist und doch gleichzeitig für die Bedrohung und Schutzbedürftigkeit unserer Natur steht.

Es wird behauptet, der Kult um die schwarz-weißen Bären gehe auf die New Yorker Modedesignerin Ruth Harkness zurück. In den 1920er- und 1930er-Jahren hatten sie und ihr Mann den Traum, einen Großen Panda in die USA zu bringen. Vielleicht wurden sie von den Expeditionen von Kermit und Theodore Roosevelt inspiriert. Die beiden Söhne des berühmten US-Präsidenten hatten die Leidenschaft ihres Vaters für die Natur und für Bären geerbt und unternahmen in den 1920er-Jahren zwei Expeditionen nach Asien. Von ihrer zweiten Reise nach China 1928 brachten sie 40 große und 2000 kleine Säugetiere mit, 6000 Vögel und Reptilien – und einen (toten) Großen Panda. Der Bär war der erste Panda, der jemals von einem Westler erlegt und außer Landes gebracht wurde. Noch heute kann man das ausgestopfte Tier im Field Museum of Natural History in Chicago besuchen.[48]

Ruth Harkness reiste schließlich nach Shanghai und startete ihre eigene Pandaexpedition, nachdem zwölf vorherige professionelle Expeditionen mit dem Ziel, die Tiere lebend einzufangen, gescheitert waren. Im November 1936 fanden sie und ihr Expeditionsteam einen neun Wochen alten Panda, den sie in die USA brachten – der erste, der außerhalb Chinas lebte. Su Lin, wie Harkness ihn genannt hatte, wurde vom Chicagoer Zoo gekauft, starb aber bereits nach zwei Jahren und ist heute im Field Museum ausgestellt.

Schon Mitte des 20. Jahrhunderts verbot die chinesische Regierung die Ausfuhr von Großen Pandas und nutzte die Bambusbären fortan gewissermaßen für die Fortsetzung der Politik mit anderen Mitteln. Zwischen 1957 und 1983 wurden 24 Pandas als Geste des guten Willens an ausländische Staaten übergeben. Einer der bekanntesten Anlässe für ein solches Geschenk im Rahmen der Pandadiplomatie war wohl der Besuch von US-Präsident Richard Nixon in Peking 1972. Damals schenkte ihm Mao Tse-tung ein Pandapaar für den Washingtoner Zoo. 75 Millionen Besucher erfreuten sich in den folgenden Jahren an den beiden Tieren.

Auch Deutschland bekam unter der Regierung Helmut Schmidts zwei Pandabären geschenkt. Anlass war der Staatsbesuch des damaligen chinesischen Partei- und Regierungschefs Hua Guofeng 1979 in der Bundesrepublik. Das Männchen Bao Bao (Schätzchen) und das Weibchen Tjen Tjen (Himmelchen) lebten fortan im Berliner Zoo und wurden redlich umsorgt: »Als Futter erhalten sie außer dem aus Südfrankreich stammenden Bambus (er wird in Abständen von rund zwei Monaten in Thermoswagen nach Berlin gebracht und anschließend tiefgefroren) täglich zweimal eine Suppe aus gekochtem Reis, Mais- und Sojabohnenmehl, die mit einem Ei, Gemüse, Zucker, Salz und Vitaminen angereichert wird«, ist im Geschäftsbericht des Zoos zu lesen. Das Weibchen Tjen Tjen starb 1984 an einer Virusinfektion. Bao Bao lebte bis 2012 im Berliner Zoo und wurde 34 Jahre alt. Sein Fell ist heute im Berliner Naturkundemuseum zu sehen.[49]

Seit 2007 ist es vorbei mit den Geschenken aus Peking, aber nicht mit der Pandadiplomatie. Die Bären werden ausgewählten Zoos unter strengen Anforderungen und gegen hohe Gebühren als Leihgabe zur Verfügung gestellt. So hatte sich Angela Merkel persönlich dafür eingesetzt, dass der Berliner Zoo seit 2017 wieder zwei Große Pandas beherbergen und zeigen kann. Der Leihvertrag sieht jährliche Gebühren von knapp einer Million Euro an China vor. Nach Angaben des Zoos fließen 70 Prozent der Leihgebühr in den Artenschutz im natürlichen Lebensraum der Pandas in China. 20 Prozent des Geldes würden in die Forschung fließen, 10 Prozent seien Verwaltungskosten.[50] Doch die hohen Kosten scheinen sich für die Zoos zu lohnen: Die Chance, einen der seltensten Bären der Welt live zu erleben, lockt Millionen Besucher an.

Da vertraglich vereinbart ist, dass eventueller Nachwuchs nach China geht, leben Pit und Paule inzwischen wieder in der Aufzucht- und Forschungsstation für Große Pandas in Chengdu.

Asiatischer Schwarzbär *(Ursus thibetanus)* – der Ausgebeutete

Bestand: Weltweiter Bestand aufgrund mangelnder Daten nicht bekannt, in China schätzungsweise bis zu 28000 Tiere (Stand 2006), in Japan schätzungsweise 12000 bis 19000 Tiere (Stand 2011). Indien: 5000 bis 7000 (Stand 2007), Russland 5000 bis 7000 (Stand 2006).[51]
Vorkommen: Südostasien vom östlichen Iran und Afghanistan über Vietnam und Ostchina bis nach Korea, Japan und dem Osten von Russland.
Gefährdung: Die Art gilt als gefährdet, insbesondere aufgrund von illegaler Jagd und dem Verlust von Lebensraum.

Für ein Gramm Gallenblase eines Asiatischen Schwarzbären werden in Japan teilweise über 100 Dollar bezahlt.

Bei meinen Recherchen über Kragenbären – wie sie auch genannt werden – wurde ich unvermeidlich damit konfrontiert, dass nach wie vor Tausende dieser Bären in China, Vietnam und Laos unter grausamsten Bedingungen in Gefangenschaft gehalten werden. Wieso? Weil ihrer Gallenblase und der darin produzierten Flüssigkeit entzündungshemmende und fiebersenkende Wirkungen zugeschrieben werden und sie sich deshalb großer Nachfrage erfreut. Seit mehr als 3000 Jahren wird Bärengalle in der Traditionellen Chinesischen Medizin (TCM) verwendet, unter anderem auch, um Lebererkrankungen oder Augenleiden zu heilen.[52]

Der Asiatische Schwarzbär wird auf der Internationalen Roten Liste der IUCN zwar »nur« als »gefährdet« eingestuft, doch die starke Nachfrage seitens der TCM ist ein Grund, wieso andere Arten wie Seepferdchen, Nashorn und Schuppentiere sogar als »vom Aussterben bedroht« eingestuft werden. Um Arten vor der Nachfrage für die medizinische Anwendung, als Trophäe, Modeaccessoire etc. zu schützen, trat 1975 das Washingtoner Artenschutzübereinkommen (auf Englisch CITES – Convention on International Trade in Endangered Species of Wild Fauna and Flora) in Kraft. Das Abkommen, dem mittlerweile über 180 Staaten beigetreten sind, wurde geschaffen, um den internationalen Handel mit gefährdeten Tier- und Pflanzenarten und Teilen von ihnen zu regulieren und zu überwachen und somit sicherzustellen, dass der Handel nicht zur Bedrohung für das Überleben dieser Arten in freier Wildbahn wird.

Mehr als 5600 Tier- und 30 000 Pflanzenarten sind in den drei Anhängen des Abkommens gelistet. Anhang I umfasst die vom Aussterben bedrohten Arten, für die der internationale Handel generell verboten ist. Anhang II umfasst Arten, die potenziell vom Aussterben bedroht sind und daher einem kontrollierten Handel unterliegen. Anhang III umfasst Arten, die innerhalb eines Landes bedroht sind und für deren Erhaltung die Zusammenarbeit mit den anderen Mitgliedstaaten erforderlich ist, um die Ausrottung zu verhindern.

Auch der Asiatische Schwarzbär ist – obwohl sein Bestand nicht akut vom Aussterben bedroht ist – in Anhang I gelistet; der internationale Handel mit den Bären oder Produkten aus ihnen ist illegal. Dennoch floriert das Geschäft in Asien.

Während nun aber für Nashorn-Horn, Schuppentier-Schuppen oder Tigerknochen keine medizinische Wirkung bestätigt werden kann, ist das bei Bärengalle anders. Der Inhaltsstoff, für den in wissenschaftlichen Studien eine Wirkung nachgewiesen wurde, nennt sich Ursodesoxycholsäure.[53] Es gibt auch auf dem deutschen Markt Medikamente mit diesem Inhaltsstoff, der für die Auflösung von kleinen, durch Cholesterin verursachten Gallensteinen zugelassen ist. Allerdings wird der Stoff teilsynthetisch aus der Galle von geschlachteten Rindern hergestellt; Bären müssen dafür nicht sterben. Eine Studie aus dem Jahr 2022 an menschlichen Organen zeigt, dass die Ursodesoxycholsäure, die auch zu einem geringen Anteil in menschlicher Gallenflüssigkeit enthalten ist, ebenfalls zur Vorbeugung von Covid-19 eingesetzt werden könnte. Die chinesische Regierung hatte Bärengalle im Jahr 2020 sogar auf eine Liste mit Substanzen gesetzt, die sie gegen Covid-19-Infektionen empfahl.[54]

In Asien nahm die Nachfrage nach Bärengalle ab den 1980er-Jahren stark zu. In der Folge stiegen die Preise – für ein Gramm Bärengalle wurden in Südkorea über 200 Dollar gezahlt –, und in China, Vietnam und Laos wurden zahlreiche Bärenfarmen gebaut.

Die Technologie für die Gewinnung der Gallenflüssigkeit wurde einige Jahre zuvor in Nordkorea entwickelt und über die Jahre in China »perfektioniert«. Zwei Methoden, beide ähnlich grausam, werden dabei angewendet: Zunächst wird ein Katheter durch die Bauchdecke zur Gallenblase gelegt, der dann dauerhaft im Bauchraum verbleibt. Die Bären werden zweimal täglich »gemolken«. Dafür wird ein Schlauch durch den Katheter zur Galle geführt und die Gallenflüssigkeit abgelassen. Bei der zweiten Variante wird eine Öffnung in die Bauchdecke geschnitten und die Galle an die Bauchöffnung angenäht. Durch die Wunde, die permanent offen gehalten wird, läuft kontinuierlich Gallenflüssigkeit ab und wird unter dem Käfig aufgefangen. Bei beiden Methoden werden die Eingriffe meist ohne Betäubung vorgenommen, und die Bären leben in Käfigen, die fast jede Bewegungsmöglichkeit ausschließen.

Die Bärengalle wird meist getrocknet und in Pulverform verkauft oder zu Tabletten oder Tinkturen weiterverarbeitet. Bis zu zwei Kilogramm Gallenpulver können pro Bär und Jahr gewonnen werden. Während ein Kilogramm in China umgerechnet 350 Euro kostet, wie eine Untersuchung der Tierschutzorganisation Animals Asia Foundation (AAF) der Provinz Sichuan ergab, kostet eine ganze Gallenblase in Südkorea sogar bis zu 7500 Euro. Die Aussicht auf große Gewinne führte zu einem Anstieg der Bärenfarmen.

Animals Asia schätzt, dass heute mehr als 10 000 Kragenbären legal oder illegal auf Farmen in China, Laos, Vietnam, Myanmar und Südkorea gehalten werden. Inzwischen wird so viel Zuchtgalle produziert, dass sie auch in Shampoos, Kosmetika, Sportgetränken und Zahnpasta enthalten ist.[55]

Während die Bärenfarmen in Vietnam seit 2005 verboten sind, sind sie in China nach wie vor erlaubt, was mit dem Argument gerechtfertigt wird, Bärenfarmen würden den Druck auf die Wildbestände reduzieren. Belege dafür gibt es nicht. Zudem müssen auch für den Nachschub in den Farmen Wildbären gefangen werden.

Immer wieder gelangen Produkte mit Bärengalle auch nach Deutschland. Zwischen 2018 und 2021 stellte der deutsche Zoll acht Mal solche Waren sicher, darunter Zäpfchen, Pulver und Salben.[56]

Neben dem illegalen Fang und der Jagd auf die Bären ist die größte Bedrohung für Asiatische Schwarzbären der Verlust von Lebensraum durch Holzeinschlag, Landwirtschaft, menschliche Siedlungen und Infrastruktur. Außerdem werden Kragenbären aus Rache getötet, wenn sie Felder plündern oder Bienenstöcke zerstören. Neben der Galle scheinen auch das Fleisch, das Fell und die Pfoten beliebt zu sein. Die Pfoten werden vor allem in China als teure Delikatesse verkauft und in einer Suppe gegessen.

Der Kragenbär verdankt seinen Namen dem zottigen Nackenfell, das den Hals des Bären wie ein Kragen umgibt, und der auffälligen weißen Zeichnung auf der Brust, die oft die Form eines V oder einer Mondsichel hat. Aus diesem Grund wird der Bär im Englischen auch als »moon bear« (Mondbär) bezeichnet. Kragenbären sind mit dem Amerikanischen Schwarzbär näher verwandt als mit der zweiten in Asien lebenden Bärenart, dem Malaienbär. Im mittleren bis frühen Jungpleistozän, also vor etwa 700 000 bis 50 000 Jahren, hatte die Art ein deutlich größeres Verbreitungsgebiet, das sich von Südsibirien über den Ural und den Kaukasus bis nach Westeuropa erstreckte. Mehrere Fossilienfunde stammen sogar aus Portugal und Spanien.[57]

Kragenbären sind fast das gesamte Jahr über tagaktiv und halten nur in nördlicheren Breitengraden, wo im Winter keine Nahrung verfügbar ist, Winterruhe. In den Tropen verbringen Asiatische Schwarzbären ihr Leben – mit Ausnahme der Weibchen, die zwischen November und März ihre Jungen gebären – im Allgemeinen das ganze Jahr über ohne Winterruhe.

Das Verbreitungsgebiet der Asiatischen Schwarzbären erstreckt sich im Norden über Japan bis nach Russland. Im Land der aufgehenden Sonne leben neben den Schwarzbären auch Braunbären, doch beide Arten dürften sich nur äußerst selten zu Gesicht bekommen, denn während Braunbären nur noch auf Hokkaidō im Norden leben, kommen Schwarzbären heutzutage auf Honshū und Shikoku im Süden Japans vor. Einst lebten beide Bärenarten auf allen vier Hauptinseln.

Aufgrund der deutlich ausgeprägten Jahreszeiten und unterschiedlicher Vegetation je nach Höhenlage nutzen die Schwarzbären im Jahresverlauf verschiedene Lebensräume. In den Nördlichen Japanischen Alpen auf der Insel Honshū halten sich die Bären im Sommer (von Juli bis September) in höheren Lagen (2100 bis 2300 Meter) auf, wo sie in Birkenwäldern oder Lawinenfächern nach Nahrung suchen. Wenn es im Herbst ab September kühler wird, ziehen die Tiere in tiefere Lagen (1000 bis 1500 Meter) und suchen insbesondere unter Eichen nach Nahrung.[58]

Die Matagi, eine Gemeinschaft von Jägern im Norden der japanischen Hauptinsel Honshū, gehen im Winter auf Kragenbärenjagd, deren Ablauf tief in ihrer Tradition verwurzelt ist. Ein Teil der Innereien des erlegten Tieres bleibt als Opfergabe für die Berggöttin zurück, und bevor die Jäger das Fleisch gleichmäßig aufteilen, wird eine Zeremonie zu Ehren des Bären abgehalten.[59] Seitdem die Art als gefährdet gilt, werden ihre Praktiken jedoch zunehmend kritisch hinterfragt. Dabei legen die Matagi, deren Ursprünge bis ins 16. Jahrhundert zurückreichen, viel Wert auf die Erhaltung des natürlichen Gleichgewichts.

Gleichzeitig nehmen auch in Japan die Konflikte zwischen Menschen und Braun- beziehungsweise Schwarzbären zu. Insbesondere durch Braunbären auf Hokkaidō werden Menschen verletzt oder gar getötet. Auf Wanderwegen begegnet man daher immer wieder sogenannten Bärenglocken. Diese kann man vorsorglich läuten, denn der Lärm der Glocke soll die Bären verscheuchen.

Seit einigen Jahren werden zur Abschreckung der Tiere unter anderem automatische »Monster-Wölfe« eingesetzt. Die plüschigen Roboter imitieren nicht nur das Heulen und andere Geräusche eines Wolfes mit einer Lautstärke von rund 90 Dezibel, wenn ihre Infrarotsensoren eine Bewegung erkennen. Auf Videoaufnahmen ist auch zu sehen, wie sich die »Monster-Wölfe« auf Fahrgestellen durch die Landschaft bewegen und dabei neben Bären auch Wildschweine, Rehe und Affen verjagen.[60]

Malaienbär *(Helarctos malayanus)* – der Geheimnisvolle

Bestand: Keine Aussage möglich aufgrund mangelnder Datenlage.
Vorkommen: Monsun- und Tieflandregenwälder Südostasiens, insbesondere Laos, Vietnam, Thailand und östliches Indien.
Gefährdung: Die Art gilt als gefährdet. Experten gehen davon aus, dass die großflächige Abholzung der Wälder in den letzten Jahren zu einem Rückgang der Population um 30 bis 40 Prozent geführt hat.

Der Malaienbär, wegen seines charakteristischen weißen bis rötlichen Brustflecks auch »Sonnenbär« genannt, ist die kleinste Art der Echten Bären. Die Tiere mit dem kurzen glänzenden Fell werden von Kopf bis Fuß nur ein bis eineinhalb Meter groß und wiegen zwischen 30 und 80 Kilogramm. Wie kein anderer der acht Bären sind sie mit ihren nach innen gedrehten Füßen, den langen Krallen und ihrem geringen Gewicht perfekt für das Klettern auf

Bäumen ausgestattet. Hoch oben in den Baumkronen suchen sie nach Nahrung, vor allem nach Früchten und Honig, und ruhen in Nestern aus Blättern und Zweigen. Aufgrund ihrer Lebensweise im Kronenbereich der Regenwälder gehören sie zu den am wenigsten erforschten Bären. Trotz ihrer einzelgängerischen Lebensweise scheinen sie jedoch eine gewisse soziale Sensibilität zu besitzen. Eine Studie an in Gefangenschaft lebenden Sonnenbären zeigte, dass die Tiere in der Lage sind, die Mimik ihrer Artgenossen genau zu imitieren, wenn sie mit diesen interagieren. Eine solche Komplexität der Gesichtskommunikation war bisher nur von domestizierten Tieren oder Primaten bekannt gewesen.[61]

Die Regenwälder Südostasiens – der Lebensraum des Malaienbären und zahlreicher anderer Arten – sind durch massive Rodungen gefährdet, insbesondere für die Holz- und Papierindustrie sowie zur Anpflanzung von Ölpalmenplantagen. Dürreperioden und Brände verschärfen den Verlust der Wälder, und es kommt zunehmend zu Konflikten zwischen Menschen und Bären. Eine Untersuchung aus den Jahren 1998 bis 2000[62] zeigt, dass die Schäden an Ernten durch Malaienbären nach dem El-Niño-Ereignis von 1997/98 in Teilen Indonesiens angestiegen waren. Durch großflächige Dürren und Waldbrände auf den Inseln Borneo und Sumatra verkleinerte sich nicht nur der Lebensraum der Bären, sie fanden in den verbleibenden Wäldern auch weniger Früchte an den Bäumen. Daraufhin wichen die Bären auch auf Obstbäume und Kokospalmen in Plantagen aus und fraßen die frischen, jungen Triebe, sodass die Kokospalmen häufig abstarben. Die Folge: Bauern forderten den Abschuss der Bären oder legten selbst Giftköder aus beziehungsweise stellten Schlingfallen auf. Der Konflikt konnte jedoch mit relativ einfachen Mitteln entschärft werden: Metallbleche, die an den Kokospalmen befestigt wurden, hinderten die Bären erfolgreich am Klettern. Angesichts des rasanten Bevölkerungswachstums und der fortschreitenden Waldzerstörung wird es in Zukunft immer wichtiger werden, Konflikte zwischen Bären und Menschen mit solchen verhältnismäßig einfachen Mitteln zu lösen.

Auch der Malaienbär ist durch die Nachfrage nach seinen Körperteilen und -flüssigkeiten gefährdet. In Teilen Malaysias zum Beispiel werden Sonnenbären seit Jahrzehnten als Nutztiere (Fleischlieferanten) gehalten beziehungsweise ihrer Krallen und Gallenblasen wegen gejagt. Manche Forscher gehen davon aus, dass der Sonnenbär auf der Insel Borneo eine der am stärksten von Wildtierhandel betroffenen Säugetierarten ist. Bären und Teile von ihnen finden unterschiedlichste Verwendung, beispielsweise werden Sonnenbärenhäute als Sitzpolster verwendet[63], Bärenpfoten als Trophäen und zur Dekoration oder aufgrund unbewiesener heilender Eigenschaften auch für spirituelle Zwecke. All das führt dazu, dass der Sonnenbär heute eine der seltensten der acht Bärenarten ist.

Ein kleiner Lichtblick im Kampf gegen die grausame Haltung von Sonnen- und Mondbären als Lieferanten für Bärengalle: Im Jahr 2005 verbot Vietnam den Besitz von Bären und den Verkauf und die Verwertung von Bärengalle. Trotz des Verbots durften die Besitzer allerdings ihre Bären behalten, sofern die Tiere vor 2005 mit einem Mikrochip versehen und registriert worden waren. Tierschutzorganisationen hatten sich in den Jahren zuvor massiv für ein Verbot der Haltung von Bären eingesetzt. Die Zahl der Bären in Gefangenschaft ist seitdem deutlich zurückgegangen. Während im Jahr 2005 noch 4300 Bären auf Farmen in Vietnam gezählt wurden, waren es 2023 nur noch 228.[64] Mittlerweile gibt es mehrere Rehabilitationszentren, wo die Bären ihren Lebensabend in artgerechter Haltung verbringen dürfen. Allerdings, so vermutet die Organisation TRAFFIC, die sich weltweit für eine Eindämmung des illegalen Handels mit gefährdeten Arten einsetzt, werden auch in Vietnam nach wie vor Mond- und Sonnenbären illegal gehalten oder aus der Natur entnommen und getötet, um an ihre Gallenblasen zu gelangen.

Amerikanischer Schwarzbär *(Ursus americanus)* – der Anpassungsfähige

Bestand: Schätzungen gehen von 850 000 bis 950 000 Exemplaren aus.
Vorkommen: Die Art ist in weiten Teilen Nordamerikas verbreitet, vorwiegend im Westen der USA, im Norden von Mexiko und in ganz Kanada und Alaska.
Gefährdung: Als einzige der acht Bärenarten nicht gefährdet.

Ich war erst zweimal in meinem Leben trampen. Das erste Mal, nachdem ich die Gebirgswüsten von Mordor bezwungen hatte, und ein anderes Mal, weil ich mit Bären picknicken wollte.

Das Tongariro Alpine Crossing ist eine der beliebtesten Tageswanderungen Neuseelands, eine 19 Kilometer lange Tour durch eine faszinierende Vulkanlandschaft. Lavaströme, ein aktiver Krater, dampfende Schlote, smaragdgrüne Seen und umwerfende Ausblicke auch auf Landschaften, in denen Szenen aus J. R. R. Tolkiens *Der Herr der Ringe* und *Der kleine Hobbit* gedreht wurden, machen die anstrengende Tour zu einem unvergesslichen Erlebnis. Es gibt nur einen Haken: Die Tagestour ist keine Rundwanderung, und wenn man mit dem eigenen Auto angereist ist, steht man am Ende der Tour vor der Herausforderung, wieder zum Ausgangspunkt zurückzugelangen. Ich war mit zwei guten Freunden unterwegs, und weil Alex noch einen Umweg gehen wollte, um den Schicksalsberg zu erklimmen, und Christiane am Fuß des Berges auf ihn wartete, dachten wir, es wäre eine gute Idee, wenn ich schon mal zur Straße vorginge, um den letzten Bus zurück zum Parkplatz am Ausgangspunkt zu erwischen und das Auto zu holen. Am Schicksalsberg in anbrechender Dunkelheit trennten sich also die drei Gefährten – keine grandiose Idee, wie wir später bemerken sollten.

Dummerweise kam ich fünf Minuten zu spät, und der Bus war schon weg. So blieb mir nichts anderes übrig, als die sechs Kilometer zum Highway zu laufen und dort zu versuchen, zum Ausgangspunkt zurückzutrampen, um unser Auto zu holen.

Nach zwanzig Minuten hielt jemand an und nahm mich mit. Wow, was für ein schräger Typ! Die Menschen in Neuseeland sind in der Regel sehr freundlich, aber in einem zwanzig Jahre alten Mitsubishi Galant zu sitzen, gleich neben diesem bärtigen Mann, dem einige Zähne fehlten, ließ in mir doch Szenen aus Horrorfilmen aufsteigen (wobei ich wirklich nur wenige Horrorfilme gesehen hatte, und die nur widerwillig). Ich konnte nur hoffen, lebend aus der Nummer herauszukommen.

Noch blöder war, dass der Mann gar nicht direkt zu meinem Ausgangspunkt zurückfahren wollte und ich erst zehn Kilometer nach der Kreuzung von Highway 46 und 47 merkte, dass der Trip in eine völlig falsche Richtung ging. Ich bat ihn, mich im nächsten Ort an einem Kreisverkehr rauszulassen. Mittlerweile war es stockfinster, und mein Handy hatte seinen Geist aufgegeben, sodass ich Alex und Christiane auch nicht über meine Verspätung informieren konnte. Immerhin hatte ich doch noch Glück, denn in diesem Ort fuhr ein Bus ab, der mich zu unserem Ausgangspunkt zurückbrachte. Fünf Stunden nachdem wir uns getrennt hatten, konnte ich meine beiden Reisegefährten auf der anderen Seite des Berges abholen.

Zugegeben: Diese Geschichte hat mit Bären nichts zu tun, denn in Neuseeland gibt es weder Bären noch andere landlebende Beutegreifer. Lediglich Seebären und Seelöwen sind in den Gewässern heimisch. Ein schwarzbärähnliches Wesen taucht jedoch in den Geschichten von Tolkien auf, von denen mehrere bekanntermaßen in Neuseeland verfilmt wurden. So ist der Beorn, wie der Zauberer Gandalf ihn beschreibt, ein »Pelzwechsler«, der seine Gestalt ändern kann. Tolkien schrieb dazu, dass der Beorn mal ein mächtiger schwarzer Bär sei, aber auch in Erscheinung eines großen, starken, schwarzhaarigen Menschen mit gewaltigen Armen und langem Bart auftauchen könne und von den großen alten Bären des Gebirges abstamme. Der Fahrer des Mitsubishis ließ in mir jedenfalls Assoziationen an den Beorn und andere Bärenmenschen hochkommen. Bärenmenschen und Menschenbären spielen auch in modernen Märchen noch eine Rolle und zeugen von der Verbundenheit des Menschen mit dem Bären.

Mein zweites Anhalter-Erlebnis war erfreulicherweise weniger spektakulär. Im Sommer 2009 flog ich in die USA, um meine ehemalige Gastfamilie zu besuchen und allein ein paar Tage im Grand Teton National Park zu wandern. Das unmittelbar südlich des Yellowstone-Nationalparks gelegene Schutzgebiet ist durch das spektakuläre Panorama der Teton-Gebirgskette und aufgrund seines Reichtums an Wildtieren – darunter Elche, Bisons, Schwarz- und Braunbären – bekannt. Ich nahm einen Flug zum nächstgelegenen Flughafen Jackson Hole, um von dort zu trampen; andere öffentliche Transportangebote zum Nationalpark gab es nicht. Ein älteres Ehepaar nahm mich mit, nicht ohne mich darauf hinzuweisen, dass Trampen in den USA sehr gefährlich sei. Vermutlich nicht so gefährlich, wie allein im Bärengebiet mehrere Tage wandern und zelten zu gehen, dachte ich mir, hielt aber den Mund.

Alle Personen, die Mehrtagestouren im »Backcountry« unternehmen möchten, müssen sich sowohl im Nationalparkzentrum registrieren als auch einen Bärenkanister – eine bärensichere Aufbewahrungsbox für Nahrungsmittel, Kosmetika und dergleichen – mitführen und benutzen. Auf dem Weg zu meinem ersten Zeltplatz kam mir ein aufgeregtes Pärchen entgegen: »Da vorne am See ist ein Schwarzbär, der seit einiger Zeit um den Picknickplatz herumstreift. Ein Ranger hat erzählt, dass die Bärenmutter mit ihren Jungen schon seit Tagen immer wieder hier gesehen wird.« Das ging ja spannend los! In der Nähe des Zeltplatzes traf ich den Ranger, der mir erzählte, dass es während der letzten Monate bereits einige Sichtungen möglicherweise auffälliger Braun- und Schwarzbären gegeben hatte. So hatten Wanderer an einem Zeltplatz am abgelegenen Marion Lake einen Schwarzbären gefüttert, der daraufhin immer wieder zum See zurückkehrte. Obwohl er von anderen Besuchern verscheucht wurde, durchstreifte er den Zeltplatz und wurde dabei beobachtet, wie er an Lebensmittel gelangte.

Im Nationalpark kommt es immer wieder vor, dass solche Bären entweder vergrämt (das heißt verscheucht) oder im schlimmsten Fall letal entnommen – also erschossen – werden müssen. Wegabschnitte oder Zeltplätze, an denen Bärensichtungen häufiger vorkommen, werden aus Sicherheitsgründen temporär geschlossen. Insbesondere Schwarzbären nutzen immer wieder die Gelegenheit, bei unachtsamen oder gedankenlosen Wanderern an Nahrung zu kommen.

In meinem Fall mussten die Ranger nicht eingreifen, der Bär wurde nach ein paar Tagen nicht mehr gesehen.

Der Amerikanische Schwarzbär ist von allen Bärenarten die häufigste: Mit schätzungsweise fast einer Million Individuen mehr als doppelt so häufig wie alle anderen Bärenarten zusammen. Sie leben in Kanada, den USA und Mexiko. Allein in den Vereinigten Staaten soll es zwischen 300 000 und 450 000 Individuen geben, die meisten davon in Kalifornien. Die Bestände des Amerikanischen Schwarzbären sind stabil, sogar mit leicht steigender Tendenz, auch weil die Bären immer häufiger in Siedlungsnähe vordringen und Futter in Gärten, auf Müllplätzen oder eben an Picknick- oder Zeltplätzen suchen.

In den USA leben Schwarzbären dank langjähriger Schutzbemühungen mittlerweile wieder auf etwa der Hälfte ihres ursprünglichen Verbreitungsgebietes. Ihr Lebensraum überschneidet sich zum Teil mit dem des Braunbären. Amerikanische Schwarzbären besiedeln dichte bis offene, hauptsächlich gemäßigte und boreale Wälder, aber auch in subtropischen Gebieten (Florida und Mexiko) sowie in der Subarktis kommen die anpassungsfähigen Bären vor. Sie bewohnen so unterschiedliche Gebiete wie trockene mexikanische Buschwälder, Sümpfe in Louisiana, Regenwälder in Alaska und die karge Tundra im kanadischen Labrador.[65]

Eine Studie aus dem kanadischen Bundesstaat British Columbia zeigt, dass dort, wo sich die Lebensräume von Braunbären und Schwarzbären überschneiden, die beiden Arten einander eher aus dem Weg gehen, um Konkurrenz zu vermeiden. So sind Schwarzbären eher in Gebieten mit höherem Waldanteil und in der Nähe menschlicher Siedlungen zu finden, während Braunbären eher ungestörte Gebiete bevorzugen, zum Beispiel Nationalparks. Menschliche Siedlungen und Aktivitäten können also die Verteilung der Bären in der Landschaft beeinflussen.[66]

Amerikanische Schwarzbären sind wie die meisten Bären typische Allesfresser. Ihre Nahrung variiert jahreszeitlich und reicht von krautiger Vegetation (vor allem im Frühjahr) über Wurzeln, Knospen, Früchte, Beeren, Nüsse bis hin zu Insekten, Kleinsäugern, Fischen und Aas. Auch von menschlicher Nahrung werden sie angezogen, darunter Abfälle, Vogelfutter, Mais, Hafer, Äpfel, Honig und Bienenstöcke. Auch wenn der Bestand von Amerikanischen Schwarzbären nicht als gefährdet gilt, so gibt es doch regionale Gefährdungen zum Beispiel durch Straßenverkehr, Holzeinschlag oder Wilderei, und die Konflikte nehmen gerade dort zu, wo Bären immer häufiger mit Menschen in Kontakt kommen.

Die Verwandtschaftsverhältnisse innerhalb der Amerikanischen Schwarzbären wurden in der Vergangenheit häufiger diskutiert; dabei wurden bis zu sechzehn Unterarten beschrieben, zum Beispiel der *Ursus americanus cinnamomum*, der in Idaho, West-Montana, Wyoming, Ost-Washington, Oregon und Nordost-Utah beheimatet ist. Der Begriff »Zimtbär« geht auf das eher rötlich hellbraune, zimtfarbene Fell einiger Tiere zurück.

In der Tat ist es gar nicht so einfach, Schwarz- und Braunbären auf den ersten Blick zu unterscheiden. Bei meiner Wanderung durch die Teton Range sah ich in circa 100 Meter Entfernung eine große schwarze Bärin, die zwei Junge mit sich führte. Bei genauerem Hinsehen fiel auf, dass die Bärin komplett schwarz war, aber einen circa 50 Zentimeter breiten zimtbraunen Streifen auf dem Rücken trug, während ihre Jungen vollständig rotbraun waren. Es gibt braune Schwarzbären und schwarze Braunbären, zimtfarbene Schwarzbären und hellbraune Braunbären. Die Fellfarbe der

Schwarzbären reicht von einheitlichem Schwarz über verschiedene Brauntöne bis hin zu rötlichem Braun und Blond, und in Küstenregionen von British Columbia gibt es sogar komplett weiße Exemplare, die auch Kermode- oder Geisterbären genannt werden.

Um zu wissen, wie man sich im Falle einer Bärenbegegnung zu verhalten hat (siehe Kapitel »Alaska«), ist es aber entscheidend zu wissen, welche der beiden Arten – also Schwarzbär oder Braunbär – man vor sich hat. Aussagekräftiger als die Fellfarbe ist dafür die Statur des Bären. Auch Amerikanische Schwarzbären besitzen den für alle Bären typischen stämmigen Körperbau mit massivem Rumpf und kräftigen Gliedmaßen. Der Kopf des Baribals, wie er auch genannt wird, ist groß mit runden Ohren und kleinen Augen. Das Gesichtsprofil ist von der Stirn bis zur Nase eher gerade, was ihn vom Braunbären unterscheidet. Auch die längere Schnauze und das weniger breite Gesicht unterscheiden den Amerikanischen Schwarzbären vom Braunbären. Schließlich ist der Schulterhöcker, den nur der Braunbär hat, ein sicheres Unterscheidungsmerkmal der beiden Bärenarten.

Meine ehemalige Kollegin Sybille schrieb ihre Doktorarbeit über Schwarzbären in Virginia. Im Rahmen einer Langzeitstudie sollte erforscht werden, wie sich die Population entwickelte und welche Form der Jagd auf die Bären möglich sei, ohne das Überleben der Art zu gefährden. So wurde die Jagd im Frühjahr schon in den Siebzigerjahren verboten, da zu dieser Jahreszeit besonders viele Weibchen erlegt wurden. Es blieben mutterlose Jungbären zurück, und die Population stagnierte auf einem niedrigen Niveau. Heutzutage werden Schwarzbären in Virginia nur noch im Dezember geschossen, weil die trächtigen Bärinnen oder Bärenmütter sich in dieser Zeit normalerweise schon im Winterschlaf befinden. Dadurch bleibt der Bestand konstant beziehungsweise wächst leicht an. Amerikanische Schwarzbären kommen in etwa 40 US-Bundesstaaten vor und dürfen in den meisten davon bejagt werden. 40 000 bis 50 000 Tiere werden jährlich in den USA erlegt.

Kurzes Abschweifen: Tatsächlich sind die typischen Fellmützen, die die Wachen am Buckingham Palace in London tragen, aus dem Fell kanadischer Schwarzbären gefertigt. Die sogenannten Bearskins sind seit 250 Jahren im Einsatz. 1768 hatte König George III. angeordnet, die Grenadiermützen müssten aus dem Fell von Schwarzbären bestehen, und seitdem hat sich daran nichts geändert. Nach Protesten von Tierschützern in der jüngeren Vergangenheit wurden synthetische Alternativen getestet, jedoch wieder verworfen, da sie weder lange genug haltbar noch ausreichend wetterfest gewesen sein sollen.[67]

Sybille erzählte mir, wie sie die Bärinnen im Sommer mit großen Kasten- und Schlingfallen fingen, um sie zu untersuchen und mit GPS-Halsbändern auszustatten. Die telemetrische Überwachung von Wildtieren ist heute nicht mehr wegzudenken, denn sie ermöglicht den Forschern, Wildtiere kontinuierlich aus der Ferne zu beobachten und genaue Informationen über ihre Bewegungsmuster und ihr Verhalten zu bekommen. So können Lebensraumnutzung, Wanderbewegungen, Nahrungsaufnahme und andere Verhaltensweisen erforscht werden. Sybille und ihr Team konnten die im Sommer besenderten Schwarzbärinnen während ihres Winterschlafs aufspüren. In den Blue Ridge Mountains, einem Gebiet in den südlichen Appalachen, überwintern die Bären häufig in großen hohlen Baumstämmen oder Baumhöhlen. Mit einer Kettensäge ausgerüstet kletterte Sybille auf den Baum, in dem eine Bärin schlief, und schnitt ein Stück Rinde aus dem Baum, gerade groß genug, um an die Bärenjungen zu gelangen und ihnen ebenfalls ein Sendehalsband umzulegen.

Einmal sei ein Teammitglied einen Baum hochgeklettert und habe sich dann in dem frisch ausgesägten Loch festgehalten, berichtete Sybille. Die wenig begeisterte Bärenmutter biss ihm daraufhin einen Finger ab. Ansonsten verliefen die Besenderungsaktionen in bis zu 30 Meter Höhe meist ohne nennenswerte Zwischenfälle. Zweimal, so erzählte Sybille, hatten sie im Wald Bärenwaisen gefunden ohne eine Spur ihrer Mutter. Damit die Bärenkinder nicht nach Menschen rochen, wurden sie großzügig mit Erkältungssalbe eingerieben und dann fremden Bärenmüttern, die jeweils nur ein Junges hatten, in die Baumhöhle »geschmuggelt«. Mit Erfolg: Die Waisen wurden erfolgreich von den neuen Müttern adoptiert.

Die Informationen, die GPS-Halsbänder liefern, tragen dazu bei, Bedrohungen für Wildtiere zu erkennen und Schutzmaßnahmen zu entwickeln, um Konflikte mit Menschen zu minimieren. Die Halsbänder, die man heutzutage benutzt, bestehen in der Regel aus einer GPS-Einheit, einem GSM-Sender, einem VHF-Sender, einer Batterie und dem Halsband. Das zentrale Element eines Sendehalsbands ist das GPS-Modul, das genaue Positionsdaten des Tieres liefert. Moderne GPS-Module können hochpräzise Daten in Echtzeit oder in festgelegten Intervallen liefern. Um Strom zu sparen und die Einsatzdauer des Halsbands zu erhöhen, wird die Anzahl der gesammelten Datenpunkte in der Regel begrenzt, zum Beispiel auf einen Punkt pro Stunde. Der GSM-Sender überträgt die Daten dann in bestimmten Intervallen über das Mobilfunknetz an die Forscher, wo sie direkt auf dem Computer weiterverarbeitet werden können. Zusätzlich besitzen viele Sender eine VHF-Einheit, die Radiowellen sendet, damit die Tiere auch direkt im Feld mithilfe von Antennen aufgespürt werden können. Ein Akku, das schwerste und größte Bauteil des Halsbands, versorgt GPS-Einheit und Sender mit Energie.

Die Laufzeit der Batterien hängt von Faktoren wie der Sendehäufigkeit und der Menge der gesendeten Daten ab und ist bei Säugetieren der limitierende Faktor für die Einsatzdauer des Halsbands. Während die Stromversorgung bei Sendern für Vögel oder Insekten schon mit Solarmodulen möglich ist, hat sich das bei vorwiegend im Wald und somit im Schatten lebenden Wildtieren bislang noch nicht als praktikabel erwiesen. Das Halsband selbst ist in der Regel aus Leder gefertigt, und es gibt einen Abwurfmechanismus, damit das Tier den Sender nicht sein Leben lang tragen muss. Nach etwa eineinhalb bis drei Jahren lösen sich die Halsbänder an einer dafür vorgesehenen Sollbruchstelle und fallen zu Boden; manche Sender lassen sich auch per Knopfdruck aus der Ferne abwerfen.

In der Fernüberwachung von Wildtieren steckt noch viel Entwicklungspotenzial. Eine Arbeitsgruppe an der Universität Freiburg arbeitet zum Beispiel an sogenannten Energy-Harvesting-Systemen, durch die die Körperwärme der Tiere in elektrische Energie umgewandelt wird, sodass für eine unbegrenzte Dauer Strom für das Sendehalsband zur Verfügung steht.

In der Gegend des Lake Tahoe in Kalifornien und in Aspen, Colorado, nutzt man GPS-Halsbänder, um mehr über das Verhalten von Schwarzbären in Siedlungsnähe zu erfahren. In einer Studie aus dem Jahr 2015 wurden in und um Aspen vierzig Bären mit GPS-Halsbändern ausgestattet, um zu untersuchen, welche Futterquellen diese Tiere bevorzugen. Die Schwarzbären nutzten sowohl natürliche als auch anthropogene Nahrungsquellen in der Umgebung der 7000-Einwohner-Stadt, die auch ein beliebtes Skiresort ist. 77 Prozent der Futterquellen waren anthropogenen Ursprungs: überwiegend Abfälle aus Mülltonnen in Siedlungen. Die Bären suchten insbesondere dann in städtischen Gebieten nach Nahrung, wenn die Verfügbarkeit von Beeren, Nüssen, Insekten etc. in den umliegenden Wäldern gering war, und wechselten zu natürlichen Nahrungsquellen, sobald diese wieder verfügbar waren. Diese Muster deuten darauf hin, dass Schwarzbären bei der Nahrungssuche gezielt Abwägungen treffen und dabei unter anderem die individuelle Sicherheit und den eigenen Energiehaushalt berücksichtigen. In Aspen gibt es schon seit vielen Jahren Bären, und über 76 Prozent der Mülleimer, die in der Studie untersucht wurden, waren sogar mit einem bärensicheren Mechanismus ausgestattet, doch mehr als die Hälfte der Mülltonnen wurde nicht korrekt gesichert, und die Bären konnten somit leicht an den Inhalt herankommen.[68]

Die Daten aus Tahoe zeigen, dass Schwarzbären dort teilweise erst im Januar ihre Winterschlafplätze aufsuchen, weil sie bis dahin genug Futter in Siedlungen finden. Manche Bären legen sich gar nicht mehr zur Ruhe, und bei den Raubtieren scheint es ähnlich wie bei den Menschen eine Landflucht zu geben: Immer weniger Bären leben in den Wäldern um Tahoe; sie verlagern ihre Streifgebiete in unmittelbare Siedlungsnähe.[69]

Viele Forschungen zur Intelligenz und zum Lernverhalten von Bären wurden an Amerikanischen Schwarzbären durchgeführt. Ähnlich wie Elefanten und Menschenaffen sind Bären wesentlich intelligenter als bisher angenommen. Für diejenigen, die an die »Hypothese der sozialen Intelligenz« glauben, könnten die Fähigkeiten der Bären eine Überraschung sein.

Diese Hypothese geht davon aus, dass soziale Tiere intelligenter sind als Einzelgänger, da interaktive Umgebungen größere kognitive Herausforderungen mit sich bringen. Tatsächlich leben die meisten Tiere mit hoher Intelligenz in Gruppen, zum Beispiel Affen oder auch Ameisen. Doch obwohl Bären Einzelgänger sind, ist ihr Gehirn im Verhältnis zum Gesamtkörpergewicht relativ schwer, was auf eine hohe Intelligenz schließen lässt. Forscher vermuten daher, dass ihr Gehirn weniger von sozialen Situationen als von der anspruchsvollen Umgebung beeinflusst wird, in der sie leben. Ihre Fähigkeit, schnell und anpassungsfähig auf äußere Reize zu reagieren, könnte die Entwicklung des Gehirns erklären.[70,71] Bären sind in der Lage, Werkzeuge zu ihrem eigenen Nutzen zu verwenden, und können auf Bildern abgebildete Objekte erkennen. In Tests konnten sie nicht nur zwischen Braunbären und Eisbären unterscheiden, sondern auch zwischen Abbildungen von Tieren und solchen, auf denen keine Tiere abgebildet waren.

Leider bringt die hohe Intelligenz beziehungsweise Anpassungsfähigkeit die Tiere zunehmend in Schwierigkeiten. Doch schuld an zerstörten Bienenstöcken, umgeworfenen Müllcontainern, aufgebrochenen Vorratskammern und potenziell tödlichen Nahbegegnungen zwischen Bären und Menschen sind nicht die Bären allein. Ganz im Gegenteil: Schon die Schilder im Grand-Teton-Nationalpark offenbaren das Fehlverhalten der Menschen, denn sie weisen Wanderer an, keine Essensreste herumliegen zu lassen und Abfall in den dafür vorgesehenen bärensicheren Containern zu entsorgen. Was offenbar nicht selbstverständlich ist – häufig ist also das Fehlverhalten von Menschen daran schuld, dass Bären zu sogenannten Problembären werden.

Eisbär *(Ursus maritimus)* – der weiße Riese

Bestand: 22 000 bis 31 000 Exemplare.[72]
Vorkommen: Ausschließlich auf der nördlichen Halbkugel an den wandernden Packeisgrenzen der Arktis, in Russland, Alaska, Kanada, auf Grönland und Spitzbergen.
Gefährdung: Gefährdet; Forschende gehen davon aus, dass der Bestand bis 2050 um 30 Prozent abnehmen wird.

Eisbären haben eine Lieblingsnahrung: Robben. Sie verbringen viel Zeit in der Nähe von Eislöchern, die Robben nutzen, um zum Atmen an die Wasseroberfläche zu gelangen. Die Eisbären warten geduldig neben diesen Löchern und greifen die Robben an, wenn sie auftauchen. Doch wo es kein Eis gibt, fehlen die Jagdgründe für die Eisbären. Und wenn die Weibchen mehr als vier Monate im Jahr hungern müssen, bekommen sie keinen Nachwuchs.

Keine Art ist mehr zum Symbol für den Klimawandel geworden als der Eisbär, und in der Arktis sind die Auswirkungen der Klimakrise besonders deutlich zu spüren. Durch die steigende Konzentration von Treibhausgasen in unserer Atmosphäre nehmen die Durchschnittstemperaturen weltweit zu. Der arktische Eisschild, der Sonnenlicht und somit auch Wärme reflektiert, schmilzt, und zwar nicht nur aufgrund der steigenden Lufttemperaturen: Das freigelegte Meerwasser absorbiert die Sonnenstrahlen aufgrund seiner dunklen Farbe stärker als das Eis, und die Temperaturen des Meerwassers steigen ebenfalls. In diesem sich selbst verstärkenden Prozess sind das Meereis und die Bären die Verlierer. Seit 1979 hat sich die sommerliche Meereisbedeckung in der Arktis, die ihr Minimum im September erreicht, um rund ein Drittel verringert.[73]

Wenn sich diese Entwicklung weiter fortsetzt, sind die Eisbären nicht mehr zu retten. Modellierungen gehen davon aus, dass die Zahl der Eisbären schon bis zum Jahr 2050 um ein Drittel zurückgehen wird. Es wird Regionen geben, in denen es die Bären besonders hart trifft, zum Beispiel in der Beaufortsee. Dort hat die Zahl der Bären in den letzten zehn Jahren bereits um 40 Prozent abgenommen, denn an den nördlichen Küsten von Alaska und den kanadischen Territorien Yukon und Nordwest sinkt der Meeresboden schnell ab. In tieferen Gewässern gibt es aber kein Licht für Algen und somit kein Futter für das Zooplankton, von dem sich kleinere Fische ernähren. Keine Fische bedeutet kein Futter für die Robben und somit auch kein Futter für andere größere Meeressäuger, inklusive Eisbären.[74]

Eisbären finden am meisten Nahrung auf einjährigem, küstennahem Packeis in Regionen mit geringer Meerestiefe, wo die Produktivität durch Auftrieb des Tiefenwassers und Strömungen hoch ist und es somit viel zu fressen gibt. Je näher man zum Nordpol gelangt, desto dicker wird das mehrjährige Packeis und desto weniger Atemlöcher gibt es für Robben. Deshalb gibt es in unmittelbarer Nähe des Nordpols in der Regel auch keine Eisbären.

Untersuchungen zeigen, dass der Rückgang des Eises direkt mit einer Verschlechterung der physischen Konstitution der Bären in Verbindung steht. So hat sich der Zustand trächtiger Eisbärweibchen in Kanada in den letzten knapp dreißig Jahren aufgrund der Klimakrise verschlechtert. Während das Durchschnittsgewicht im Jahr 1980 noch bei 266 Kilogramm lag, wogen die untersuchten Tiere im Jahr 2019 nur noch durchschnittlich 226 Kilogramm. Dies entspricht einer Abnahme von rund 15 Prozent.[75] Je schlechter der Ernährungszustand eines Weibchens ist, desto geringer ist auch die

Überlebenschance der Jungtiere. Außerdem kommt irgendwann der Punkt, an dem die Reserven der Weibchen nicht mehr für eine Trächtigkeit ausreichen und sie keinen Nachwuchs gebären.

Schon unter normalen Bedingungen leisten Eisbärenweibchen Erstaunliches. Ihre Fastenzeit gehört zur längsten im Reich der Säugetiere. In den Herbstmonaten beziehen die werdenden Mütter sogenannte Wurfhöhlen, die sich auf dem Packeis, in Schneewehen oder an Abhängen auf dem Festland in Küstennähe befinden. Wenn sie dann im Frühling die Höhlen verlassen, haben sie bis zu acht Monate lang nichts gefressen und sind sehr hungrig.

Eisbären lauern nicht nur an Eislöchern auf ihre Beute, sondern können mit ihrer feinen Nase auch Robben in ihren Wurfhöhlen unter dem Eis aufspüren. Ringelrobben zum Beispiel bauen ihre Wurfhöhlen aus Schnee. Dazu sucht die werdende Robbenmutter nach natürlichen Hohlräumen und gräbt eine geeignete Höhle in eine Schneewehe. Die Eisbären stürzen sich mit Schwung von oben hinein und schnappen sich die flüchtende Beute. Gelegentlich nähern sich Eisbären auch vorsichtig einer auf dem Eis liegenden Robbe und greifen sie dann aus kurzer Distanz an.

Mit ihrem durchgehend weißen oder blassgelben Fell sind Eisbären im Schnee gut getarnt. Sowohl die Deckhaare als auch die Unterwolle sind durchsichtig, die weiße Farbe entsteht durch die Reflexion des Lichts. Die Deckhaare sind hohl und bilden ein isolierendes Luftpolster. Die darunter liegende Haut ist schwarz, um die Sonnenenergie gut absorbieren zu können. Unter der Haut befindet sich eine etwa zehn Zentimeter dicke Fettschicht, die zusätzlich gegen extreme Kälte isoliert.

Eisbären sind zwar exzellente Schwimmer und können bis zu zwei Minuten tauchen. Im freien Wasser haben sie dennoch so gut wie keine Chance, eine Robbe zu erwischen.

Während Ringelrobben die bevorzugte Beute darstellen, gehören auch Bart-, Sattel-, Klappmützen- und Bandrobben auf den Speiseplan. Eisbären können besonders gut Fett verdauen und sind auf die Jagd von besonders fetthaltigen Beutetieren spezialisiert.

Bei einer reichlichen Mahlzeit nehmen sie bis zu 20 Prozent ihres eigenen Körpergewichts zu sich. Ihr Zugang zu Beute variiert aber saisonal teilweise sehr stark. Im nahrungsreichen Winter fressen sich die Eisbären große Fettreserven an, von denen sie im Sommer, wenn das Eis zurückgeht und die Jagdgründe begrenzt sind, zehren können. In der Hochsaison, wenn die Eisbären mehr als genug zu fressen haben, verzehren sie typischerweise nur das Körperfett ihrer Beutetiere und lassen den Rest liegen.

Ausgewachsene männliche Eisbären, die bis zu 500 Kilogramm schwer werden, können auch größere Meerestiere wie Belugawale oder Walrosse erbeuten. Außerhalb des Wassers fressen die größten Landsäugetiere der Welt auch Aas, zum Beispiel Walkadaver, die sie bei günstiger Witterung über eine Entfernung von bis zu 30 Kilometern riechen können.

In vielen Populationen unternehmen Eisbären jahreszeitliche Wanderungen. Wenn sich zu Beginn des Sommerhalbjahres das Packeis nach Norden zurückzieht, folgen die Eisbären der Eisgrenze. Durch den Klimawandel verkürzt sich jedoch die Jagdsaison. Das Eis schmilzt zu Beginn des Sommerhalbjahres früher und friert zum Winter hin später wieder zu. In manchen Regionen wurde beobachtet, dass jede Woche weniger Zeit zur Robbenjagd eine Körpergewichtsreduktion von ungefähr zehn Kilogramm bedeutet.

Vor allem die Bären in den südlichen Verbreitungsgebieten können dem teilweise raschen Rückgang des Eises im Sommer nicht mehr folgen und bleiben auf dem Festland zurück. Dort ernähren sie sich in der eisfreien Zeit von Vogeleiern, Algen, Vögeln und Kleinsaugern. Der Hunger treibt die Bären aber zunehmend auch in die Nähe von Siedlungen, wo sie Abfälle und Nahrungsvorräte finden.

Meine bereits erwähnte ehemalige Kollegin Sybille, die auch mit Eisbären gearbeitet hat, erzählte mir, dass die Inuit früher ihren Müll einfach vergraben haben. Schnee und Eis bedeckten den Müll zuverlässig, aber die heutigen Sommer sind wärmer, und wenn die Bären besonders hungrig sind und darauf warten, dass das Eis endlich wieder schmilzt, ist der Müll nicht mehr gefroren, und die Bären können ihn einfach plündern. Damit wächst die Gefahr, dass Bären und Menschen aufeinandertreffen – eine Gefahr für beide Seiten.

Für die indigenen Völker der Arktis, die ein Gebiet von über 30 Millionen Quadratkilometern in sieben Ländern auf drei Kontinenten bewohnen, spielen Eisbären eine wichtige Rolle. Nicht nur die Inuit, deren Gebiet – Inuit Nunaat: das Land der Inuit – sich über Russland, Alaska (USA), Kanada und Grönland erstreckt, blicken auf eine lange Tradition der Verehrung und Jagd von Eisbären zurück. Auch die Saami, die Fennoskandinavien, also den nördlichen Teil Norwegens, Schwedens und Finnlands inklusive der russischen Kola-Halbinsel bewohnen und die insbesondere für ihre Rentierzucht bekannt sind, haben im Laufe ihrer Geschichte verschiedene Rituale zur Begleitung der Eisbärenjagd entwickelt.

Die Vergabe der Jagdlizenzen ist strikt geregelt. Je nach Größe der Kommune dürfen ein bis fünf Bären jährlich entnommen werden, und innerhalb der Gemeinschaften wird dann entschieden, wer sich so viele Verdienste erworben hat, dass er einen Bären schießen darf. Die Jagdpraktiken werden von Generation zu Generation weitergegeben, und vom erlegten Tier wird alles verwertet. Das Fleisch dient als Nahrung, das Fell wird für Kleidung und Decken verwendet, und Knochen können zur Herstellung von Werkzeugen und Kunsthandwerk genutzt werden.

Das Recht der indigenen Völker auf die Eisbärenjagd ist völkerrechtlich verbrieft. Die Erklärung der Vereinten Nationen über die Rechte indigener Völker besagt in Artikel 32: »Indigene Völker haben das Recht, Prioritäten und Strategien für die Entwicklung oder Nutzung ihres Landes oder ihrer Territorien und anderer Ressourcen zu bestimmen und zu entwickeln.« Die kommerzielle Jagd auf Eisbären hingegen ist seit Langem verboten, und die streng reglementierte Jagd der Inuit – das legen wissenschaftliche Studien nahe – gefährdet die Bestände nicht.[76] Seit Jahrhunderten jagen die Inuit Wale, Robben und Eisbären. In der arktischen Kälte brauchten sie das Fleisch und die Felle zum Überleben. Die Jagd war schon immer ein zentraler Bestandteil ihrer Kultur.

Eisbären sind schwer zu erforschen, da sie in abgelegenen Gebieten leben und für den Menschen sehr gefährlich sind. Eine bahnbrechende Methode aus dem Werkzeugkasten der Genomik hat es in den letzten Jahren jedoch möglich gemacht, aus den Pfotenabdrücken von Eisbären im Schnee wertvolle genetische Informationen zu gewinnen. Wenn Bären durch den Schnee laufen, hinterlassen sie in ihren Pfotenabdrücken Hautzellen von den Fußsohlen. Der WWF und das schwedische Forschungsinstitut MIX haben eine Methode entwickelt, um das Erbgut daraus zu gewinnen, zu isolieren und zu analysieren.

Alle Lebewesen geben über die Haut, den Schweiß und sogar über die Atmung Zellen an die Umwelt ab. Die daraus gewonnene DNA wird als Umwelt-DNA oder eDNA (environmental DNA) bezeichnet. Die Untersuchung von eDNA ist der neueste Schrei unter Biologen. Mit ihrer Hilfe lässt sich zum Beispiel an einer Blüte ablesen, welche Wildbienen oder andere Insekten auf ihr gelandet sind. Mit eDNA aus einer Wasserprobe lässt sich feststellen, welche Tier- und Pflanzenarten in dem betreffenden Gewässer leben. So können in Zukunft zum Beispiel die Verbreitung und Häufigkeit von Arten besser überwacht und Veränderungen in Ökosystemen beobachtet werden, indem die Reaktionen der darin lebenden Organismen auf veränderte Umweltbedingungen analysiert werden.

Ein kleiner Schneehaufen an der Oberfläche eines Eisbärenpfotenabdrucks reicht aus, um herauszufinden, welcher Eisbär hier vorbeigelaufen ist, wie er sich ernährt, wie gesund er ist und wer seine Verwandten sind. Die Methode erinnert an kriminalistische Ermittlungen und ist im Artenschutz nicht grundsätzlich neu. Bahnbrechend ist aber, dass die Wissenschaftler nun sogar Kern-

DNA aus den Spuren im Schnee gewinnen können, auch nukleäre DNA genannt. Der Zellkern enthält den größten Teil der Erbsubstanz. Bisher war es nur sehr eingeschränkt möglich, daraus Erkenntnisse zu gewinnen. Der WWF und das MIX-Institut forschen bereits seit einigen Jahren an Pfotenabdrücken – nicht nur von Eisbären, sondern auch von Schneeleoparden und Eurasischen Luchsen. Alle drei Arten leben in schneebedeckten und abgelegenen Gebieten. Die Umwelt-DNA ermöglicht eine bessere Erforschung von Populationen, die sonst nur schwer zu erfassen sind. Gleichzeitig müssen die Tiere für diese Form der DNA-Analyse nicht gestört, gefangen oder betäubt werden. Die Analyse der Eisbär-DNA ergänzt traditionelle Forschungsmethoden, die den direkten Kontakt mit den Tieren erfordern. Auch Nichtwissenschaftler können mit etwas Übung gefahrlos Schneespuren sammeln. So können lokale Gemeinschaften und Freiwillige in die Überwachung und das Management von Eisbären und anderen Arten, die Spuren im Schnee hinterlassen, einbezogen werden.

Mithilfe von Umwelt-DNA-Analyse können nicht nur die Populationen, das Verhalten, die Wanderungen und die Gesundheit der Eisbären erforscht werden. Die Forschenden können auch Mensch-Eisbär-Konflikte im Vorfeld verhindern, wenn sie feststellen, dass sich ein Tier wiederholt menschlichen Siedlungen nähert.

Es ist wichtig, solche Konflikte so früh wie möglich zu erkennen und zu verhindern, denn Eisbären sind für Menschen sehr gefährlich, besonders wenn sie hungrig sind. Und durch den Klimawandel nehmen die Begegnungen zu. Sybille erzählte mir von Familien, die ihre Kinder tagelang nicht in die Schule schicken können, weil unter ihrem Haus ein 450 Kilogramm schwerer Eisbär sitzt, und davon, dass – wenn auch selten – immer wieder Menschen von Eisbären getötet werden. So zum Beispiel im kanadischen Arviat, wo 2018 ein Mann beim Sammeln von Seevogel-Eiern von einem Eisbären getötet wurde. Oder bei einem anderen Vorfall im gleichen Jahr, als zwei Männer auf der Jagd nach Narwalen und Karibus waren und von einer Bärenmutter und ihrem Jungen überrascht wurden, als sie ihr Zelt verließen. Einer der Männer wurde von der Bärin getötet.

Allerdings sind es hauptsächlich hungrige, ausgewachsene Eisbärenmännchen, die für die meisten Angriffe auf Menschen verantwortlich sind. Eine 2017 von »The Wildlife Society« veröffentlichte Studie kam zu dem Ergebnis, dass zwischen 1870 und 2014 73 Angriffe von wild lebenden Eisbären auf Menschen dokumentiert wurden. Während dieser Übergriffe wurden 63 Menschen verletzt und zwanzig getötet.[77]

Im kanadischen Churchill, das auch »Polar Bear Capital of the World« genannt wird, sperren die Bewohner weder ihre Häuser noch ihre Autos ab, sodass vor Eisbären flüchtende Menschen eine Zuflucht finden, wenn es nötig sein sollte. Die 900 Bewohner des kleinen Örtchens, das am westlichen Ufer der Hudson Bay liegt, sind Eisbären gewohnt. Am Ende des Sommers zwischen Oktober und November warten die Bären hier darauf, dass das Packeis wieder zufriert, und Tausende Touristen kommen nach Churchill, um die Bären zu Gesicht zu bekommen. Sogenannte Eisbär-Patrouillen sind ständig unterwegs, um Bären, die sich dem Kerngebiet der Stadt nähern, mit Gummigeschossen, Farbkugeln, Knall- oder Leuchtmunition zu vertreiben. Besonders renitente Bären werden sogar mit Hubschraubern verscheucht oder mit dem Narkosegewehr betäubt und dann in eine spezielle Unterkunft, die »Polar Bear Holding Facility« (eine Art Auffangstation) gebracht. Dort bleiben die Bären so lange, bis sich genug Eis gebildet hat und sie in ihre natürlichen Jagdgründe zurückgebracht werden können. Während der Zeit im »Eisbär-Gefängnis«, wie die Einrichtung von einigen auch genannt wird, bekommen die Bären kein Futter. Sie sollen Nahrung auf keinen Fall mit Menschen oder menschlicher Nähe in Verbindung bringen.

Wohl einer der bekanntesten Eisbären in menschlicher Obhut war Knut. Knut wurde gemeinsam mit seinem Zwillingsbruder am

5. Dezember 2006 im Zoologischen Garten Berlin geboren. Es war die erste Eisbärengeburt im Berliner Zoo nach über dreißig Jahren. Doch die Mutter nahm ihre Kinder nicht an, und Knuts Bruder starb bereits nach wenigen Tagen. Knut wurde von Tierpflegern per Hand aufgezogen und entwickelte sich schnell zum Liebling der Besucher aus aller Welt.

Doch gleichzeitig wurden Stimmen laut, die die wenig artgerechte Haltung von Knut kritisierten, der – wie viele andere große Zootiere auch – Anzeichen von Fehlprägungen zeigte, zum Beispiel sich ständig wiederholende Verhaltensweisen, auch Stereotypien genannt. Einige Tiere bewegen sich ständig hin und her oder laufen kontinuierlich Kreise in ihrem Gehege, lecken sich permanent ihr Fell oder ihre Federn oder reiben ständig ihren Kopf an den Wänden des Geheges. Diese stereotypen Verhaltensweisen können auf verschiedene Faktoren zurückzuführen sein, darunter unzureichende Gehegegröße, mangelnde Umweltreize, soziale Isolation, falsche Ernährung oder andere Formen von Stress. Zoos bemühen sich zunehmend, die Lebensbedingungen für ihre Tiere zu verbessern, um stereotypes Verhalten zu minimieren und eine artgerechtere Haltung zu gewährleisten.

Am 19. März 2011 starb Knut unerwartet im Alter von gerade einmal vier Jahren. Wie durch die Autopsie aufgedeckt wurde, litt er unter einer Hirnhautentzündung und starb an den Folgen eines epileptischen Anfalls. Vor den Augen der Besucher begann er, sich im Kreis zu drehen und zu zucken, dann fiel er in das Wasserbecken seines Geheges, worin er ertrank.[78]

GESCHICHTE(N)

»Erwachsene nennen ihre Teddybären Ideale.«

Robert Lembke

Bruno – JJ1 – war ein Sohn slowenischer Einwanderer, genauer gesagt Umgesiedelter.

Er war nicht nur der erste Bär, der nach 170 Jahren wieder eine Pfote auf deutschen Boden setzte – den letzten Braunbären erlegte man hierzulande 1835 im bayerischen Ruhpolding –, er war Auslöser zahlreicher Diskussionen und Emotionen. Das Auftauchen eines der größten Landraubtiere der Welt auf deutschem Boden überforderte sowohl die Politik als auch die Bevölkerung. Wie sollte man mit diesem tierischen Zuwanderer bloß umgehen?

Nur 28 Tage vergingen von seinem ersten Auftauchen in Bayern bis zu seinem Tod durch eine Gewehrkugel: 28 Tage Ausnahmezustand für die bayerischen Behörden, 28 Tage, in denen die verschiedenen Einstellungen der Deutschen zu großen Raubtieren so klar ans Licht traten wie selten zuvor. 28 Tage, in denen deutlich wurde, welche Defizite es hierzulande beim Thema Wildtiermanagement gibt. 28 Tage, in denen kein Mensch verletzt, aber 68 Schafe getötet wurden.

Bruno – eine tragische Familiengeschichte

Alles begann mit Jurka und José. Die beiden erwachsenen Bären gehörten zu den zehn Tieren, die zwischen 1999 und 2002 aus Slowenien nach Italien, genauer gesagt in die Provinz Trentino, umgesiedelt wurden. Damals gab es in Norditalien nur noch drei Bären, die Population stand kurz vor dem Aussterben und konnte nur durch die Umsiedlung gerettet werden. In Slowenien, wo die Bären nie ausgerottet worden sind, wurden die Tiere in großen Röhrenfallen gefangen und nach eingehender medizinischer Untersuchung und Quarantäne nach Italien gebracht, wo sie freigelassen wurden. Jurka wurde 2000 im Alter von vermutlich drei Jahren ins Trentino umgesiedelt und war damit im besten Alter, um sich in einer neuen Heimat zu etablieren.

Ihre Ankunft sollte die Geschichte der Rückkehr von Bären in den Alpenraum und die schicksalhafte Beziehung zwischen Menschen und Bären prägen wie keine andere seitdem, denn: Jurka ist sowohl die Mutter von JJ1, aber auch von JJ4, der sechs Jahre jüngeren Schwester, die, achtzehn Jahre nach dem Auftauchen von JJ1 in Bayern, Ostern 2023 für den ersten tödlichen Angriff eines Bären auf einen Menschen im Alpenraum seit 250 Jahren verantwortlich war.

Vermutlich hätte die tragische Geschichte von JJ1, dem österreichische Medien den Namen Bruno gaben, und seiner Schwester JJ4, die unter dem Namen Gaia bekannt ist, verhindert werden können, wäre Jurka in ihrer Kindheit nicht an menschliche Nähe und menschliches Futter gewöhnt worden. Es wird nämlich vermutet, dass Jurka schon in Slowenien hinter einem Hotel als Attraktion für Touristen angefüttert wurde. Auch im Trentino soll sie von Privatleuten aus falsch verstandener Tierliebe mit Futter angelockt worden sein, mit schwerwiegenden Folgen. Sowohl ihre ersten beiden Söhne – JJ1 (Bruno) und JJ2 – als auch ihr zweiter Wurf einige Jahre später – JJ3, JJ4 (Gaia) und JJ5 – begleiteten ihre Mutter auf der Nahrungssuche in menschliche Siedlungen und gewöhnten sich somit an die Nähe von Menschen. Jurka wurde schnell dafür bekannt, gezielt in Ortschaften nach Futter zu suchen. Die Verantwortlichen des Wiederansiedlungsprojektes versuchten, Jurka zu vergrämen, ihr also mit Lärm und Gummigeschossen klarzumachen, dass sie sich besser von Dörfern und Menschen fernzuhalten habe, jedoch ohne Erfolg.

Bruno wurde 2004 geboren und verbrachte – wie bei Braunbären üblich – die ersten zwei Jahre bei seiner Mutter. Sein offizieller Name JJ1 setzt sich zusammen aus den Anfangsbuchstaben seiner Eltern (Jurka und José) und der Zahl 1, da er der Erstgeborene seiner Mutter war. Sein gleichaltriger Bruder JJ2 war 2005 vorwiegend in der Schweiz und in Tirol unterwegs, galt aber seit Herbst 2005 als verschwunden. Neben der Bärin Gaia entwickelte auch JJ3 problematisches Verhalten und wurde 2008 in der Schweiz erlegt, nachdem er keine Scheu vor Menschen zeigte, mehrfach Abfallcontainer plünderte und nachdem auch Vergrämungsversuche scheiterten.

Die Spur der toten Schafe

Bruno hatte sich im Frühjahr 2006, wie es für junge Bärenmännchen typisch ist, auf Wanderschaft begeben und wurde Anfang Mai erstmals im Südosten Österreichs gesichtet. In der Folge wurde sein Weg vor allem anhand von gerissenen Weide- und Haustieren dokumentiert, Beobachtungen oder gar Fotografien blieben aber eher die Ausnahme.

In der Nacht vom 9. auf den 10. Mai dringt Bruno in Galgenul in Vorarlberg in einen Schafstall ein, reißt dort ein Schaf und verletzt zehn weitere. Im acht Kilometer entfernten Gargellen tötet Bruno schon in der nächsten Nacht einen Schafswidder und bricht in einen 15 Meter neben einem Wohnhaus liegenden leeren Schweinestall ein, um dort ein Plastikfass mit Speiseabfällen zu leeren.

Dass der junge Bär nach dem Winterschlaf offensichtlich Hunger hat und nach Nahrung sucht, ist nicht ungewöhnlich; besorgt sind Naturschützer, Landwirte und Politiker aber aufgrund der Tatsache, dass Bruno seine Nahrung immer wieder in Dörfern und in der unmittelbaren Nähe menschlicher Behausungen sucht. Dabei bleibt er ein Phantom und wird nur selten gesichtet. Er legt offenbar jeden Tag oder jede Nacht größere Entfernungen zurück und hält sich selten länger als einen Tag in einem Gebiet auf.

In den nächsten Tagen wandert JJ1 weiter Richtung Nordosten, hinterlässt angefressene Siloballen sowie ein weiteres totes Schaf und wird dabei beobachtet, wie er versucht, in eine Bienenhütte einzudringen. Am 17. Mai entsteht das erste Foto von Bruno, als er in den frühen Morgenstunden auf der Gehrenalpe in Tirol an einer Berghütte vorbeizieht. Bruno bleibt ständig in Bewegung, hinterlässt fast jede Nacht im Abstand von 2 bis 17 Kilometern umgeworfene Kompostcontainer, zerstörte Bienenkisten und eingedrückte Hühnerhäuser. Obwohl seine Spuren nicht mehr weit von der deutschen Grenze entfernt gesichtet werden, ist das Interesse an Meister Petz zu diesem Zeitpunkt hierzulande noch gering. Nur wenige scheinen es für möglich zu halten, dass ein Braunbär auch in Deutschland umherstreifen könnte.

Diese Vermutung erweist sich jedoch schnell als unzutreffend, denn am 20. Mai wird JJ1 erstmals in Deutschland nachgewiesen. Der erste Bär in Deutschland nach 170 Jahren reißt in seinen ersten Stunden in Graswang, im oberbayerischen Landkreis Garmisch-Partenkirchen, gleich einmal drei Schafe. Dass Raubtiere mehrere Tiere auf einmal töten, ist nichts Ungewöhnliches und wird bei Bären, aber auch Wölfen, Füchsen und Mardern beobachtet. Wenn Raubtiere in einen Stall oder auf eine Weide eindringen, können Schafe, Ziegen, Hühner und andere eingezäunte Haustiere nicht fliehen, und durch ihre Fluchtversuche wird bei den Beutegreifern immer wieder die reflexartige Tötungshandlung ausgelöst. Man spricht in diesem Zusammenhang auch vom »Beuteschlag-Reflex«. In der freien Natur kommt dieses Verhalten viel seltener vor. Sollten sie dort mehrere Tiere auf einmal töten, legen sich Bär, Luchs und Co. einen Vorrat an, zu dem sie immer wieder zurückkehren.

In den nächsten fünf Tagen tötet Bruno sechs weitere Schafe, sechs Hühner und vier Tauben und wird in Oberbayern und auch im österreichischen Bezirk Reutte in Tirol zum Abschuss freigegeben.

Trotz der Risse in der ersten Nacht freuten sich Tier- und Naturschützer über die Ankunft des jungen Bären, doch die Behörden hatten wohl Angst, denn es war bereits klar, dass der Besuch von Bruno alles andere als unproblematisch verlaufen würde. Inzwischen wusste man, dass es sich bei dem Tier um den Sohn von Jurka handelte, die ihr auffälliges Verhalten offenbar an ihren Nachwuchs weitergegeben hatte. Das Bayerische Staatsministerium für Umwelt, Gesundheit und Verbraucherschutz stufte das Verhalten des Bären als »abnormal« ein. Werner Schnappauf, seinerzeit Umweltminister, verkündete darüber hinaus, der Bär sei ganz offensichtlich »außer Rand und Band«. Der damalige bayerische Ministerpräsident Edmund Stoiber erkannte zwar die Bedeutung des Bären als Zeichen gelungenen Naturschutzes an, verwies aber auf die mangelnde Scheu dieses Bären vor dem Menschen und erließ aufgrund der Neigung des Tieres, sich menschlichen Siedlungen zu nähern, und der damit verbundenen potenziellen Gefährdung eine Abschussgenehmigung. In einer Rede zum Erlass der Genehmigung prägte Stoiber damals auch den Begriff des »Problembären«[1]. Laut Stoibers Einteilung gäbe es »Normalbären« mit erwartungsgemäßem Verhalten, die im Wald lebten, niemals rausgingen und vielleicht ein bis zwei Schafe im Jahr rissen, sogenannte Schadbären (vermutlich meinte er damit solche, die zwar Schäden an Nutztieren verursachen, aber für Menschen ungefährlich sind) und »Problembären«, zu denen er auch JJ1 zählte.

Der öffentliche Aufschrei war nicht nur aufgrund der erteilten Abschussgenehmigung groß, sondern scheinbar auch wegen der als willkürlich empfundenen Einstufung des Bären, und so wurde der Ministerpräsident selbst als »Schlaubär« oder »Stoibär« bezeichnet. Und als hätte Bruno geahnt, was ihm drohte, blieb er für die nächsten Tage unsichtbar. Mehrere Hinweise sowohl auf deutscher als auch österreichischer Seite konnten nicht bestätigt werden. Die Bemühungen, den Bären lebend zu fangen, wurden unterdessen ausgeweitet. Unter anderem kamen zwei Röhrenfallen zum Einsatz, mit denen man JJ1 lebend fangen wollte.

Mein ehemaliger Kollege Jörn Ehlers, der damals schon für den WWF arbeitete und Brunos Sommermärchen 2006 gewissermaßen direkt vor Ort erlebte, erzählte mir, dass der WWF eine der

Fallen damals extra in Montana in den USA hatte bauen lassen und die Falle dann nach Deutschland geflogen wurde. Eine solche äußerst stabile Aluminiumröhre kann sowohl für den Fang als auch für den Transport des Bären verwendet werden. Sobald ein Bär in die mit einem Köder bestückte Falle tappte, würden die österreichischen Bärenanwälte über einen Sender alarmiert. Die Bärenanwälte des WWF, der Österreichischen Bundesforsten und der Bundesländer fungieren als unabhängige Vermittler zwischen Mensch und Bär, sind erste Ansprechpartner in Bärengebieten, sammeln und überprüfen Bärenhinweise und informieren über die aktuelle Bärensituation. Darüber hinaus sorgen die Bärenanwälte für eine objektive Begutachtung von Schadensfällen und beraten geschädigte Nutztierhalter in Fragen der Prävention und der Schadensregulierung.[2]

Ab Ende Mai war ein Team des WWF zunächst mit einer Röhrenfalle aus dem Wiener Zoo unterwegs, die in Bayern aufgestellt und mehrmals umgesetzt wurde. Anfang Juni kam dann die zweite Falle zum Einsatz, für die die Molkerei »Bärenmarke« sogar kostenlos ein Transportfahrzeug zur Verfügung stellte. Dass es sehr schwierig werden würde, Bruno lebend zu fangen, war sowohl den Behörden als auch den Natur- und Tierschutzorganisationen klar, aber man wollte nichts unversucht lassen. »Vier Pfoten« und die »Stiftung für Bären« erklärten sich damals bereit, ein Gehege zur Verfügung zu stellen, in dem der Bär nach einem erfolgreichen Fang hätte untergebracht werden sollen. Auch der WWF appellierte an den bayerischen Umweltminister, die Bemühungen zu intensivieren, das Tier lebend zu fangen. Schließlich müsse alles getan werden, damit große Beutegreifer wie Bär, Wolf und Luchs auch in Deutschland wieder heimisch werden können, betonte der WWF schon damals. Die Hemmschwelle, eine durch das Artenschutzrecht streng geschützte Art zu töten, dürfe nicht sinken, zumal die Einschätzungen der Gefährlichkeit oder Problematik von Brunos Verhalten weit auseinandergingen. Während die Politik Bruno als »Problembär« brandmarkte, betonten Biologen und Naturschützer, dass von Bruno keine Gefahr ausgehe – zumindest nicht für Menschen, da er immer wieder vor Menschen geflohen sei und sich insgesamt scheu zeige.

Auch in Österreich wurden Braunbären wie im übrigen Mitteleuropa jahrhundertelang verfolgt, doch gelang es immer wieder einzelnen Bären aus Slowenien, in die benachbarten österreichischen Bundesländer Kärnten und auch Osttirol einzuwandern. In der Regel wurden sie aber sofort nach ihrer Entdeckung abgeschossen.

Im Jahr 1972 schaffte es ein Bär aus Slowenien bis in die nördlichen Kalkalpen, ins Zentrum der Steiermark. Der Bär, der nach einem nahe gelegenen Gebirgsmassiv »Ötscherbär« genannt wurde, fühlte sich offensichtlich wohl und fiel nur durch kleinere »Dreistigkeiten« auf. Auch die anfänglichen Befürchtungen von Politik und Tourismus, der Bär könne Touristen abschrecken oder ernsthafte Probleme verursachen, verflogen mit der Zeit, und es setzte sich die Erkenntnis durch, dass man in Österreich wieder mit Bären leben kann.[3]

Die Voraussetzungen für eine Rückkehr schienen günstig, und so startete der WWF ein Wiederansiedlungsprojekt: Am 9. Juni 1989 wurde die junge kroatische Bärin Mira im Ötschergebiet freigelassen; zwei Jahre später, im Frühjahr 1991, wurde sie mit drei Jungbären gesichtet. Die Zuversicht wuchs, dass sich Bären wieder dauerhaft ansiedeln könnten. In den folgenden Jahren wurden zwei weitere Bären, ein Weibchen und ein Männchen, aus Slowenien freigelassen. In den folgenden Jahren wurde 27 Mal Nachwuchs nachgewiesen. Die frühen 1990er-Jahre zeigten aber auch, dass der Weg zu einer stabilen Bärenpopulation in Österreich oder gar im gesamten Alpenraum noch weit sein würde. Die Konflikte nahmen zu, 1994 wurden in der Steiermark, in Nieder- und in Oberösterreich zahlreiche Schäden an Weidetieren und Bienenstöcken registriert, die Stimmung schien vorübergehend zu kippen.

Zwei Bären wurden offiziell zum Abschuss freigegeben, ein Bär stürzte ab, zwei Bären starben an natürlichen Ursachen, mehr als zwanzig Bären waren nicht mehr auffindbar. Da Krankheiten, Verkehrsunfälle und Abwanderung als Ursachen ausgeschlossen werden konnten, blieb der illegale Abschuss als Ursache übrig. Und so kam es, dass zwanzig Jahre nach der Freilassung von Mira der letzte Ötscherbär – mein Namensvetter Moritz – im Frühjahr 2011 zum letzten Mal gesichtet wurde.

Mein Kollege Christian Pichler vom WWF Österreich ist überzeugt: »Das Wiederansiedlungsprojekt ist zwar gescheitert, aber keineswegs umsonst gewesen. Die Erfahrungen, die gemacht wurden, helfen bei zukünftigen Wiederansiedlungsprojekten. Wir haben unter anderem gelernt, dass mehr Bären umgesiedelt werden müssen und dass ein besseres Monitoring und mehr Zeit für Konfliktmanagement notwendig sind.«[4] Mit etwas zeitlichem Abstand und dem Blick von außen möchte ich ergänzen, dass auch viel mehr Wert auf die Einbindung der lokalen Bevölkerung gelegt werden muss, besonders auch der Personen, die Großraubtieren eher skeptisch oder kritisch gegenüberstehen, vor allem aus den Bereichen Jagd und Landwirtschaft.

1996 trat in Österreich ein Bärenmanagementplan in Kraft, der das Zusammenleben von Mensch und Tier regeln soll. Er enthält zum Beispiel Schutzmaßnahmen, die Imker und Schäfer ergreifen können, um ihre Tiere vor Bären zu schützen, zudem Informationen für Jäger und Förster, aber auch für Radfahrer und Wanderer, Pilz- und Beerensammler, Schäfer, Fischer und Camper. Er bewertet verschiedene Verhaltensweisen von Bären und zeigt auf, welche Maßnahmen erforderlich sind. Der in Österreich vorliegende Bärenmanagementplan sieht bei verhaltensauffälligen Bären als erste Maßnahme den Fang und die Markierung des Tieres mit einem Sender vor. Durch die Aufenthaltsdaten wird ein besseres Verständnis für das Verhalten des Bären möglich und damit auch eine Risikoabschätzung hinsichtlich möglicher Konflikte. Wenn der Standort des Tieres mittels Sender verfolgt wird, kann auch versucht werden, dem Bären durch eine »Vergrämungsaktion« die Scheu vor dem Menschen wieder anzuerziehen. Als letzte Maßnahme sieht der Managementplan den Abschuss vor, aber erst dann, wenn alle anderen Methoden erfolglos waren.

Die österreichische Bäreneingreiftruppe versuchte nun, Bruno auf Schritt und Tritt zu folgen, um ihn zu fangen. Am 27. Mai wurde die Anwesenheit des Bären in Tirol bestätigt. Frische Bärenspuren im Schnee und ein zerlegter Bienenstock waren eindeutige Hinweise. WWF und »Vier Pfoten« erhielten eine Fanggenehmigung für ganz Tirol, der Abschussbeschluss von Reutte wurde vorerst nicht auf die anderen Bezirke ausgedehnt, und der Bär erhielt eine »Gnadenfrist«, solange er nicht wieder eine gefährliche Situation heraufbeschwor. Obwohl es damals nur ein einziges verwackeltes Foto von dem Tier gab, tat dies Brunos Popularität keinen Abbruch. Die Zeitungen behalfen sich vorerst mit Archivbildern seines Bruders, einige fielen sogar auf Fälschungen herein, und jede Meldung – ob plausibel oder nicht – wurde begierig aufgegriffen. Bei den Behörden gingen in dieser Zeit zahlreiche Meldungen ein, die sich später nicht als Bärenspuren verifizieren ließen – jeder wollte den Bären gesehen haben oder sich zumindest mit dieser Behauptung ins Rampenlicht stellen. Immer wieder gab es aber auch bestätigte Meldungen.[5] Anhand von Bärenhaaren oder Speichel in den Wunden getöteter Tiere wurde JJ1 auch genetisch nachgewiesen.

Man setzte alles daran, Bruno lebend zu fangen. Die österreichische Bäreneingreiftruppe versuchte mehrfach, Bruno in eine Röhrenfalle zu locken, aber da das Tier bisher noch nie an einen Ort zurückgekehrt war, blieb dies ein wenig Erfolg versprechendes Unterfangen. Die Jagd mit Schlingen war ebenfalls aussichtslos, da hierfür Sondergenehmigungen erforderlich waren. Aufgrund massiver Proteste von Natur- und Tierschutzverbänden sowie der Öffentlichkeit wurde die bayerische Abschussgenehmigung am 2. Juni zunächst zurückgezogen.

Am 10. Juni trifft ein Bärenfangteam mit fünf Hunden ein. Die vier Hundeführer aus Finnland arbeiten im Auftrag der Bundesländer Bayern und Tirol und bringen schwedische und norwegische Elchhunde mit. Diese Hunderasse, die in Skandinavien gerne zur Jagd auf besonders wehrhaftes Wild eingesetzt wird, ist speziell darauf trainiert, Bären und Elche zu stellen und vom Menschen abzulenken. Hatten die Hunde den Bären gestellt, sollte er mit Betäubungspfeilen aus einem Spezialgewehr, das noch auf 80 Meter Entfernung wirkt – einfache Blasrohre oder Betäubungsgewehre haben eine deutlich geringere Reichweite –, betäubt und dann in das Bärengehege transportiert werden. So zumindest der Plan. Einem schnellen Einsatz standen nicht zuletzt bürokratische Hürden im Weg, denn es musste erst geklärt werden, ob ausländische Jäger in deutschen und österreichischen Jagdrevieren überhaupt bewaffnet im Einsatz sein dürfen.

Bereits am nächsten Tag machte sich der erste finnische Jäger mit seinem Hund auf den Weg zur Ganalm bei Innsbruck, um die Fährte des Bären an einem in der Nacht zuvor zerstörten Hasenbau aufzunehmen. Obwohl der Bär etwa fünfzehn Stunden Vorsprung hatte, gelang es dem Hund, die Fährte aufzunehmen. Am Nachmittag wurde der Einsatz jedoch von einem Fernsehteam und einem örtlichen Jagdpächter gestört. Obwohl die Tiroler Landesbehörden entschieden hatten, dass der Einsatz des Bärenteams in ganz Tirol zu dulden sei, verbot der Revierpächter den Finnen das Betreten seines Reviers. Daraufhin wurde die Suche für diesen Tag abgebrochen. In den folgenden zwei Wochen verfolgten die Finnen sowohl in Bayern als auch in Tirol zahlreiche Spuren und konnten sich dem Bären teilweise bis auf wenige Hundert Meter nähern. Doch die Suche schien wie verhext: Mal verflüchtigte sich die Fährte in der Frühsommerhitze, mal stellte ein Geröllfeld oder eine Felswand ein unüberwindbares Hindernis dar, mal musste das Fangteam mitten in der Nacht ein Gewitter in einer Holzhütte abwarten, während einer der Hunde – wie das GPS-Signal seines Halsbands bestätigte – den Bären für einige Augenblicke stellen konnte. Doch der Bär war seinen Verfolgern immer einen Schritt voraus.

Wiederholt ist Bruno nun auch innerhalb von Siedlungen unterwegs. Er greift zwar keine Menschen an, tötet aber Tiere in unmittelbarer Hofnähe. Allein in der Nacht vom 19. auf den 20. Juni lautet die Bilanz: zwei gerissene und drei verletzte Schafe, zwei beschädigte Bienenstöcke, zwei beschädigte Siloballen (Heu) und ein zerstörter Gartenzaun direkt an einem Haus am Ortsrand. Die Behörden werden immer unruhiger und ungeduldiger, denn selbst die erfahrenen finnischen Bärenjäger können Bruno nicht einfangen. Nach zwei Wochen reisen die Finnen am 23. Juni unverrichteter Dinge ab, und die Abschussgenehmigung wird wieder in Kraft gesetzt.

Fast scheint es, als hätte JJ1 die Abreise bemerkt, denn kaum sind die Jäger weg, ändert das Tier plötzlich sein Verhalten. War es bisher vorwiegend nachtaktiv und flüchtete sofort vor Menschen, so ist es nun auch tagsüber zu beobachten und toleriert die Anwesenheit von Menschen in unmittelbarer Nähe. Zudem wechselt das Tier erstmals nicht sofort seinen Standort, sondern kehrt zu einem gerissenen Schaf zurück.

Radfahrer fotografieren ihn beim Baden, und an diesem Tag entstehen auch die einzigen Filmaufnahmen des inzwischen berühmten Bären.

Die Situation wird nun sehr gefährlich, nicht etwa, weil Bruno sich gezielt Menschen nähert, sondern vielmehr, weil sich fahrlässig handelnde Touristen dem Tier bis auf wenige Meter nähern und der Bär dieses Verhalten offenbar duldet.

Einen Tag vor Brunos Tod, am 25. Juni um 20.30 Uhr, marschiert er nur wenige Meter an dem 1700 Meter hoch gelegenen Rotwandhaus der Gemeinde Bayrischzell vorbei. Die Gäste sitzen gerade beim Abendessen. Als der Wirt vor die Tür geht und den Bären anschreit, flüchtet dieser. Um 4.50 Uhr in der folgenden Nacht wird JJ1 von der Kümpflalm aus mit zwei Schüssen erlegt. Tags zuvor war im Landratsamt von Miesbach eine »Eingreiftruppe« zusammengestellt worden, die bei einer erneuten Sichtung des Tieres so schnell wie möglich vor Ort gebracht werden sollte. Bis heute ist nichts Genaueres über die Eingreiftruppe bekannt, um die Identität der Schützen zu wahren.[6]

Unmittelbar nach Brunos Tod errichteten Tierfreunde eine Art Altar und riefen zu Demonstrationen gegen die »Bärenmörder« auf. Der Körper von Bruno wurde präpariert und ist heute im Museum Mensch und Natur im Schloss Nymphenburg ausgestellt, wo auch das Präparat des 1835 in Bayern geschossenen Braunbären zu sehen ist.

Auch nach Brunos Tod war der Bär in aller Munde – Presse und Marketing hatten das perfekte Thema für das Sommerloch gefunden. T-Shirts und Trauerfahnen wurden gedruckt, Plüschtierhersteller brachten Sondereditionen heraus, und Haribo kreierte eine Sonderedition von Schaumzuckerbonbons unter dem Namen »Bruno Braunbär«. Von jedem verkauften Schoko- oder Karamellbären (Stückpreis: fünf Cent) ging ein Zehntel Cent an den WWF. Auch andere Trittbrettfahrer wollten von dem Boom profitieren. Bei eBay warben Anbieter mit WWF-Unterstützung, die es gar nicht gab. Schulklassen schrieben Gedichte, im Internet kursierten sogar Popsongs über den pelzigen Superstar. Medien aus Holland, den USA und Japan interessierten sich für die Geschichte. Und sogar die *Washington Post* und die *New York Times* berichteten über Bruno: »The Bear Who Captivated Germans Could Not Escape Hunter's Gun«[7].

Hat uns die Geschichte von Bruno gezeigt, dass ein Zusammenleben mit Bären und anderen großen Wildtieren in unserer dicht besiedelten Kulturlandschaft unmöglich ist, oder sind wir einfach nicht gut genug auf unsere neuen wilden Nachbarn vorbereitet?

Damit sich die Geschichte von Bruno nicht wiederholt, hat die Bayerische Staatsregierung 2007 einen ersten Bärenmanagementplan vorgelegt. Er enthält Regelungen für Viehschäden und Schutzmaßnahmen, die Schafhalter und Imker gegen Schäden durch Bären ergreifen können. Bislang wurde das bayerische Bärenmanagement noch nicht auf eine harte Probe gestellt, doch spätestens durch Bruno wurde den meisten Menschen in Bayern bewusst, dass die Wildnis praktisch vor der Haustür beginnt. Braunbären sind die größten Landsäugetiere Europas. Woher kommen sie, wie verhalten sie sich und warum kommen sie offensichtlich immer häufiger auch nach Deutschland? Warum gab es über 180 Jahre lang keine Braunbären bei uns, und wie ist unser Verhältnis zu den großen braunen Beutegreifern, die zudem Bestandteil von Namen, Wappen, Sagen, Geschichten und Mythen sind? Zeit, einen Blick auf unser zwiespältiges Verhältnis zu *Ursus arctos* zu werfen.

Vom Verschwinden und Wiederkehren einer Art

Der Braunbär war von der letzten Eiszeit bis in die Neuzeit als Raubtier oder sogenannter Spitzenprädator ein fester Bestandteil der mitteleuropäischen Fauna, bis er in einem mehr als tausend Jahre dauernden Prozess langsam von West nach Ost zurückgedrängt wurde. Auch wenn die Gründe für das Aussterben der Bären von Region zu Region unterschiedlich sind, so ist ihr Verschwinden doch eng mit menschlichen Aktivitäten verbunden und hängt häufig mit der massiven Zerstörung ihres Lebensraums und der gezielten Bejagung aus unterschiedlichen Gründen zusammen.

Der Archäozoologe Ulrich Schmölcke befasst sich in einem umfangreichen Aufsatz mit der Verbreitung des Braunbären in Deutschland, insbesondere in Nordostdeutschland, seit der letzten Eiszeit. Anhand von Knochenfunden in der Nähe menschlicher Siedlungen fand er heraus, welche Bedeutung Bären und andere Tiere für die Jagd des Menschen gehabt haben müssen. Laut Schmölcke[8] lässt sich die Bedeutung einer bestimmten Jagdart für den damaligen Menschen messen, indem man den relativen Anteil der Knochen dieser Art an einer Fundstelle mit dem relativen Anteil der Knochen anderer gejagter Arten vergleicht. Ist der Anteil einer Art hoch, so spielte die Jagd auf diese Art für die lokale Bevölkerung eine wichtige Rolle. In den Jahrhunderten nach der letzten Eiszeit, also im Spätglazial (circa 14 000 bis 10 000 v. Chr.) und im Mesolithikum (circa 10 000 bis 6000 v. Chr.), waren die Knochenreste von Wildtieren besonders zahlreich, während im Neolithikum (circa 6000 bis 2000 v. Chr.), als sich die Landwirtschaft entwickelte und ausbreitete, die Wildtierjagd an Bedeutung verlor. Danach stammen nur noch ein bis sechs Prozent der archäologischen Tierreste von Wildtieren, der überwiegende Teil von domestizierten Tieren.

Nach dem Ende der letzten Eiszeit vor rund 15 000 Jahren konnte sich der Braunbär in Mitteleuropa immer weiter ausbreiten. Mit den sich verbessernden klimatischen Bedingungen wuchsen die Wälder, und sein Verbreitungsgebiet reichte bald von der Subarktis bis in dicht bewaldete Gebiete – ein eindrucksvoller Beweis für die hohe Anpassungsfähigkeit der Art an sehr unterschiedliche ökologische Bedingungen. Beeren, Honig, Wurzeln, Aas, Fische und kleinere Beutetiere fand der Allesfresser Bär bald in ganz Europa.

In der Mittelsteinzeit lebten die Menschen vor allem in kleinen Jäger- und Sammlergemeinschaften. Die Jagd auf den Braunbären erschien ihnen aufgrund anderer verfügbarer Nahrungsquellen nicht notwendig. Ebenso könnten spirituelle Gründe eine Rolle gespielt haben, wie ein Blick in die Gegenwart vermuten lässt. So gelten Bären bei vielen Völkern Nordeurasiens und Amerikas als Könige des Waldes; die Menschen sehen im Braunbären auch heute noch eine Art Mittler zwischen Tier und Mensch und vermeiden es deshalb, ihn zu töten.

Da die Anzahl sowohl von Menschen als auch von Bären damals eher gering war, konnten sich beide gut aus dem Weg gehen beziehungsweise sind sie sich erst gar nicht über den Weg gelaufen.[9]

Auch wenn die Tötung von Bären in der darauffolgenden Phase des Neolithikums möglicherweise etwas häufiger vorkam, gibt es in den archäozoologischen Daten keine Hinweise darauf, dass die aufkommenden bäuerlichen Gemeinschaften die Verbreitung des Bären stark beeinflussten.[10] Jedoch liegt die Vermutung nahe, dass Menschen damit anfingen, ihre Nutztiere – damals begannen die sesshaften Bauern unter anderem Ziegen, Schafe, Schweine, Rinder und Pferde zu halten – gegen Bären und andere Raubtiere zu verteidigen.

Erst in der Eisenzeit (grob gesagt um den Beginn unserer Zeitrechnung herum) wurde die Tötung von Bären in Norddeutschland häufiger, aber möglicherweise nur zu bestimmten Bestattungszwecken.

Seit der Mittelsteinzeit werden Bären in Jagdritualen verehrt und gezähmt. Ihre magische Bedeutung spiegelt sich in vielen nordischen und nordasiatischen Mythen wider. In Finnland glaubt man, dass ein Bär nur angreift, weil die Seele eines bösen Menschen in ihn eingedrungen ist. In Sibirien wird die Intelligenz des Bären dadurch erklärt, dass sich ein Mensch in ihn verwandelt hat. Die Jakuten und andere sibirische Jägervölker halten den Bären für den Geist des Waldes. Trommelnde Schamanen gingen auf die Jagd nach ihm. Nur Männer dürfen sein Fleisch essen, während seine Knochen sorgfältig gesammelt und hoch oben in einem Baum oder auf einem Holzständer im Wald aufgebahrt werden müssen.[11]

In den folgenden Jahrtausenden scheinen Bärenteile, insbesondere Klauen und Hautreste, in manchen Regionen eine gewisse Bedeutung als Grabbeigaben zu gewinnen. In Skandinavien erreichte diese Tradition zwischen der späten römischen Eisenzeit und dem Beginn des Frühmittelalters, also zwischen dem 3. und 6. Jahrhundert n. Chr., ihren Höhepunkt. Detaillierte Studien aus Schweden zeigen, dass die menschliche Ausbeutung von Bären für Bestattungsrituale in der Eisenzeit zu einem erheblichen Rückgang bestimmter Populationen und sogar zum lokalen Aussterben führte.[12]

Wenn ich gefragt werde, in welcher Zeit und wie ich gerne gelebt hätte, fallen mir sofort die Raubritter des Mittelalters ein. Zugegeben, ich weiß nicht einmal genau, was Raubritter eigentlich taten, und schon der Name deutet darauf hin, dass es wenig rühmlich war. Aber in meiner romantisierenden Vorstellung sitzen Raubritter tagelang in versteckten Nischen und kleinen Höhlen in dunklen Buchenwäldern, erfreuen sich am Duft des letztjährigen Laubes und dem frischen Grün der diesjährigen Blätter, bevor sie sich an dem einen oder anderen vorbeikommenden mit Gold beladenen Holzkarren bedienen.

Nun, als ich mich mit der Geschichte des Braunbären in Europa beschäftigte, die im Mittelalter einen traurigen Tiefpunkt erreichte, habe ich einmal nachgeschlagen, wer diese Ritter, die den ersten Teil des Wortes mit Raubtieren (zu denen auch Bären gehören) teilen, eigentlich waren. Offenbar waren Raubritter Adelige, die sich durch räuberische Überfälle, Erpressungen und Plünderungen bereicherten. Diese Praxis war vor allem im Hoch- und Spätmittelalter (etwa 11. bis 15. Jahrhundert) in Teilen Europas verbreitet. Raubritter besaßen oft eigene Burgen oder Festungen, von denen aus sie Reisende auf Handelswegen überfielen oder Städte belagerten, um Lösegeld zu erpressen. Die Motive der Raubritter waren vielfältig. Einige waren finanziell ruinierte Adelige, die ihre alte Stellung wieder erreichen wollten. Andere waren schlicht Gesetzlose, die sich dem Schutz der feudalen Strukturen entzogen. Ihre Raubzüge beeinträchtigten Handel und Freizügigkeit erheblich und führten in vielen Regionen zu Instabilität. Mit dem Aufkommen stärkerer Zentralgewalten, dem Wachstum der Städte und der Einrichtung von Zivilgerichten wurden Maßnahmen ergriffen, um gegen die Raubritter vorzugehen. Die Burgen vieler Raubritter wurden belagert und zerstört, ihre Praktiken gesellschaftlich geächtet. Heute wird der Begriff »Raubritter« oft metaphorisch verwendet, um korrupte oder räuberische Handlungen von Einzelpersonen oder Organisationen zu beschreiben.

Nun ja, räusper, gut, dass ich mir das mal durchgelesen habe. Ich bin mir noch nicht ganz sicher, wie ich die oben gestellte Frage beim nächsten Mal beantworten werde.

Den Bären jedenfalls ging es spätestens ab dem Mittelalter an den Kragen. Nach Jahrtausenden der Koexistenz wird der Bär zunehmend als Feind des Menschen gesehen, der eine Bedrohung für die schnell wachsende Bevölkerung mit ihrem Bedarf an großen Nutztierherden darstellt. Eventuell stammt auch der Begriff »Raubtier« aus dieser Zeit. Der Begriff ist kulturgeprägt und hat in meinen Augen einen schlechten Beigeschmack. Das Wort »Rauben« impliziert ganz offensichtlich, dass man sich etwas aneignet, das einem selbst nicht gehört. Jede Art, die dem Menschen Jagdbeute oder Haustiere streitig machte und somit ein Nahrungskonkurrent des Menschen war, erhielt folglich den Titel »Raubtier«. Ähnlich lassen auch die Begriffe »Schädlinge« und »Unkraut« erahnen, mit welchem Selbstverständnis die Menschen der Natur begegneten und begegnen: das Tier als Konkurrent, der Mensch im Selbstbedienungsmodus an der reichen Natur.[13] Religionen, die den Menschen als Krone der Schöpfung feiern, zementieren die Unterordnung der Natur und ihrer Kreaturen. Der Beutegreifer wird zum Räuber.

Schon früh wurden den Bären in der christlichen Kirche negative Eigenschaften zugeschrieben. Der heilige Aurelius Augustinus (354–430) war der erste Kirchenvater, der den Bären mit dem Teufel in Verbindung brachte:[14] »Ursus est diabolus.« Die Bären gehörten seiner und der Auffassung anderer Geistlicher nach ausnahmslos zur Finsternis. Das Bild wandelte sich vom geachteten »König des Waldes« zur gefürchteten »Bestie« mit einer engen Verbindung zum Teufel. Kein Wunder also, dass sich das Narrativ vom gefährlichen Raubtier tief in das gesellschaftliche Gedächtnis einbrannte. In diesem Kontext kann auch die Tradition der Tanzbären betrachtet werden, die im Mittelalter entstand. Darstellungen von dressierten Bären sind in Europa seit der Antike erhalten geblieben und wurden im gesamten Mittelalter in schriftlichen Quellen und Abbildungen aufgezeichnet. Sie entstanden aus der Vorstellung, den Teufel besiegen und zähmen zu können. Wenn wilde Bären, die stellvertretend für den Teufel standen, durch sanfte Musik scheinbar gezähmt werden konnten, ließe sich auch Satan zähmen und kontrollieren.

Während heutige Wissenschaftler darauf achten, Tieren und Pflanzen keine wertenden oder gar menschlichen Eigenschaften zuzuschreiben, war dies früher gang und gäbe. Gerade der berühmte Zoologe Alfred Brehm, der in den 1850er-Jahren sein umfangreiches und äußerst populäres *Illustrirtes Thierleben* veröffentlichte, hatte seine ganz eigenen Interpretationen des tierischen, zumal des bärischen Verhaltens.

»Ach, lieber Alfred, du kluger, gebildeter Biologe«, möchte ich ihm sagen. »Gern wäre ich so ein expeditionslustiger, umfassend und allseitig interessierter Naturforscher wie du geworden. Doch was hast du dir bei deinen Beschreibungen der Braunbären gedacht, als du schriebst: ›So gilt der Braunbär im Ural als der schlimmste Feind der Pferde, der sie, sogar vor den Wagen gespannt, angreift. Ist Meister Petz erst einmal frech geworden, so kommt er auch nachts oder selbst am Tag an die Ställe heran und versucht, deren Türen aufzubrechen oder deren Dächer abzudecken. Seine außerordentliche Kraft ermöglicht es ihm, selbst große Beutetiere wie Pferde und Kühe fortzuschleppen. So kommt es, dass einzelne Bären in einem Gebiet zur Landplage werden können. Beispielsweise schlug ein Bär des Bialowieser Gebietes an einem Tage, von Weide zu Weide ziehend, 23 Rinder, ohne eines anzuschneiden, also aus reiner Mordlust. In Sibirien schlagen solche Mordbären mit Vorliebe Pferde.‹«[15] Offensichtlich haben Alfred vor allem die Geschichten über Bären, die ihm bei seinen Reisen nach Russland erzählt wurden, nachhaltig beeindruckt.

Seine Interpretationen beruhten neben den auf Expeditionen gemachten Erfahrungen und mündlich übertragenen Erzählungen auch auf Beobachtungen von Bären im Hamburger Zoo, dessen Direktor er 1863 wurde. So schreibt er auch: »Das geistige Wesen des Bären ist von jeher sehr günstig beurteilt worden, was jedoch nicht auf zuverlässiger Beobachtung beruht. Der Bär erscheint allerdings als komisch, ist aber nichts weniger als gutmütig oder liebenswürdig, verteidigt sich auch nur dann, wenn er keinen anderen Ausweg sieht. Seine Gutmütigkeit ist einzig und allein in seiner geringen Raublust begründet, sein drolliges Wesen vorzugsweise durch seine Gestalt bedingt. Sein Gebiss erweist ihn als Allesfresser; er raubt daher nur selten. Doch darf nicht übersehen werden, dass sich die einzelnen Bären in denselben Gegenden verschieden benehmen und manche zu Räubern und Mördern werden.« An anderer Stelle redet er vom Bären jedoch als Wesen, dessen »Handlung einen schwachen, niedrigstehenden und bildungsunfähigen Geist« belegen.

In neueren wissenschaftlichen Publikationen wird von Bären, Wölfen, Luchsen und anderen »Raubtieren« selbstverständlich nicht mehr als mordlüsterne Landplagen gesprochen. Wenn man von großen Beutegreifern in Europa spricht, meint man Wolf, Luchs, Bär und Vielfraß, im Englischen sagt man zu ihnen auch »large carnivores«.

Doch zurück ins Mittelalter, wo der Bär jagdlich eine Sonderstellung einnahm. Zum einen gehörte er zum Hochwild, das nur von Privilegierten – Adeligen und hohen Geistlichen – gejagt werden durfte. In manchen fürstlichen Wildgattern wurden für Bären (und auch Wildschweine) sogar eigene Gehege angelegt, um die offenbar selten gewordenen Tiere für Jagden zur Verfügung zu haben, die als turnierähnliche Spektakel inszeniert wurden.

Im Spätmittelalter wurden Bären zunehmend auch als exotische Attraktion in speziellen Bärengruben oder Bärengärten gehalten. Dazu mussten die Bären lebend gefangen werden, wofür spezielle Fallen entwickelt wurden. Das Wahrzeichen der Stadt Bern – der Bär – wurde bereits 1441 in einem Bärengraben in der Stadt gehalten. Inzwischen ist aus dem Bärengraben ein Bärenpark geworden, und man schaut nicht mehr hinunter in die Grube und auf die Tiere herab, sondern begegnet den Tieren auf Augenhöhe, schaut sogar hinauf in die parkähnliche Anlage, in der die Tiere nun leben.

Aus verschiedenen mittelalterlichen Rechtsbüchern und Gesetzessammlungen geht hervor, dass die gesamte Bevölkerung eines bestimmten Gebietes, einschließlich der normalerweise nicht jagdberechtigten Bauern, zur Jagd auf Bären und Wölfe verpflichtet war. Es wurden sogar Abschussprämien ausgesetzt, denn der Bär galt als gefährlich und wurde als Viehräuber gnadenlos verfolgt.

Aus damaliger Sicht ist der Hass auf Bär, Wolf und Co. sicher verständlich, stellten die Tiere doch mitunter eine existenzielle Bedrohung für die Menschen dar, die Ackerbau und Viehzucht betrieben. Damals gab es noch keine Elektrozäune, die verhindern konnten, dass Bären Feldfrüchte fraßen oder Bären und Wölfe Rinder, Schafe und Ziegen rissen. Außerdem waren die damaligen Rinderrassen, im Gegensatz zu unseren heutigen groß und schwer gezüchteten Hochleistungsrindern, wahrscheinlich deutlich kleiner und leichter und damit eine noch leichtere Beute für Raubtiere. Viele bäuerliche Familien besaßen nur wenige Hektar Land; wer eine Handvoll Rinder, Schafe oder Schweine hatte, gehörte schon fast zum Mittelstand. Wurde eines der Nutztiere von einem großen Beutegreifer gerissen, konnte das für die Familie den Verlust des Lebensunterhalts oder sogar den Hungertod bedeuten. Staatliche Entschädigungen für durch Wildtiere getötete Nutztiere gab es damals natürlich noch nicht. Kein Wunder also, dass man sich die »Schädlinge« vehement vom Leib zu halten versuchte und sie gnadenlos verfolgte.

In manchen Gegenden, wie zum Beispiel in Tirol, war die Bevölkerung sogar verpflichtet, jährlich eine bestimmte Anzahl von Bärentatzen an den Landesfürsten abzuliefern. Gejagt wurde der Bär mit dem Bärenspieß, einer etwa zwei Meter langen Lanze mit scharfer, spitzer Klinge, die auf einigen Darstellungen aus dieser Zeit zu sehen ist. Zunächst spürten Berufsjäger die Bären auf und weckten sie aus dem Winterschlaf. Mit einer großen Hundemeute wurde der Bär dann gehetzt und gestellt, damit der privilegierte Jagdherr ihm den Todesstoß versetzen konnte. Die Jäger waren meist zu Fuß unterwegs, stellenweise wurden auch Fanggruben oder Fallen verwendet. Bärenfell und Schädel waren beliebte Jagdtrophäen, aber auch das Fleisch wurde verzehrt und das Bärenfett als Hausmittel verwendet.

Wer Bär, Wolf oder Luchs erlegte, wurde von der Landbevölkerung verehrt und konnte nicht nur auf die staatliche Abschussprämie und die Belohnung seines Dienstherrn hoffen, sondern auch auf reiche Naturalien, wenn er mit seinen Jagdtrophäen durch die Dörfer zog. Das ist wohl auch der Grund, warum immer wieder Schauergeschichten über die großen, gefährlichen Raubtiere die Runde machen. Über alle Sprachgrenzen hinweg erzählt man sich von Wölfen, die Kinder fressen, von Bären, die Rinder reißen, und von Luchsen, die Neugeborene im Schlaf töten. Die damaligen Jäger hatten wohl ein Interesse daran, die Menschen in Angst und Schrecken zu versetzen, um sich als segensreiche Befreier und Beschützer feiern zu lassen und immer wieder reich beschenkt zu werden.[16]

Die Restbestände des Braunbären in Deutschland wurden immer kleiner. Ab 1750 waren Braunbären durch Bejagung und fortschreitende Waldrodung nur noch in kleinen Teilpopulationen in den Mittelgebirgen und im Alpenraum zu finden. Die Bejagung erfolgte mit immer effektiveren Waffen – auch leistungsfähige Schusswaffen kamen zum Einsatz –, und die letzten Vertreter ihrer Art wurden gnadenlos verfolgt.

In den Niederlanden, wo Braunbären während fast des gesamten postglazialen Zeitraums präsent gewesen waren, verschwanden sie schon während des Frühmittelalters, wahrscheinlich aufgrund von großflächiger Entwaldung, die den Lebensraum der Bären zerstörte. In Schleswig-Holstein wurde bereits 1231 der letzte Bär in der Nähe der Schlei getötet. Die letzte Bärenpopulation in der Oder-Region und im polnischen Teil von Pommern existierte bis Mitte des 18. Jahrhunderts. Obwohl keinerlei Angriffe auf Menschen und nur geringe wirtschaftliche Schäden von Bären an Nutztieren dokumentiert sind, wurden Prämien auf die Tötung der Raubtiere ausgesetzt, sodass sich der Jagddruck erhöhte und 1750 der letzte Bär in Pommern getötet wurde. In den polnischen Tiefebenen und in Ostpreußen verschwanden die letzten Bären ebenfalls Mitte des 18. Jahrhunderts. Der Wald von Białowieża, der auch heute noch als einer der letzten Urwälder Europas gilt, war der letzte Zufluchtsort für die Bären. Hier wurden zwischen 1873 und 1878 die letzten Individuen getötet. Im frühen 19. Jahrhundert war der Bär in Deutschland fast vollständig ausgerottet. In Bayern wurden immer wieder einzelne aus Österreich einwandernde Tiere gesehen und unter großen Anstrengungen verfolgt, bis am 24. Oktober 1835 der vorerst letzte Braunbär Deutschlands in der Nähe von Ruhpolding erschossen wurde.[17]

Heute kommen Braunbären wieder in 28 europäischen Ländern vor. Aufgrund geografischer, ökologischer und politischer Faktoren werden die Vorkommen der circa 20 400 Tiere in zehn Populationen zusammengefasst. Eine Population ist eine Gruppe von Individuen derselben Art, die ein bestimmtes Gebiet bewohnen, sich untereinander fortpflanzen und über mehrere Generationen genetisch miteinander verbunden sind. Die größte Braunbärenpopulation mit über 9000 Individuen findet sich in den Karpaten (Rumänien, Polen, Slowakei und Serbien). Die Population im angrenzenden Dinarischen Gebirge und im Pindos in Südosteuropa (Slowenien, Kroatien, Bosnien-Herzegowina, Montenegro, Nordmazedonien, Albanien, Serbien und Griechenland) wird auf etwa 4000 Tiere geschätzt, und in Skandinavien (Norwegen und Schweden) leben etwa 3000 Bären – zusammen mit den Tieren in Finnland sind es rund 5000 Exemplare. Kleinere Populationen gibt es auch im Baltikum, im östlichen Balkan, in den Alpen und im Kantabrischen Gebirge im Nordosten Spaniens. Die kleinsten Populationen befinden sich in den Pyrenäen (Frankreich, Spanien) und im zentralen Apennin in Italien. Die meisten Populationen sind seit mehreren Jahren stabil, einige haben sogar leicht zugenommen: Die Bären erholen sich also zunehmend in Europa, doch auch wenn die erbitterte Jagd auf die Bären der Vergangenheit angehört, gibt es heute neue Faktoren, die ihr Überleben in Europa gefährden. Dazu gehören insbesondere der Verlust von Lebensräumen durch Infrastrukturentwicklung, Störungen durch Forstarbeiten oder Freizeitdruck, geringe Akzeptanz insbesondere wegen der Übergriffe auf Nutztiere oder Honigbienen, schlechte Strukturen im Wildtiermanagement, Isolation der einzelnen Vorkommen untereinander, Verkehrsunfälle sowie legale und illegale Bejagung.[18]

In allen Mitgliedstaaten der Europäischen Union ist der Bär im Anhang IV der Fauna-Flora-Habitat-Richtlinie (FFH-Richtlinie) als streng zu schützende Art aufgeführt. Die FFH-Richtlinie bildet die rechtliche Grundlage für den Schutz wild lebender Tiere, Pflanzen und natürlicher Lebensräume. Die Mitgliedstaaten sind nicht nur verpflichtet, Gebiete auszuweisen und zu melden, die für den Schutz bestimmter Arten und Lebensräume von Bedeutung sind. Sie müssen auch dafür sorgen, dass sich der Zustand der Schutzgebiete und der darin vorkommenden Arten und Lebensräume nicht verschlechtert und dass bestimmte Handlungen, die den Erhaltungszustand der Arten und Lebensräume beeinträchtigen können, unterbleiben oder zumindest überwacht werden. Das bedeutet, dass Störungen oder die reguläre Bejagung von Bären grundsätzlich verboten sind. Ziel ist es, dass die geschützten Arten einen sogenannten günstigen Erhaltungszustand erreichen, das heißt, dass sie langfristig überlebensfähige Populationen bilden können und keine Gefahr besteht, dass die Art wieder ausstirbt.

Um dies zu überprüfen, müssen die Mitgliedstaaten alle sieben Jahre einen sogenannten Monitoring-Bericht an die EU-Kommission übermitteln, in dem sie über den Erhaltungszustand der Arten und Lebensräume berichten. Derzeit sind in Europa auf Grundlage der FFH-Richtlinie 487 Gebiete unter Schutz gestellt, in denen Bären einen sicheren Lebensraum finden sollen. In manchen Mitgliedstaaten wie zum Beispiel Schweden werden Bären dennoch gejagt. Solange der günstige Erhaltungszustand nicht gefährdet ist, wird dieses Vorgehen von der EU-Kommission bislang geduldet.

Bruder Bär

Ich kann mich nicht mehr daran erinnern, wann ich das erste Mal im Zoo einen Bären sah, vermute aber, dass es ein Kamtschatka-Bär im Hamburger Tierpark Hagenbeck war. Denn ich erinnere mich noch daran, dass ich dort einen Bären anblickte und dachte: »Der sieht ja aus wie ich, nur in groß und haarig.« Schlagartig wurde mir klar: Bären ähneln uns von Aussehen, Statur und sogar vom Verhalten her. Sie haben eine ähnliche Statur wie wir, die gleiche Silhouette, sie können aufrecht stehen und gehen, und zwar wie wir auf den Fußsohlen, was im Tierreich erstaunlicherweise recht selten vorkommt. Nur Kleinbären, Bären, Primaten und wir Menschen setzen die gesamte Handwurzel bis zu den Fingerspitzen auf den Boden, wenn wir uns fortbewegen. Bären können zudem aufrecht stehen, allerdings nicht, wie irrtümlicherweise häufig angenommen, als aggressive Drohgebärde, sondern um sich einen besseren Überblick zu verschaffen, um besser riechen und nach Dingen greifen zu können. Und Bären nutzen ihre Vorderpfoten ähnlich wie eine Hand.

Bei aller Ähnlichkeit gelten Bärengesichter jedoch als ausdruckslos und unlesbar. Sollten Sie noch nie auf bärische Mimik und Gestik geachtet haben, schauen Sie bei Ihrem nächsten Zoobesuch oder auf den entsprechenden YouTube-Kanälen einmal genau hin. Tatsächlich ist es beim Anblick der Tiere schwer zu erahnen, was in ihnen vorgeht, ganz anders als zum Beispiel bei Hunden oder Wölfen mit ihren ausdrucksstarken Gesichtern.

Die gemeinsamen Merkmale in Körperhaltung und Bewegung sind sicherlich ein Grund dafür, wieso die Geschichte von Bären und Menschen so eng miteinander verbunden ist und Bären von Menschen immer wieder bewundert und mit großem Respekt behandelt wurden. Hinzu kommen ihre große Stärke und ihre Klugheit. Bären sind hochintelligente Tiere mit unglaublicher Anpassungsfähigkeit und großem Erfindungsreichtum, insbesondere wenn es um den Zugang zu Nahrung geht. Nicht ohne Grund werden im Yosemite-Nationalpark alle paar Jahre die gegen Bären gesicherten Vorratsschränke auf den Zeltplätzen nachgerüstet oder ausgetauscht: Die dortigen Schwarzbären sind so schlau, dass sie immer wieder herausbekommen, wie sich die massiven Stahlboxen öffnen lassen.[19]

Kein Wunder also, dass der Bär immer im kollektiven Gedächtnis geblieben ist, auch wenn er zwischenzeitlich aus unseren Wäldern verschwunden war. In vielen Ländern, vor allem in der nördlichen Hemisphäre, sind Mensch und Bär eng miteinander verbunden.

Geschichten, Fabeln, Mythen, Sprichwörter, Bräuche, Wappen und Legenden zeugen von unserer Beziehung zu Meister Petz, die von Bewunderung und Respekt, aber auch von Ausbeutung und Verfolgung geprägt ist. Vielerorts haben wir Menschen den Bären auf unterschiedliche Weise als Ressource genutzt. Während amerikanische Braun- und Schwarzbären den Tourismus ankurbeln, werden in Asien Schwarz- und Lippenbären zum Teil in kleinen Käfigen gehalten, um an ihre Körperflüssigkeiten zu gelangen oder sie zur Belustigung als Tanzbären abzurichten. Fleisch, Fell und Knochen von Eisbären spielen für die Bewohner der Arktis eine wichtige Rolle, und hinter dem Großen Panda steht nicht nur eine milliardenschwere Industrie, mit ihm wird sogar Politik gemacht. Es gibt ganze Bücher über die Kulturgeschichte des Bären. Ich möchte hier nur einige der in meinen Augen schönsten, erstaunlichsten oder erschreckendsten Zeugnisse unserer gemeinsamen Geschichte wiedergeben.

Legenden, Sprach- und Fabelwelten

Das Wort »Bär« kommt nur in germanischen Sprachen vor (englisch *bear,* niederländisch *beer,* skandinavisch *bjørn*) und hat seinen Ursprung vermutlich in »bher«, »béras« oder »berin«, alten Wörtern für »braun«. Auch das Wort »Biber« hat darin seine Wurzel.

Es wird vermutet, dass das Wort bei den Germanen als eine Art Tabuwort (»Brauner« statt »Bär«) verwendet wurde. Somit konnte die Verwendung des eigentlichen Namens vermieden werden, hatte man doch Angst, das mächtige Raubtier sonst beschwörend »herbeizurufen«. Ein ähnlicher Hintergrund ist in den slawischen Sprachen zu vermuten, wo der Bär regelmäßig »Honigesser« genannt wird: altslawisch *medvědь*, russisch *medvéd'*.

Jemandem einen Bären aufbinden

Wenn man jemandem einen Bären aufbindet, erzählt man die Unwahrheit und hofft, dass derjenige das Erzählte glaubt. Es gibt verschiedene Erklärungen, woher diese Redensart stammt. Eine erzählt die Geschichte von Jägern, die in einer Wirtschaft einkehren, die verzehrten Speisen und Getränke jedoch nicht bezahlen können. Sie überzeugen den Wirt schließlich, einen Bären als Pfand anzunehmen. Erst nachdem die Jäger schon das Weite gesucht haben, bemerkt der Wirt seinen schlechten Tausch und fragt sich, was er mit einem lebenden Bären soll.[20]

Eine andere Deutung besagt, dass die Redensart wohl aus dem Mittelalter stamme. Ein Bär war damals von einem einzelnen Mann nur äußerst schwer zu erlegen. Man musste also sehr gut schwindeln können, um eine unwahre Geschichte glaubhaft erscheinen zu lassen. Gelang dies, so hatte der vermeintlich erfolgreiche Bärenjäger jemand anderem sprichwörtlich einen Bären aufgebunden. Sprachforscher sagen außerdem, dass das Wort »Bär« auf die germanische Wortwurzel »bar« zurückgeht, die »tragen« bedeutet. Später wusste man wohl nicht mehr, dass »bar« für Last steht, und deutete es zu »Bär« um.

Auch im Englischen gibt es herrliche Wortspiele, die darauf beruhen, dass »bear« nicht nur Bär, sondern auch »tragen« und »bare« »nackt« bedeutet.

How do bears catch fish?
They use their bear hands!

What did the bear say
when he had to relay an unhappy message?
»I hate to be the bearer of bad news!«

Da steppt der Bär

Dieser Ausdruck hat tatsächlich mit tanzenden Bären zu tun und geht auf das Mittelalter zurück. Früher waren Zirkusse und Jahrmärkte oft der Anlass für lebendige Aktivitäten in Städten – eine willkommene Abwechslung zum Alltag, der von sehr harter Arbeit geprägt war. Tanzende Bären, die darauf trainiert wurden, sich im Takt von Musik zu bewegen, waren besonders beliebt. Wenn also die Bären losgelassen wurden und zu Musik tanzten, sagte man: »Es steppte der Bär.« Auch wenn die Abrichtung der Bären für die Tiere selbst häufig qualvoll war, wird der Ausdruck noch heute verwendet, um eine fröhliche Atmosphäre oder Feierlichkeiten zu beschreiben.

Jemandem einen Bärendienst erweisen

Wenn man aus gut gemeinter Intention jemandem einen schlechten Dienst erweist, spricht man von einem Bärendienst. Der Ausdruck geht zurück auf eine Fabel des französischen Dichters Jean de La Fontaine aus dem 17. Jahrhundert. In »Der Bär und der Gartenfreund« sind das Raubtier und der Gärtner gute Freunde. Der Bär entdeckt eine Fliege auf der Nase seines Freundes, der friedlich schlummert, und wirft einen schweren Stein nach ihm. »Zermalmt des Greises Haupt, die Fliege zu verjagen, / und hat – ein guter Schütz, allein höchst mangelhaft / als Denker – auf der Stell' ihn mausetot geschlagen.« Und die Moral von der Geschicht? »Nichts bringt so viel Gefahr uns als ein dummer Freund; weit besser ist ein kluger Feind.«[21]

In anderen Fabeln wird Meister Petz meist als gutmütig, treu und dankbar, manchmal auch als etwas dumm und trottelig beschrieben. Eine der wohl bekanntesten Bärenfabeln stammt vom griechischen Dichter Äsop:

Der Löwe und der Bär

Ein Fuchs war einmal auf die Jagd gegangen, um einen guten Bissen zu erbeuten. Er war noch nicht lange unterwegs, als er ein lautes Streiten vernahm.
Ein Bär schlug mit den Tatzen nach einem Löwen und brummte wütend: »Ich war der Erste bei dem Hirschkalb. Die Beute gehört mir, denn ich habe sie gefangen.«
»Nein!«, brüllte der Löwe zornig. »Du lügst! Ich war als Erster hier, und darum gehört die Beute mir.« Der Löwe wehrte sich kräftig und schnappte mit seinen scharfen Zähnen nach dem Bären.
So kämpften der Löwe und der Bär noch lange miteinander. Der Fuchs wurde langsam ungeduldig, denn die Streitbeute lag gar nicht weit von ihm entfernt. Aber er war klug und sagte sich: »Sind die Streitenden erst einmal erschöpft, so können sie mir nichts mehr anhaben.«
Der Bär und der Löwe kämpften noch eine ganze Stunde miteinander, dann brachen beide kraftlos zusammen. Da schritt der Fuchs gemächlich an ihnen vorbei und holte sich die Beute. Er verneigte sich höflich und sagte: »Danke, meine Herren, sehr freundlich, wirklich sehr freundlich!«
Wenn zwei sich streiten … und so weiter. Sie kennen das ja.

In Sagen und Märchen tauchen immer wieder Mischwesen aus Bär und Mensch auf. Das wohl bekannteste Beispiel ist der Yeti, eine legendäre Kreatur, die in den Bergregionen des Himalaya, insbesondere in Nepal, Tibet und Bhutan, vermutet wird. Der Yeti, auch »Schneemensch« genannt, wird oft als großes, behaartes Wesen beschrieben, das aufrecht geht und Ähnlichkeiten mit einem menschlichen oder affenähnlichen Körper aufweist.

Die Legende vom Yeti ist seit Jahrhunderten in der Folklore und den Traditionen der Himalaya-Bewohner verwurzelt. Es gibt Berichte über Sichtungen, Fußabdrücke und gelegentlich auch Behauptungen, dass Überreste oder Beweise für die Existenz des Yetis gefunden wurden, obwohl diese Behauptungen oft kontrovers diskutiert werden.

Die meisten Wissenschaftler betrachten den Yeti als eine Art kulturelles Phänomen, das auf Legenden, Fehlinterpretationen von Fährten und möglicherweise tatsächliche Begegnungen mit großen Tieren, höchstwahrscheinlich Braunbären, zurückgeht. Heute leben im Himalaya zwei Unterarten des Braunbären: der Tibetische Braunbär *(Ursus arctos pruinosus)* und der Himalaya-Braunbär *(Ursus arctos isabellinus).*

Von Bärenkriegern, Bärenkulten und Bärenfesten

Als »unberechenbare, bestialische Krieger« sind die Berserker zu Symbolen der Wikinger geworden. Sie waren eine Gruppe legendärer Krieger im altnordischen Raum, vor allem in der Wikingerzeit und im Mittelalter bis ins 10. Jahrhundert. Der Begriff »Berserker« leitet sich wahrscheinlich von dem altnordischen Wort »berserkr« ab, was »Bärenhemd« oder »Bärenfell« bedeutet. Diese Krieger wurden in altnordischen Sagas und anderen literarischen Quellen beschrieben.

Die Berserker waren bekannt für ihre außergewöhnliche Kraft, ihre Wildheit im Kampfgetümmel und ihre Fähigkeit, Schmerzen und Verletzungen zu ignorieren. Es wird berichtet, dass sie in einen besonderen Zustand der Berserkerwut – eine Art Rauschzustand – verfallen konnten, der sie weitgehend unempfindlich für Schmerz und Gefahr machte. In diesem Zustand sollen sie wie tollwütige Tiere gekämpft haben, oft mit großer Kraft und Ausdauer. Der Auslöser für diese rauschartigen Zustände ist jedoch nicht genau bekannt, und es gibt verschiedene Theorien und Spekulationen darüber, ob sie auf den Verzehr von Fliegenpilzen, LSD-haltigem Mutterkorn – einem parasitären Pilz auf Getreide –, rituelle Praktiken oder andere Faktoren zurückzuführen sind. Die Beschreibungen der Berserker in mittelalterlichen Texten sind – wie so oft – mit mythologischen und poetischen Elementen durchsetzt, was die Trennung von historischer Realität und Legende erschwert. Ob sie tatsächlich nackt, nur mit einem Bärenfell bekleidet und mit Lanze und Schild ausgerüstet, in den Kampf zogen, ist nicht genau überliefert. Meine amerikanische Gastmutter sagte übrigens manchmal »don't go berserk«, wenn sie mir sagen wollte, dass ich nicht ausflippen oder durchdrehen sollte.

Bei den Kelten wie auch bei den Balten und Slawen galt der Bär ohne Zweifel als König der Tiere. Er war das stärkste und furchtloseste Tier in den weiten Wäldern des europäischen Kontinents nördlich der Alpen und damit ein unangefochtener Herrscher.

Der Name Artus ist keltischer Herkunft und steht für Artaios, den »Bären«. König Arthur war in der ursprünglichen Mythologie ein Bärenkönig, eventuell sogar ein Bärengott. Dieses Bärenhafte verliert sich aber in der mittelalterlichen Literatur über Arthur, den König der Tafelrunde. Auch im Namen Artio (wie bei Artemis und Arthur) weist die Silbe »art« (»arth«, »artos«) auf eine mythologische Verbindung zwischen Bär und Gottheit hin. Und so galt der Bär bei den Kelten auch eher als Herr, als König oder gottähnliches Wesen, wurde gefürchtet und bewundert.

Bei den Germanen und anderen nordischen Völkern war der Bär zweifelsohne ein Symbol für Stärke. Indem sie vor einem bevorstehenden Kampf Bärenfleisch oder Bärenblut verzehrten, glaubten sie, sich mit Bärenkraft und -mut auszustatten.[22]

Der Bärenkult ist aber auch ein zentraler Bestandteil der traditionellen Religion und Kultur der Ainu, einer indigenen Gruppe, die ursprünglich auf Hokkaidō, der nördlichsten Hauptinsel Japans, und in Teilen Russlands lebte. Sie ernährten sich hauptsächlich von Lachs, Sikahirschen, Pflanzen und Bären. Die Verehrung der Raubtiere ist eng mit spirituellen, rituellen und sozialen Aspekten der Lebensweise der Ainu verbunden. Vor der Bärenjagd führten die Ainu komplexe Rituale durch, um die Erlaubnis der Götter zu erhalten und den Geist des Bären zu besänftigen.

Um den Bären zu ehren, wurden spezielle Feste gefeiert, zum Beispiel das »Bärenopferfest«, nachdem ein Bär erlegt wurde. Die Rituale sollten dem Bärengeist den Übergang in die Geisterwelt erleichtern und seine Wiedergeburt ermöglichen. Die Ainu glauben, dass der Geist des Bären nach seinem Tod in einen neuen Bärenkörper übergeht. Zum Bärenopferfest gehörte beispielsweise das Aufstellen und Schmücken eines getöteten Bären, oft mit aufwendigen Dekorationen aus Pflanzen und Stoffen. Tänze, Gesänge und Opfergaben begleiteten das Fest und dienten dazu, den Bärengeist zu ehren und seinen Segen für eine erfolgreiche Jagdsaison zu erbitten.

Die Ainu glauben, dass der Bär ein göttliches Wesen ist, das zwischen der Welt der Menschen und der Welt der Götter vermittelt. Sie betrachten ihn als Boten der Götter und als spirituellen Verbündeten.

Der Bärenkult unterstreicht die enge Verbundenheit der Ainu mit der Natur. Bären werden nicht nur als göttliche Wesen verehrt, sondern auch als Teil eines größeren ökologischen und spirituellen Gefüges. Die Ainu-Gemeinschaften glauben, dass die Verehrung des Bären Schutz und Segen bringt, betrachten den Bären als Familienmitglied und befolgen bestimmte Praktiken, um ihren

Respekt gegenüber dem Tier auszudrücken. Jungtiere wurden sogar gefangen, in Käfigen gehalten und aufgezogen.

Trotz des gesellschaftlichen Wandels und der Modernisierung haben viele Ainu-Gemeinschaften versucht, ihre traditionellen Praktiken und den Bärenkult aufrechtzuerhalten. Heutzutage ist das Bärenfest jedoch insbesondere ein Spektakel für Touristen.

Auch für viele indigene Völker Nordamerikas haben Bären eine tiefe symbolische, kulturelle und spirituelle Bedeutung. Bären werden dort oft als Symbole für Stärke, Mut und Kraft interpretiert. Sie gelten als mächtige und Respekt einflößende Tiere, die ihre Kraft nutzen, um Hindernisse zu überwinden und ihre Familien zu beschützen. Außerdem werden sie oft mit Weisheit und Heilung in Verbindung gebracht. Einige Völker haben gelernt, das Verhalten von Bären zu beobachten, um notwendige Medizin zu finden, da Bären in der Lage sind, heilende Pflanzen und Wurzeln zu entdecken, auszugraben und zu fressen.[23]

In manchen Kulturen gelten Bären als spirituelle Lehrer, die den Menschen Lehren über das Leben, die Natur und die Heilung vermitteln können. Schließlich gelten sie als Mittler zwischen Mensch und Natur oder zwischen der diesseitigen und der jenseitigen Welt. Die Cherokee zum Beispiel, die ursprünglich im heutigen Georgia und Alabama lebten, glaubten, dass Bären verwandelte Menschen seien. In ihrer Vorstellung stammten die Bären von einem Zweig ihrer eigenen Vorfahren ab, der sich entschieden hatte, ein sorgenfreieres Leben als das menschliche zu führen und als Bär zu leben. Dennoch jagten sie Bären, wobei sie allerdings zur Tarnung eine Holzmaske und ein Bärenfell trugen. Für die Yavapai im Südwesten der USA, im Gebiet des heutigen Arizona, bestand der einzige Unterschied zwischen Bär und Mensch darin, dass der Mensch Feuer machen kann. Deshalb jagten sie keine Bären.[24] Auch die Abenaki im Nordosten der USA schrieben den Bären eine hohe Intelligenz zu und meinten, Bären seien klüger als Menschen, weil sie wüssten, wie sie den langen Winter ohne Nahrung überleben können.

Die Sioux-Indianer bedeckten sich vor der Jagd mit Bärenfellen, um die Geister zu besänftigen, und die Cree wollten mit dem Rhythmus ihrer Trommeln das Herz des Bären wieder zum Schlagen bringen. Im indianischen Horoskop entspricht das Tierkreiszeichen Braunbär (22. August bis 21. September) in etwa unserer Jungfrau (24. August bis 23. September).

Auch in Frankreich und Andorra wird der Bär gefeiert. Die Bärenpopulation dort, in den Bergen zwischen Frankreich und Spanien, wird derzeit auf etwa dreißig Tiere geschätzt. Die Bärenfeste, die jedes Jahr im Februar in einigen Dörfern der Pyrenäen stattfinden, wurden sogar in die Liste des immateriellen Kulturerbes der UNESCO aufgenommen. Fünf Dörfer nehmen daran teil und feiern das Ende des Winters, die Wiedergeburt im Frühling mit dem Erwachen des Bären aus dem Winterschlaf und die Beziehung zwischen Mensch und Natur.

Der Ursprung des Festes geht auf die Legende eines wilden Bären zurück, der auf der Suche nach einer Gefährtin beschloss, ein junges Mädchen aus der Umgebung zu entführen.

Der Legende nach veranstalteten die Dorfbewohner daraufhin eine große Bärenjagd, um das Mädchen zu retten. Der Bär wurde gefangen und auf dem Dorfplatz angekettet. Zur Strafe wurde ihm mit einer Axt das Fell geschoren – und das Ungeheuer verwandelte sich in einen Menschen.

In der Tradition dieser Legende verkleiden sich während des Festes junge Männer als Bären und laufen durch die Straßen, um Zuschauer zu fangen. Die Feierlichkeiten werden von katalanischen Tänzen, Reden und Musik begleitet, und am Ende werden die Bären geschoren und wieder in Menschen verwandelt. Der Stil und die Elemente unterscheiden sich von Dorf zu Dorf, aber die Popularität der Feste hat in den letzten Jahren wieder zugenommen, und Tausende von Menschen nehmen jedes Jahr an den Feierlichkeiten teil.[25]

Grausam sind dagegen die Kampfshows zwischen Bären und Hunden, die in Pakistan seit der britischen Kolonialzeit veranstaltet werden. Obwohl längst verboten, werden Bären noch immer an ihrer empfindlichen Nase an einem zwei bis fünf Meter langen Seil in der Mitte einer Arena festgemacht. Bereits den Jungtieren werden die Krallen abgefeilt und die Eckzähne gezogen. Zum eigentlichen Kampf werden Hunde zu dem Bären in die Arena gelassen, und je nachdem, ob der Bär die Hunde zu Boden drücken kann oder die Hunde sich in der Schnauze des Bären verbeißen, gewinnt entweder der Bären- oder der Hundebesitzer.[26]

Sohn und Mutter Bär

Zwei Bären wachen hoch oben über uns: Ursa Major, die große Bärin, und Ursa Minor, die kleine Bärin. Obwohl viele von uns die Sternbilder auf Anhieb nicht kennen, haben wir alle sie doch schon einmal gesehen, denn der Große und der Kleine Wagen sind Teile beider Sternbilder. Beide sind in Mitteleuropa, also am Nordhimmel, das ganze Jahr über zu finden. Viele Mythen sind mit den beiden Sternenbildern verbunden, doch nicht alle davon beschreiben Geschichten um Bären.

In der griechischen Mythologie ist eine der bekanntesten Geschichten die mit der Großen Bärin verbundene Sage von Callisto, einer schönen Gefährtin der Göttin Artemis. Ich weiß nicht, wie es Ihnen geht, aber die Fülle von Namen und die Komplexität der Beziehungen der Akteure zueinander machen es mir häufig nicht ganz leicht, Originaltexte aus der griechischen Mythologie gleich beim ersten Lesen zu verstehen. Ich versuche deshalb, mit meinen Worten zu beschreiben, was uns der berühmte römische Dichter Ovid in seinen auch griechisch beeinflussten *Metamorphosen* in Bezug auf die Bärinnen-Sternbilder sagen möchte.

Die schöne Callisto ist eine Nymphe, also eine weibliche Gottheit niederen Ranges und gewissermaßen eine Begleiterin von Diana, der Göttin der Jagd. Callisto ist in einem Wald unterwegs, als sie nach der Jagd müde wird und sich für ein Nickerchen auf den Waldboden legt, wo sie von Jupiter (dem obersten Gott in der römischen Mythologie, der dem Gott Zeus in der griechischen Mythologie entspricht) aufgefunden wird. Jupiter ist sofort angetan und zieht eine Affäre in Erwägung, hoffend, dass seine Frau Juno von dieser Liebschaft nichts bemerken wird, und gleichzeitig wissend, dass es ordentlich Zank gäbe, falls sie doch davon Wind bekäme. Jupiter verwandelt sich und tritt Callisto in Gestalt der Diana gegenüber, um ihr Vertrauen zu erlangen und sie zu verführen. Schließlich gibt er sich zu erkennen, küsst und verführt beziehungsweise vergewaltigt sie. Die Jungfrau Callisto, die ein Keuschheitsgelübde abgelegt hat, wehrt sich heftig, *»wie sich eine Frau nur wehren kann [...], wen aber könnte ein Mädchen, wer könnte Jupiter überwinden?«*[27]

Callisto ist fortan völlig verändert und meidet Diana, deren enge Vertraute sie einst war.

Es gelingt ihr, ihre ungewollte Schwangerschaft bis kurz vor der Geburt zu verbergen, doch bei einem gemeinsamen Bad mit Diana und den anderen Nymphen reißen diese ihr die Kleider vom Leib, und ihr Bauch kommt zum Vorschein. Sie wird von Diana verstoßen und bringt kurz darauf im Wald ihren Sohn Arkas zur Welt. Jupiters eifersüchtige und vor Wut tobende Gattin Juno verwandelt Callisto daraufhin in eine Bärin:

»Sie [Juno] sprach's, faßte sie [Callisto] vorn an der Stirn bei den Haaren und streckte sie vornüber zu Boden; flehend versuchte diese, die Arme auszustrecken, die Arme begannen von schwarzen zotteligen Haaren rau zu werden, die Hände begannen, sich zu krümmen und zu gebogenen Krallen anzuwachsen und die Aufgabe von Füßen zu erledigen; das von Jupiter einst so gepriesene Antlitz wurde durch ein breites Maul entstellt. Damit keine Bitten, keine flehenden Worte die Herzen umstimmen können, wird ihr das Sprechvermögen genommen: Zorniges und drohendes Gebrumm voll von Schrecken dringt aus heiserer Kehle hervor.« Fortan lebte sie als Bärin im Wald. *»Oft verbarg sie sich, wenn sie wilde Tiere sah, und vergaß dabei, wer*

sie war; der Anblick von Bären im Gebirge erschreckte die Bärin und sie fürchtete sich sehr vor den Wölfen.«

Als Callisto nach fünfzehn Jahren ihren Sohn Arkas trifft, der nun Jäger ist, will sie ihn umarmen, doch dieser erkennt seine Mutter nicht und ist kurz davor, das vermeintlich wilde Tier zu töten. Jupiter greift ein und *»versetzte sie, nachdem sie gleichzeitig von einem Windstoß erfasst worden waren, durch den leeren Raum an den Himmel und machte sie zu benachbarten Sternbildern«*. Fortan sind die beiden als Ursa Major und Ursa Minor am Nachthimmel zu sehen. Doch Juno wird schon wieder zornig, weil die Mätresse ihres Gatten nun für jeden sichtbar am Himmel verankert ist. Sie teilt ihren Zorn den Göttern des Meeres mit und erreicht, dass diese versichern, dass die Sternbilder nie in das erfrischende Meer eintauchen dürfen. Deshalb sind die beiden Himmelsgestirne auch heute noch zirkumpolare Sternbilder, also solche, die jede Nacht, das ganze Jahr hindurch, in Mitteleuropa zu sehen sind und nie unter den Horizont hinabsinken.

Wenn Sie also demnächst in einer sternklaren Nacht in den Himmel schauen, dann machen Sie sich auf die Suche nach Callisto und Arkas. Ich bin mir sicher, dass Sie das Abbild der schönen Nymphe auf Anhieb finden werden, denn das Sternbild des Großen Wagens stellt das Hinterteil und den Schwanz der Großen Bärin dar.

Weitere gut sichtbare Sterne zeichnen die Beine und Pfoten und die Schnauze der Bärin nach – etwas Fantasie wird Ihnen hierbei nützlich sein.

Zwei der Sterne des Sternenbilds Großer Wagen im Sternbild Großer Bär werden auch Polweiser genannt. Sie zeigen zum Polarstern am nördlichen Himmelspol, der sich an einer gedachten Verbindungslinie in ungefähr fünffachem Abstand der beiden hinteren Sterne des Wagenkastens befindet.

Und wenn Sie den Polarstern gefunden haben, schauen Sie gleichzeitig auf die Schwanzspitze des Kleinen Bären, der den meisten eher als Kleiner Wagen bekannt ist. Mutter und Sohn Bär sind also nicht weit voneinander entfernt, jedoch ist der Kleine Bär etwas unscheinbarer, weil sich das Sternbild aus weniger hell erscheinenden Sternen zusammensetzt.

Für die nächsten 12 000 Jahre noch wird uns Arkas' Schwanzspitze den geografischen Norden zeigen, bevor bedingt durch die kontinuierliche Verschiebung der Erdachse ein anderer Stern, die Wega, zum Polarstern wird.

Sie haben also noch ein paar Jahre Zeit, sich vom Kleinen Bären den rechten Weg zeigen zu lassen.[28]

In der nordischen Mythologie gibt es eine ähnliche Geschichte über die Sternbilder, die oft mit den Bären »Dáinn« und »Dvalinn«, den Zwillingsbrüdern Thors, in Verbindung gebracht werden. Thor gilt nach seinem Vater Odin als der mächtigste und gefürchtetste nordische Gott. Er ist der Sohn einer Verbindung Odins mit der Erde und für Donner und Sturm verantwortlich. Mit seinem Hammer Mjölnir kann er Berge zerschmettern. Es wird erzählt, dass die Bären am Himmel das Ergebnis von Thors Angriff auf die Riesen sind, bei dem er zwei Bären tötete und sie dann als Sternbilder an den Himmel stellte.

Auch in verschiedenen indigenen Kulturen Nordamerikas gibt es Geschichten über den Großen Bären. Einige Stämme interpretieren die Sternenkonstellation als Bärenpfote oder -spur, andere als Bär selbst. Die Geschichten variieren je nach Kultur und Tradition.

Der Ursprung des Wortes »Arktis« ist übrigens eng mit unserer bärengestaltigen Callisto verbunden. Denn »Bär« bedeutet im Griechischen »arktos«, woraus sich der Name Arktis ableitet. Die Arktis ist das Land unter dem Sternbild des Großen Bären. Von der Arktis aus kann man ihn – wie wir wissen – immer sehen. »Ant-« bedeutet »gegenüber«. Schon eine Schrift aus dem antiken Griechenland spricht von einem »arktikós pólos«, einem »Bärenpol«, und einem »antarktikós pólos«, einem »Gegenbärenpol«. Wahrscheinlich wussten die alten Griechen noch nicht, dass diese

Namensgebung auch das tatsächliche Vorkommen von Bären an den Polen sehr treffend wiedergibt. Denn nur am Nordpol, dem Bärenpol, gibt es tatsächlich Bären, nämlich Eisbären, während die Antarktis bärenfrei ist.

Das Wort »Ursus« wiederum ist das lateinische Wort für Bär, und so treffen sich im wissenschaftlichen Namen des Braunbären das lateinische und das griechische Wort für Bär: *Ursus arctos*.

Bärlin

Viele Städte haben einen oder mehrere Bären im Wappen, und sie kamen auf ganz unterschiedliche Weise zu ihren Bären. Exemplarisch möchte ich Ihnen die Geschichte des Berliner Bären erzählen.

Dazu springen wir zurück ins Jahr 1280, genauer gesagt zum 22. März desselben Jahres. Von diesem Tag stammt ein Brief, der ein Siegel zeigt, auf dem ein Adler auf einem Schild steht, der wiederum von zwei Bären gehalten wird. Außerdem ist auf dem Siegel eine lateinische Inschrift zu lesen. Sie lautet übersetzt: »Ich bin das Siegel der Bürger Berlins.« Es ist das erste Mal, dass ein Bär in einem Siegel der Stadt auftaucht, und es gibt verschiedene Theorien, wie die Bären in das Siegel der Stadt gekommen sind. Wahrscheinlich gab es damals viele Bären in der Umgebung Berlins, und etwas außerhalb der Stadt soll sich eine seichte Stelle in der Spree befunden haben, die regelmäßig von Bären zum Überqueren des Flusses genutzt wurde. Wenn die Bären hier so oft vorbeikommen, nehmen wir sie doch in unser Stadtwappen auf, mag man sich damals gedacht haben.

Eine andere Theorie besagt, dass der Name der Stadt auf das altslawische Wort »berl« für Bär zurückgeht und man deshalb den Bären im Wappen verewigen wollte. Übrigens bedeutet »berl« im Altslawischen auch Sumpf oder Morast, und die Endung »in«, die wir in dieser Region häufig finden – beispielsweise Schwerin oder Stettin –, ist ein Siedlungsname. Berlin heißt also schlicht »die Stadt am Sumpf«. Die Spree sorgte für feuchte Verhältnisse.

Eine dritte Theorie geht davon aus, dass das Raubtier im Wappen auf Albrecht den Bären (1100–1170) zurückgeht, einen der bedeutendsten mitteldeutschen Fürsten seiner Zeit und Begründer der Mark Brandenburg. Offenbar war es damals Mode, sich nach großen, gefährlichen Tieren zu benennen; einer von Albrechts größten Widersachern war Heinrich der Löwe. Der Sage nach gründete Albrecht bei seinen Eroberungszügen auch eine Siedlung auf dem Gebiet des heutigen Berlins, die ihm zu Ehren »Berlin« genannt wurde.

Jedenfalls führte die Stadt seit 1280 sowohl den Adler als auch den Bären im Wappen. Vermutlich stand der Adler für die Fürsten der Mark Brandenburg und der Bär für die Berliner Bürgerschaft. In den Darstellungen der folgenden Jahre wurde der Bär immer vom Adler dominiert; mal trug er ein Halsband, mal einen Eisenring durch die Nase, mal wurde er vom Adler an einer Kette gehalten. Die Botschaft war klar: Berlin ist eine kleine Siedlung, und die Fürsten der umliegenden Mark Brandenburg haben das Sagen.

Ab 1709 tritt der Bär selbstbewusster auf, die Städte Cölln und Berlin vereinigen sich zu einer großen Stadt, die Hauptstadt Preußens wird. Ab 1875 muss der Bär im Wappen kein Halsband mehr tragen, schließlich war wenige Jahre zuvor das Deutsche Reich gegründet worden. Im Laufe der Jahre wird Berlin also immer souveräner und gewinnt an politischer Bedeutung, was sich auch im Ausdruck des Wappenbären widerspiegelt. 1952 schrieb der Berliner Senat einen Wettbewerb aus und lud zwölf namhafte Künstler ein, neue Entwürfe für das Stadtwappen einzureichen. Der Entwurf von Richard Blank, der von einer Jury zum Sieger gekürt wurde, stieß jedoch bei den Berliner Abgeordneten auf wenig Gegenliebe: Der Bär wirkte viel zu schlank und sah aus wie ein nasser Hund. Es dauerte zwei Jahre und mehrere Sitzungen des Innenausschusses, bis man sich am 13. Mai 1954 auf das bis heute gültige Wappen einigte. Es zeigt einen aufgerichteten schwarzen Bären mit roter Zunge und roten Tatzen auf silbernem Grund. Auf dem silbernen Schild ruht eine goldene fünfblättrige Laubkrone mit einer Mauer und einem geschlossenen Tor in der Mitte als Stirnreif. Der Bär ist der Berliner Bär, der sich schließlich auch per Gesetz als alleiniges Wappentier und Symbol der Stadt Berlin durchgesetzt hat. Die Laubkrone in Verbindung mit dem Mauerwerk im Stirnreif unterstreicht den Landstadtcharakter Berlins.[29]

Übrigens hatte Berlin auch einen Bärenzwinger, und zwar im Köllnischen Park. Dort gab es seit 1899 ein Straßenreinigungsdepot, das 1937 anlässlich der 700-Jahr-Feier Berlins in einen Bärenzwinger umgewandelt wurde: Man wollte zum Jubiläum Bären als lebende Wappentiere der Stadt präsentieren. Das Gelände umfasste drei Bärenkäfige, Lagerräume, einen Innenhof mit Oberlicht sowie zwei Freigehege mit Wassergraben. Bei der feierlichen Eröffnung 1939 waren vier Braunbären im Zwinger untergebracht, zwei aus Bern und zwei aus dem Zoologischen Garten Berlin. In den letzten Kriegsmonaten wurde der Zwinger stark beschädigt; nur die Bärin Lotte überlebte und wurde in den Zoo zurückgebracht. Im November 1949 zogen zwei junge Braunbären aus dem Leipziger Zoo in den wiederhergestellten Zwinger ein. Bis 2015 lebten immer wieder Wappentiere im Zwinger, danach wurde aus Tierschutzgründen auf die Haltung verzichtet. Heute beherbergt das Gebäude Kunstinstallationen.

Es gibt viele weitere Orte und Städte, die den Bären im Wappen tragen, und ebenso viele Geschichten über die Gründe dafür. Zum ersten Mal in einem Wappen tauchte der Bär vermutlich um 1100 auf dem Siegel der Bernburger Linie des Hauses der Askanier auf. Albrecht der Bär entstammte diesem Adelsgeschlecht, und somit dürfte der Berliner Bär in seinen Ursprüngen tatsächlich eines der ältesten Bärenwappen sein.

Weitere Orte oder Städte, die den Bären auf dem Wappen und teils auch im Namen tragen, sind Bern (Schweiz), Bärenstein (Erzgebirge, Deutschland), Beraun (Böhmen, Tschechien), Madrid, die Republik Karelien in Russland und St. Gallen (sowohl die Stadt in der Schweiz als auch die in der Steiermark, Österreich; der Grund ist eine Bärenlegende rund um den namengebenden heiligen Gallus).

Der Braunbär ist auch nicht zufällig Wappentier der bayerischen Stadt Freising, sondern eng mit der Geschichte des Ortes verwoben. Der Legende nach soll der heilige Korbinian, Freisings erster Bischof, auf einer Reise nach Rom einem wilden Bären begegnet sein. Dieser hatte ihm sein Packpferd gerissen. Der Gottesmann befahl dem Bären, ihm die Lasten zu tragen. Der folgte brav, mit Gepäck auf dem Rücken, bis nach Rom, wo Korbinian den Bären entließ.

Der Bär mit dem Packsattel wurde zum Attribut des heiligen Korbinian. In Freising schmückt das Tier nicht nur das offizielle Stadtwappen, sondern ist als lebensgroße Figur auf Straßen und Plätzen präsent.

Teddys Bär

Die Entstehungsgeschichte des Teddybären geht auf das Jahr 1902 zurück und ist mit dem damaligen US-Präsidenten Theodore »Teddy« Roosevelt verbunden. Die Geschichte besagt, dass Präsident Roosevelt während eines Jagdausflugs in Mississippi im Jahr 1902 keinen Bären vor die Büchse bekam. Damit der Präsident doch noch zu seinem Jagdglück käme, hatte die Jagdgesellschaft für ihn einen Bären aufgespürt und gefangen. Roosevelt weigerte sich jedoch, diesen Bären zu erschießen, da er die Jagd unter solchen Umständen als unsportlich empfand.

Die Geschichte verbreitete sich rasch in den Medien, und der Cartoonist Clifford Berryman verewigte die Szene in einem Cartoon für die *Washington Post*. Der Spielzeughersteller Morris

Michtom sah den Cartoon und hatte die Idee, einen weichen Bären zu fertigen und ihn »Teddy's Bear« zu nennen, nach dem Spitznamen des Präsidenten. Michtom und seine Frau Rose produzierten einen Stoffbären und stellten ihn in ihrem Spielwarengeschäft in Brooklyn aus. Der Teddybär wurde schnell populär und inspirierte auch andere Spielzeughersteller, ähnliche Bären zu produzieren.

Im Jahr 1903 begann der deutsche Spielzeughersteller Steiff mit der Produktion von Bären aus Mohairplüsch. Als Mohair bezeichnet man die Haare der Angoraziege, die als besonders leicht, fein und weich gelten. Richard Steiff, der Neffe der Gründerin Margarete Steiff, entwickelte einen Plüschbären mit beweglichen Armen und Beinen. Dieser Bär wurde 1904 auf der Leipziger Spielwarenmesse vorgestellt und erhielt den Namen »Teddybär«.

So entstand der Teddybär, der zu einem der beliebtesten und ikonischsten Spielzeuge weltweit wurde. Der Name »Teddy« blieb als Bezeichnung für diese Art von Stofftieren erhalten, und sie haben seitdem Generationen von Kindern Freude bereitet.

ALASKA

»At the root of the bear problem is the overlap
in intelligence between the smartest bear
and the dumbest camper.«

Unbekannnter Park Ranger

Alaska, meine große Liebe. Ich bin schon viel herumgekommen, aber Alaska war für mich immer ein Traum, der Inbegriff von Freiheit, Weite und Wildnis. »The Last Frontier«: der letzte Grenzposten der Zivilisation. Wälder bis zum Horizont, keine Menschen, wilde, große Tiere, Berge, Bären, Freiheit – was konnte es Besseres geben?

Im Spätsommer 2019 war es endlich so weit, mein Freund Tony und ich flogen nach Alaska. Wir hatten drei Wochen Zeit; ich freute mich schon seit Ewigkeiten darauf, hatte Monate mit der Planung der Reise verbracht. Die nächste Reise bereits vor Augen zu haben hilft mir, mein Fernweh in der Zeit zwischen zwei Urlauben besser zu ertragen. Ich weiß gar nicht genau, von wem ich das Fernweh habe, ich vermute aber, von meinem Opa väterlicherseits. Sein Onkel fuhr als Handelskapitän zur See, da er wohl permanent unter Fernweh litt, und versank 1922 im Golfe du Lion.

In der elften Klasse verbrachte ich ein Jahr als Austauschschüler in einer amerikanischen Highschool. Mir wurde eine Familie in Omaha, Nebraska, zugewiesen. Als die Nachricht kam, dachte ich mir: Yippie, ein Jahr in the middle of nowhere. Während andere vermutlich die Hände über dem Kopf zusammengeschlagen hätten, freute ich mich darauf, das »wahre« Amerika jenseits der Ost- oder Westküstenmetropolen erleben zu dürfen. Tatsächlich wurde es eines der bislang besten Jahre meines Lebens. Meine Gastfamilie reiste mit mir an viele wunderbare Orte in den USA, und ich lernte die großen Schutzgebiete, die nicht einmal annähernd mit unseren Nationalparks vergleichbar sind, kennen und sehr zu schätzen.

Nun also unsere Alaskareise: Tony und ich flogen nach Anchorage und verbrachten zunächst einige Tage auf der Kenai-Halbinsel. Es war der Sommer der Waldbrände in Nordamerika; ein dunkler Nebel und beißender Rauch waren unsere ständigen Begleiter. Die Landschaft war in Pastell getaucht, nur nicht in schöne Farben. Das gedämpfte Licht, das aufgrund des Gestanks von einer gewissen Bedrohlichkeit begleitet war, wirkte auf mich geradezu unheimlich. Vor den traurigen Überresten eines Gletschers zu stehen mit dem Geruch von Rauch in der Nase – das war für mich die ultimative Verbildlichung des Klimawandels.

Den ersten Bären sahen wir bei einer Bootstour durch die vernebelten Buchten des Kenai-Fjords-Nationalparks. Es handelte sich dabei allerdings um einen Seebären, genauer gesagt ein Exemplar des Nördlichen Seebären, einer im nördlichen Pazifik beheimateten Ohrenrobbenart, die im 18. Jahrhundert wie andere Robben auch aufgrund ihres Pelzes massiv bejagt wurde und nach wie vor als gefährdet gilt. Von den echten Bären gibt es in Nordamerika wie bereits beschrieben drei verschiedene Arten mit jeweils mehreren Unterarten: den Eisbären *(Ursus maritimus),* den Schwarzbären *(Ursus americanus)* und den Braunbären *(Ursus arctos).* Bei Letzterem gibt es zwei Unterarten in Alaska: den Kodiakbären *(Ursus arctos middendorffi),* der ausschließlich vor der Südküste Alaskas lebt und neben dem Eisbären und dem Kamtschatkabären *(Ursus arctos piscator)* als das größte an Land lebende Raubtier der Erde gilt, sowie den Grizzlybären *(Ursus arctos horribilis).* Grizzlybären ähneln unseren europäischen Braunbären sehr, sind jedoch etwas kräftiger und schwerer. Die in einem wissenschaftlichen Namen explizit negative Wertung »horribilis« ist ungewöhnlich und deutet darauf hin, wie sehr Bären einst dämonisiert wurden und dass auch der eine oder andere Wissenschaftler die großen Bären fürchtete. Früher ging man davon aus, dass es bei Grizzlybären noch weitere Unterarten gibt, heute jedoch meint man die gleiche Bärenart, wenn man von Grizzly- oder Braunbären in Nordamerika spricht. Grizzly wird im Übrigen von dem englischen Wort »grizzled« (gräulich) abgeleitet. Das bezieht sich auf die Spitzen seines Fells, die meist von grauer Farbe sind. Das namengebende gräuliche Fell tragen aber nicht alle Grizzlys. Es gibt auch eher blonde oder fast schwarze Grizzlybären. Die Färbung variiert von Region zu Region.

Lachs

Als Nächstes flogen wir zum Katmai-Nationalpark, dem viertgrößten Nationalpark der USA, der für seinen immensen Bärenreichtum mit rund 2200 Braunbären bekannt ist. Er liegt auf der Alaska Peninsula im Südwesten des Bundesstaats, circa 400 Kilometer entfernt von Anchorage, und umfasst ein nahezu 18 800 Quadratkilometer großes Gebiet unberührter Wildnis. Es ist gar nicht so einfach, ins Zentrum des Parks zu gelangen. Zunächst fliegt man nach King Salmon. Welch ein Name für einen Ort! Er sagt viel darüber aus, wofür die Region Bristol Bay bekannt ist, nämlich für Lachs. Die Bristol Bay gilt als das produktivste Lachsökosystem in Nordamerika. Alle fünf Arten des pazifischen Lachses – Rot-, Königs-, Silber-, Keta- und Buckellachs – laichen und brüten im Wassereinzugsgebiet der Bristol Bay und sind nicht nur wichtige Nahrung für Wildtiere wie Braunbären und Adler: Die Bristol Bay ist gleichzeitig das größte Wildlachsfanggebiet der Welt, hier gibt es keine Lachsfarmen.

Die kommerzielle Lachsfischerei in Alaska begann in den 1860er-Jahren. Einhundert Jahre später wurde die erste Fabrik zum Einsalzen in Betrieb genommen, kurz danach die erste Konservenfabrik. Der Rotlachs ist von größter wirtschaftlicher Bedeutung. In den letzten Jahren wurden jährlich rund 50 Millionen Tiere gefangen, das entspricht etwa 120 000 Tonnen.[1] So kommt fast die Hälfte der weltweiten Rotlachsernte aus der Bristol Bay. Die Fischerei hat einen Wert von mehr als 1,5 Milliarden US-Dollar und sichert fast 20 000 Arbeitsplätze in den Vereinigten Staaten.[2] Im Spätsommer beginnt die Lachssaison, sowohl für die Fischer als auch für die Bären, denn dann wandern Millionen von Salmoniden (wie die

Familie der Lachsfische wissenschaftlich bezeichnet wird) aus dem Meer zum Laichen zurück in die Süßwasserflüsse, in denen sie selbst zur Welt kamen. Beim Aufstieg zu ihren Geburtsorten überwinden sie Hindernisse wie Stromschnellen oder Wasserfälle, daher vermutlich auch der Wortursprung: salmo = Lachs und salio = springen. Lachse leben je nach Art zwei bis sieben Jahre im Meer. Sie verbringen diese Zeit in Nahrungsgewässern, die Tausende Kilometer von ihrem Geburtsort entfernt sind. Mit dem nahenden Lebensende machen sie sich auf die anstrengende Reise zurück. Sie finden den Weg dorthin mit erstaunlicher Präzision, vermutlich dank ihres Magnetsinns. Sobald sie das Meer verlassen haben, stellen die Lachse das Fressen ein und nutzen nur noch ihre Reserven. Die gesamte Energie wird in die Produktion von Eiern und Samen investiert, um das Ziel einer erfolgreichen Fortpflanzung sicherzustellen. Der Körper durchläuft einen erstaunlichen Wandel, bei dem die Tiere sogar ihre Farbe und Form verändern. Hormonelle Veränderungen und der Wechsel von Salz- zu Süßwasser sorgen dafür, dass der Buckellachs seine namengebende Rückenwölbung erhält, der Königslachs einen schwarzen Rücken und braune Flanken bekommt und der Rotlachs seinen knallroten Rücken und grünen Kopf annimmt. Endlich am Laichplatz angekommen, schlägt das Weibchen mit der Schwanzflosse eine Grube in den Kies, um dort abzulaichen. Die Eier werden sofort vom ausgewählten Männchen befruchtet und danach vom Weibchen mit Kies bedeckt. Wenige Zeit später sterben die Eltern, die Seen und Flüsse sind dann übersät mit toten Fischkörpern, allerdings auch schon vorher, denn viele Lachse überleben die anstrengende Reise zu ihrer Kinderstube nicht.

Die Bristol Bay ist auch Heimat für 25 weitere Fischarten, mehr als 190 Vogelarten sowie für über vierzig Landtierarten. In der Region leben Weißkopfseeadler, Elche, Braunbären, Süßwasserrobben, Pazifische Walrosse, Nordpazifische Glattwale und Belugawale, und sie alle sind Teil eines weitgehend intakten Ökosystems mit komplexen Nahrungsbeziehungen, in denen der Lachs und die

Bären eine Schlüsselrolle einnehmen. Neue Forschungen zeigen, dass Bären tatsächlich dazu beitragen, Nährstoffe in die Wälder zu bringen, indem sie angefressene Lachskadaver zurücklassen.[3] Dies geschieht natürlich nicht absichtlich, jedoch hinterlassen die Raubtiere, wenn sie Lachse in den Flüssen fangen und diese dann an Land und manchmal sogar in sicherer Entfernung von möglichen Konkurrenten im Wald verspeisen, Nahrung für andere Tiere und Pflanzen. Fliegen, Käfer, Schnecken und andere wirbellose Tiere besiedeln die Kadaver fast sofort und legen dort ihre Eier ab. Möwen, Raben, Adler, Eichelhäher, Elstern, Nerze, Marder und andere Vogel- und Säugetierarten fressen die Kadaver, und über die Exkremente all dieser Tiere werden den Pflanzen wichtige Mineralien zur Verfügung gestellt. Die Nährstoffe gelangen somit in umgekehrter Richtung von den Ozeanen über die Flüsse in die Wälder.

Dieser Energiefluss ist so bedeutend, dass die US-Fish-and-Wildlife-Behörde in der Vergangenheit sogar Lachskadaver mit Hubschraubern entlang von Flussläufen, in denen die Zahl der Lachse zurückgegangen war, abgeworfen hat. Man hoffte, die gestörten Nahrungsbeziehungen wiederherstellen zu können.[4]

Die Zukunft dieses beeindruckenden Ökosystems ist ungewiss. In arktischen Regionen schreitet die Erderwärmung deutlich schneller voran als irgendwo sonst. Steigende Gewässertemperaturen und geringere Fließgeschwindigkeiten aufgrund verminderter Schneemengen können das Überleben der Lachse und ihres Nachwuchses maßgeblich beeinflussen. Der Sommer, in dem wir uns auf die Spuren der Bären in Bristol Bay machten, gehörte zu den heißesten, die bislang in Alaska gemessen wurden, und am Ende des Jahres würden Biologen des Fish and Wildlife Service sagen, dass die hohen Gewässertemperaturen zum Tod von mehreren Hunderttausend Lachsen geführt hatten.

In King Salmon angekommen hat man die Möglichkeit, entweder mit einem Wassertaxi nach Brooks Camp – dem touristischen Herzstück des Katmai-Nationalparks und Ausgangspunkt verschiedenster Abenteuer – zu fahren, oder man besteigt ein Wasserflugzeug. Es gibt viele, die mit dem Flugzeug anreisen, darunter zahlreiche Angler, die für ein paar Stunden oder Tage einen der besten Spots für das Fliegenfischen in Nordamerika besuchen wollen.

Wir nahmen das Wassertaxi und waren an diesem Tag fast die einzigen Gäste. Eine Dreiviertelstunde lang fuhren wir zunächst den Naknek River entlang und durchquerten dann den gleichnamigen See. Durch den Regen, der auf die Scheiben peitschte, konnte man den schier endlosen See ausmachen und am Horizont Berge erkennen. Keine Spur von Zivilisation – das Tor zur Wildnis, ich liebte es.

Das Boot wurde langsamer, und der Horizont weitete sich, der Regen hörte allmählich auf, und ein breiter Strand voller Kieselsteine kam in Sicht. Ein großes grünes Schild mit riesigen darüber hängenden Elchgeweihen kündigte an, dass wir uns nun in Brooks Camp befanden. Einige Wasserflugzeuge waren auf dem Strand geparkt, und ein Park Ranger wartete schon auf uns, denn jeder Besucher muss sich eine obligatorische Einführung zum Thema Bärensicherheit anhören. Wir wurden also in einen kleinen Vortragsraum gebracht, wo wir uns eine halbe Stunde lang die »bear essentials« anhörten.

Das Wildtiermanagement in den USA beeindruckt mich immer wieder, denn es ist sehr professionell aufgebaut und blickt auf eine lange Geschichte zurück. Der US-Amerikaner Aldo Leopold, der als Begründer des Wildtiermanagements als wissenschaftliche Disziplin gilt, sagte Anfang des 20. Jahrhunderts: »Wildtiere zu managen ist nicht schwierig. Das Problem ist das Management der Menschen, die mit diesen Tieren zu tun haben.«[5] Wildtiermanagement beschreibt also eine Schnittstelle von ökologischer Forschung an wilden Tieren (z. B. Monitoring/Überwachung von Populationsentwicklungen, unter anderem bedingt durch Fortpflanzung, Sterblichkeit, Krankheiten und Abwanderungen) und dem Zusammenspiel mit menschlichen Aktivitäten und Erwartungen. In den USA ist der National Park Service die zugeordnete zentrale Behörde, er verwaltet verschiedene Schutzgebiete von nationalem Interesse wie eben Nationalparks, aber auch historische Stätten wie zum Beispiel Mt. Rushmore (mit den bekannten in Felsen geritzten Porträts von vier US-Präsidenten). Darüber hinaus sind Wildlife Manager auf Bezirksebene und in der Wildlife Intervention oder in Response Teams tätig, die zum Beispiel auffällige Bären einfangen oder töten. Es gibt eine ganze Reihe von Universitäten in den USA, an denen man Wildlife Management studieren kann: Im Vergleich zu Deutschland sind die USA für Wildtierbiologen und -schützer ein Paradies, sowohl mit Blick auf die Ausbildungs- und Berufsmöglichkeiten in diesem Bereich als auch in Bezug auf das Vorkommen der wilden Tiere.

Der Ranger erklärte uns also innerhalb von dreißig Minuten die wichtigsten Regeln für eine möglichst friedliche Koexistenz von Mensch und Bär während des Aufenthalts im Katmai-Nationalpark.

Be bear aware

Wenn man in nordamerikanischen Großschutzgebieten unterwegs ist, in denen es Bären gibt, sollte man sich darüber im Klaren sein, dass man jederzeit auf das größte Landsäugetier der Erde treffen kann. Anders als in Europas Bärengebieten gibt es hier an nahezu jedem Wanderweg, jedem Zeltplatz und jedem Besucherzentrum Hinweise, die einen auf die Tatsache hinweisen, dass man sich im Bärengebiet befindet und bestimmte Verhaltensregeln berücksichtigen muss. Der Schlüssel zu einem sicheren und unvergesslichen Naturerlebnis in der Nachbarschaft von Bären liegt tatsächlich darin, sich immer wieder zu vergegenwärtigen, dass jederzeit ein Bär auftauchen könnte und wie man sich dann zu verhalten hat.

Ich versuche, mich immer wieder in die Lage dieser Tiere hineinzuversetzen, und stelle mir die Frage, wo ich mich gern aufhalten würde, wenn ich ein Bär wäre. Bären mögen abwechslungsreiche Lebensräume mit Plätzen zum Fressen und Schlafen, zum Beispiel dichtes Unterholz und große Baumbestände. Ich achte auf hohe Büsche oder Felsen, hinter denen ein Bär ein Nickerchen machen könnte. Bären werden zudem magisch von Wiesen mit blühenden Pflanzen oder Beeren angelockt. Auch dort, wo die Vegetation besonders hoch ist, oder in der Nähe von Wasserquellen, laut rauschenden Flüssen oder Bächen halten sich Bären gern auf. Wenn der Wind zum Sturm wird, bin ich extravorsichtig. Es kann sein, dass mich der Bär nicht gehört oder gerochen hat, und ich möchte auf Nummer sicher gehen, dass ich ihn möglichst früh zu Gesicht bekomme. Auf diese Überraschung kann ich nämlich gut verzichten! Und schließlich halte ich immer Ausschau nach frischen Spuren wie Kot, Trittsiegel oder anderen Anzeichen, zum Beispiel zerrissene Baumstämme, frische Kratzspuren an Bäumen oder Grabespuren sowie Aas oder Kadaver in der Umgebung.

Social Distance

Die wichtigste Regel, die bei der Begegnung mit Wildtieren jeglicher Art gilt, heißt: auf Abstand gehen. Bei großen Säugetieren wie Elchen, Hirschen, Schwarz- oder Braunbären empfiehlt der National Park Service im Katmai National Park, generell einen Abstand von mindestens 50 Metern einzuhalten, damit sich die Tiere nicht bedroht oder in die Enge getrieben fühlen. Wenn ein Bär aufgrund menschlicher Anwesenheit sein Verhalten ändert, ist man definitiv zu nah dran. Entscheidend ist, dass Bären die Anwesenheit von Zweibeinern frühzeitig bemerken und nicht überrascht werden. Nur dann haben sie nämlich gegebenenfalls genug Zeit und Raum, um auszuweichen. Generell wird empfohlen, sich im Bärengebiet in Gruppen fortzubewegen und sich zu unterhalten, weil so die Bären frühzeitig gewarnt sind, oder wie es der National Park Service in einer ironischen Anzeige auf Social Media formuliert: Hike in groups. Bears like to have options. Menschengruppen sind in der Regel lauter und geruchsintensiver als einzelne Personen. Daher werden Bären auf Menschengruppen schon aus größerer Entfernung aufmerksam, und aufgrund ihrer Größe wirken Gruppen auch einschüchternd auf die Tiere.

Dies hat auch damit zu tun, dass Bären deutlich besser hören und riechen, als sie sehen. Ihre Sehkraft ist vermutlich in etwa vergleichbar mit der menschlichen, aber sie verlassen sich lieber auf ihre Nase. Ihr Geruchssinn ist noch besser als der von Hunden und rund 100 000 Mal besser als der von Menschen.[6] Damit haben sie vermutlich den besten Geruchssinn unter allen Landsäugetieren. Wenn Bären ein anderes Lebewesen in der Ferne nicht gut erkennen können, stellen sie sich häufig auf ihre Hinterbeine. Dies ist keine Drohgebärde, sondern deutet darauf hin, dass der Bär neugierig beziehungsweise wachsam ist und sich einen besseren Überblick beziehungsweise »Überruch« verschaffen möchte.

Insbesondere wenn die Sicht eingeschränkt ist, weil man zum Beispiel durch ein Dickicht wandert, sollte man durch lautes, langsames Reden oder andere Geräusche auf sich aufmerksam machen. Ich habe die Angewohnheit, vor unübersichtlichen Wegbiegungen oder Hügeln in die Hände zu klatschen oder laut zu singen. Über Sinn und Unsinn von Bärenglocken habe ich schon an anderer Stelle berichtet. Dort, wo es Weidetiere gibt, die Glocken tragen, könnte das Tragen von Bärenglocken sogar kontraproduktiv sein. (So sagen die Behörden der Provinz Bozen in Italien ausdrücklich, dass Glocken am Rucksack im Berggebiet nicht geeignet sind, da der Bär dies mit Nutztieren und damit mit potenzieller Nahrung in Verbindung bringen könnte. Dort weist man auch darauf hin, dass Glocken oder spezielle Bärenglocken in ihren Frequenzen oft Vogelstimmen oder anderen Geräuschen in der Natur ähneln und von Bären dadurch nur ungenügend wahrgenommen werden.[7])

Ein unter Alaska-Reisenden und Bärenforschenden gern erzählter Witz geht so:

Das Tourismusbüro von Alaska hat folgende Warnung an Wanderer, Fischer und jeden, der in der Wildnis herumstreift, herausgegeben: Wir raten allen, kleine laute Glöckchen an der Kleidung zu tragen, damit Bären nicht aufgeschreckt werden, wenn man sich ihnen nähert. Wir raten weiter, eine Pfefferspraydose mit sich zu tragen, um den Bären damit abzuwehren. Vor allem sollte man immer nach Bärenaktivitäten Ausschau halten. Dazu ist es wichtig, dass man den Kot von Schwarzbären und von Grizzlybären unterscheiden kann. Schwarzbären-Kot ist kleiner, und es befinden sich viele Beeren und Eichhörnchenfell darin. Grizzly-Kot hat kleine Glöckchen darin und riecht nach Pfeffer.[8]

Sobald man von einem Bären bemerkt wird und dieser nicht sofort wegläuft oder einem gegebenenfalls sogar Aufmerksamkeit schenkt, gilt es bedacht zu handeln, um eine Eskalation der Situation zu verhindern. »Identifizieren Sie sich, indem Sie ruhig sprechen, damit der Bär weiß, dass Sie ein Mensch und kein Beutetier sind. Bleiben Sie ruhig stehen und bewegen Sie langsam die Arme seitlich hoch und runter, um dem Bären zu helfen, Sie als Menschen zu erkennen«, sagte unser Ranger. »Bleiben Sie ruhig und denken Sie daran, dass die meisten Bären Sie nicht angreifen wollen. Normalerweise wollen sie einfach in Ruhe gelassen werden. Rennen Sie auf keinen Fall weg. Dies könnte beim Bären auslösen, dass er Sie als Beute ansieht und verfolgt.« Bären erreichen Spitzengeschwindigkeiten von bis zu 50 Kilometer pro Stunde. Jeder Versuch, vor einem Bären davonzurennen, ist aussichtslos.

Für den Fall der Fälle

Bärenangriffe sind sehr selten. Gemeinhin sind Bären nur daran interessiert, ihre Nahrung, ihre Jungen oder ihren Lebensraum zu verteidigen. Die meisten Übergriffe kommen vor, wenn Bären sich überrascht oder in die Enge getrieben fühlen. Zu diesem Ergebnis gelangt auch eine Studie[9] aus dem Jahr 2019, die weltweit Angriffe von Braunbären auf Menschen in den Jahren 2000 bis 2015 analysiert hat. Von den 664 gemeldeten und untersuchten Angriffen fanden 183 in Nordamerika, 291 in Europa und 190 im östlichen Verbreitungsgebiet der Braunbären (insbesondere Russland, Iran, Türkei) statt. Die Hälfte der Angriffe geschah mit Menschen, die gerade Freizeitaktivitäten nachgingen: Wandern, Beeren- oder Pilzesammeln, Zelten, Joggen oder Angeln. Sehr häufig griffen Bärenweibchen mit Jungen an, oder der Bär hatte Menschen als Beute wahrgenommen. Dort, wo die Jagd auf Braunbären erlaubt ist (z. B. in Skandinavien und Nordamerika), kam es auch zu Angriffen während der Jagd. Ein Jahr nach unserem Alaskaaufenthalt wurde ein junger Jäger im Wrangell-St.-Elias-Nationalpark, dem größten Nationalpark der USA im Südosten von Alaska, während der Elchjagd von einem Braunbären getötet. Er und sein Freund waren zu einer mehrtägigen Elchjagd in der Wildnis unterwegs und zerteilten gerade einen erlegten Elch, als sie von einem Bären überrascht wurden, der das erlegte Tier offenbar selbst als Beute beanspruchte.

Außerdem gab es mehrere Fälle, in denen Menschen mit (meist nicht angeleinten) Hunden auf einen Bären trafen und dieser daraufhin angriff. Global betrachtet kommt es jährlich zu rund vierzig Angriffen von Bären auf Menschen, bei denen durchschnittlich sechs Menschen sterben. In Europa geschehen die meisten Angriffe in Rumänien, gefolgt von der Slowakei, Finnland und Schweden. Rumänien ist das Land mit den meisten Braunbären in Europa. Dem werden wir uns im nächsten Kapitel widmen.

In den frühen 1980er-Jahren arbeitete die Amerikanerin Caroline Byrd als Saisonarbeiterin für den U. S. Forest Service. In den meisten Sommern war sie in der Nähe des Yellowstone-Nationalparks tätig, und manchmal bestand die Mannschaft ausschließlich aus Frauen.

»Wenn die Leute uns auf dem Weg begegneten, sagten sie immer: Wartet mal, ihr seid doch Frauen! Und wir antworteten: Ja, ähm, sind wir!«, berichtet Byrd. Für Byrd war es eine beeindruckende Erfahrung, zehn Tage am Stück in der Wildnis unterwegs zu sein. »Wir verrichteten wirklich harte körperliche Arbeit, die sehr befriedigend war. Wir räumten Wanderwege frei, benutzten Kappsägen und Doppeläxte«, schreibt sie.

An einem Abend im Jahr 1983 blieb sie bis spät in die Nacht, um am Ende des Sommers die Campingplätze zu säubern und Feuerholz auszuzeichnen. Es war Herbst und somit auch Jagdsaison.

»Und da stießen wir auf das Lager eines Jägers«, erzählt Byrd. Der Jäger hatte Lebensmittel in der Wandtasche eines Zelts zurückgelassen und war in die Stadt zurückgekehrt. Während seiner Abwesenheit hatten eine Bärenmutter und ihr Junges das Lager geplündert. Bärenbegegnungen waren zu dieser Zeit selten, da die Zahl der Bären im Yellowstone gering war. Deshalb kam ein Spezialagent den ganzen Weg aus Colorado, um den Fall zu untersuchen.

»Er war entsetzt, dass Frauen im Hinterland arbeiteten, wo es Bären gab«, so Byrd. »Und wir sagten: ›Nein, das ist nicht das Problem! Das Problem ist, dass dieser Jäger sein Essen zurückgelassen hat und die Bären es angefressen haben.‹ Daraufhin teilte der U. S. Forest Service Byrd und den drei anderen Frauen ihres Teams mit, dass sie während ihrer Menstruation nicht mehr im Bärengebiet arbeiten dürfen. Byrd und ihre Kolleginnen waren empört und schrieben dem Gleichstellungsbeauftragten der Behörde, der das Verbot daraufhin zurücknahm. In ihrer 142-seitigen Masterarbeit beschäftigte sich Byrd 1983 mit der Frage, ob Frauen während ihrer Menstruation tatsächlich einem größeren Risiko ausgesetzt sind, von einem Bären angegriffen zu werden.[10]

Diese zum Teil noch immer verbreitete Ansicht geht auf tragische Ereignisse im August 1967 zurück, als im Glacier-Nationalpark zwei junge Frauen unabhängig voneinander in der gleichen Nacht von Grizzlybären getötet wurden. Zwei Todesfälle in einer Nacht waren so selten, dass man nach einem Grund suchte, und eine Theorie war, dass die Bären durch den Geruch von Blut – beide Frauen hatten gerade ihre Menstruation – angelockt worden waren.

Die Angriffe veranlassten den National Park Service dazu, den Umgang mit Bären zu überdenken und insbesondere das Abfallmanagement in den Parks anzupassen. Mülleimer wurden in der Folge bärensicher gestaltet, Boxen für die Aufbewahrung von Lebensmitteln auf den Campingplätzen bereitgestellt und striktere Regeln in Kraft gesetzt, die das Füttern von Bären verboten, was wohl früher in den Parks regelmäßig praktiziert wurde.

Auch jüngere wissenschaftliche Untersuchungen konnten für die Hypothese keinerlei Belege finden: Weder Auswertungen bekannter Angriffe von Bären auf Menschen in Nordamerika noch Versuche mit Schwarzbären, die keinerlei Interesse an menschlichen Menstruationsgerüchen zeigten, gaben Hinweise auf einen Zusammenhang zwischen weiblicher Periode und der Wahrscheinlichkeit eines Bärenangriffs.[11]

Generell lässt sich sagen, dass tödliche Angriffe von Braunbären auf Menschen äußerst selten sind, jedoch in den letzten Jahren zugenommen haben. Dies ist vermutlich auf die wachsende Zahl von Bären und die damit verbundene Vergrößerung ihres Verbreitungsgebiets bei gleichzeitiger Ausbreitung des Menschen zurückzuführen. Es ist ein globaler Trend, dass sich die Aktionsradien von Wildtieren und Menschen immer mehr überschneiden und somit die Zahl der Mensch-Wildtier-Konflikte kontinuierlich zunimmt. Ist unser Planet zu klein für eine friedliche Koexistenz? Auch dazu später mehr.

Häufig starten Braunbären sogenannte Scheinangriffe, um ihrem Gegenüber Angst zu machen oder es einzuschüchtern. Wenn ein Bär angreift, hält er seinen Kopf und seine Ohren nach oben und nach vorne. Außerdem bläht er sich auf, um noch größer auszusehen. Er wird mitunter das Maul aufreißen oder mit den Zähnen klappern und beim Schnaufen mit den Vorderpfoten auf den Boden schlagen. In der Regel springt er mit seinen Vorderpfoten in großen Sprüngen auf einen zu, bleibt dann aber abrupt stehen oder weicht zur Seite aus.

Ich gebe zu, dass man ganz schön cool sein muss, um in einer solchen Situation nicht panisch schreiend wegzurennen, aber genau das wäre die völlig falsche, potenziell zum Tod führende Reaktion. Ein Schrei oder eine plötzliche Bewegung können einen Angriff auslösen. Imitieren Sie niemals Bärengeräusche wie Brüllen oder hohes Quietschen. Und damit nicht genug: Wenn man sich in Nordamerika befindet, sollte man sich in dieser Situation auch noch bewusst werden, ob man von einem Braun- oder einem Schwarzbären angegriffen wird, da die empfohlenen Reaktionen je nach Bärenart abweichen. Da es in Europa nur Braunbären gibt, müssen Sie sich hier also nur eine Verhaltensweise für den Ernstfall merken.

Aber es kommt noch härter. Wenn Sie Glück haben – und das ist meistens nach einem Scheinangriff der Fall –, zieht sich der Bär zurück. In diesem Fall gilt es, sich weiter als Mensch bemerkbar zu machen, laut zu sprechen und die Arme langsam zu bewegen. Und, wie schon erwähnt, keine Bärengeräusche, das könnte den Bären noch aggressiver machen.

Wenn der Bär aber trotzdem angreift, heißt es: Tot stellen! Ja, Sie haben richtig gelesen! Darum folgen jetzt einige Tipps: Behalten Sie Ihren Rucksack auf und legen Sie sich flach auf den Bauch, die Hände im Nacken verschränkt. Spreizen Sie Ihre Beine, um es dem Bären zu erschweren, Sie umzudrehen, damit er nicht an die empfindliche Bauchregion gelangt. Dann gilt es, regungslos und lautlos zu verweilen. Machen Sie keinen Lärm. Sie versuchen den Bären davon zu überzeugen, dass Sie keine Bedrohung für ihn oder seine Jungen darstellen. Wenn er sich entfernt, stehen Sie nicht sofort auf. Er könnte noch in der Nähe sein. Warten Sie einige Minuten, bis Sie sicher sind, dass das Tier verschwunden ist.

Ich selbst bin mir keinesfalls sicher, ob ich in so einer Situation die Ruhe bewahren und einfach leblos am Boden liegen könnte, während ein 300 Kilogramm schweres Raubtier sich mit lautem Atem über mich beugt und anfängt, an mir herumzuschnüffeln oder gar zu knabbern. Sybille, die hier im Katmai-Nationalpark für drei Monate gelebt und gearbeitet hat, erzählte mir einmal von einer höchst ungewöhnlichen Begegnung, die sie zwischen einer Frau und einem Braunbären beobachtet hatte. Während ihres Aufenthalts führte Sybille auch Touristen zu den Wasserfällen und wies sie darauf hin, wie sie sich im Bärengebiet zu verhalten haben. Eines Tages lief sie mit einer Gruppe in Richtung der Wasserfälle, als sie plötzlich hinter einer Kurve in geringer Entfernung eine Frau und einen Bären auf dem Boden liegen sah – beide bewegungslos. Sie rief der Frau zu: »Wenn Sie noch leben, dann heben Sie bitte ein Bein!« Doch nichts geschah. »Oh, Mist!«, dachte sich Sybille. »Der erste Mensch, der in Katmai von einem Bären getötet wurde.« Sie erkannte das Tier, es handelte sich um ein junges Bärenmännchen, das gerade alt genug war, um allein durchs Leben zu gehen, und erst vor Kurzem von seiner Mutter verstoßen worden sein musste. Sybille dachte sich, dass der junge Bär, auf sich allein gestellt, vielleicht keinen Erfolg beim Fischen gehabt und die Frau tatsächlich aus Hunger angegriffen hatte. Doch nirgendwo waren Blut oder die Spuren eines Kampfes zu sehen. Die Gruppe wartete ab und beobachtete, aber nichts geschah. Sybille war schon kurz davor, die Ranger zu benachrichtigen, entschied sich dann aber, gemeinsam mit der Gruppe auf den Bären zuzugehen und ihn zu verscheuchen. Was man allein oder zu zweit niemals machen sollte, ist mit einer Gruppe mehrerer Menschen durchaus möglich. So näherten sie sich ihm und der Frau. Tatsächlich stand der Bär langsam auf und entfernte sich zögernd. Die Frau war am

Leben, aber vor Angst wie gelähmt. Nachdem sie sich allmählich wieder beruhigt hatte, erzählte sie, dass sie mit ihrem Mann den Weg entlanggegangen war, als sie auf einmal den Bären sah, der auf sie zugelaufen kam. Sie erinnerte sich aus dem Safety Briefing noch daran, dass man sich hinlegen solle, wenn man von einem Bären angegriffen wurde, und das tat sie – obwohl der Bär keinerlei Anstalten gemacht hatte, das Ehepaar anzugreifen. So lag sie da, und der Bär beschloss – aus welchen Gründen auch immer –, sich neben die Frau zu legen. Und dann lagen beide da. Minutenlang.

Offensichtlich, so stellte sich später heraus, war der Bär sehr neugierig und teilweise auch schon dreist. Er war dabei beobachtet worden, wie er gemeinsam mit seinem Bruder versuchte, Besuchern Proviant oder Abfallbeutel abzuluchsen. Viele Besucher, die im Angesicht eines auf sie zulaufenden Bären verständlicherweise Angst bekamen, ließen ihre Beutel an Ort und Stelle fallen, und die Bärenbrüder hatten wieder Beute gemacht. Das ging so weit, dass Sybille und die Ranger sich für Erziehungsmaßnahmen entschieden. Sybille war der Lockvogel und ging mit Proviant und Müllbeuteln die Wege entlang, und ein Ranger in Zivil folgte ihr mit einer Schrotflinte. Er war in Zivil gekleidet, denn die Bären wussten ganz genau: Wenn jemand in grün-brauner Kleidung und mit Hut, der Standarduniform der Nationalpark-Ranger, auf sie zukam, bedeutete das nichts Gutes. Wenn sich die Geschwisterbären dann tatsächlich zeigten und Anstalten machten, Sybille die Tüten abzunehmen, wurden sie vom Ranger mit Gummischrot beschossen, um zu lernen: Menschen mit Tüten zu belästigen tut weh.

Da die Bären im Katmai-Nationalpark normalerweise durch die Lachse ausreichend satt werden und sich nicht nach anderen Futterquellen umschauen müssen, sind solche Verhaltensweisen hier eher selten. Gefährliche Zwischenfälle zwischen Menschen und Bären kommen deshalb so gut wie nie vor.

In dem höchst unwahrscheinlichen Fall, dass ein Braunbär es tatsächlich auf Sie abgesehen hat und anfangen sollte, Sie zu verletzen, heißt es: Gegenwehr! Dann und wirklich nicht vorher sollte man alles benutzen, was man hat, um den Bären ins Gesicht zu schlagen und zum Beispiel seine empfindliche Nase zu treffen.

Niemals sollte man bei einem Braunbären vorher zum Gegenangriff starten, da man den Bären so zum Angriff herausfordert. Beim tragischen Tod des Joggers im Trentino im Frühjahr 2023 geht man aufgrund eines gefundenen blutigen Stockes davon aus, dass er sich unmittelbar zur Wehr gesetzt und der Bär deshalb angegriffen hat.

In Nordamerika gibt es neben Braunbären jedoch auch Schwarzbären, die als aufdringlicher und aggressiver gelten. Sollte man von einem solchen Bären angegriffen werden, gilt nicht die Devise, sich tot zu stellen, sondern sofort an einen sicheren Ort zu fliehen oder zum Gegenangriff zu starten. Schwarzbären lassen sich nicht beschwichtigen oder durch passives Verhalten davon überzeugen, dass man ihnen nichts tun möchte. Benutzen Sie Ihr Bärenspray! In Bärengebieten sollte man diese spezielle Art von Pfefferspray immer dabeihaben. Es enthält einen starken Capsaicinoid-Wirkstoff, der aus Chilischoten gewonnen wird. Capsaicinoide sind die Verbindungen, die für die Schärfe von Pfeffer verantwortlich sind. Bärenspray hat eine Reichweite von fünf bis sieben Metern – deutlich mehr als normales Pfefferspray – und erzeugt eine Wolke, die bei Bären intensive Schleimhautreizungen verursacht und sie in den meisten Fällen in die Flucht schlägt. Wichtig ist es, die Windrichtung zu beachten.

Sollte der Bär sich davon nicht beeindrucken lassen, suchen Sie sich gegebenenfalls Steine oder Stöcke oder benutzen Sie, falls vorhanden, ein Messer. Konzentrieren Sie Ihre Tritte und Schläge auf das Gesicht und die Schnauze des Bären. Ich habe schlechte Nachrichten für gute Kletterer: Sich vor einem Bärenangriff – egal ob Schwarz- oder Braunbär – auf einem Baum in Sicherheit bringen zu wollen, sollte man gar nicht erst versuchen, denn beide Bärenarten können sehr gut klettern und würden leicht hinterherkommen. Grundsätzlich ist jede Bärenbegegnung anders, und Bären zeigen in verschiedenen Situationen unterschiedliche Verhaltensweisen, weshalb das Verständnis für das Verhalten des Bären über Leben und Tod entscheiden kann.

Der Ranger sagte außerdem: »Wenn ein Bär Sie in Ihrem Zelt angreift oder Sie verfolgt und dann angreift, stellen Sie sich nicht tot, sondern schlagen Sie zurück! Diese Art von Angriff ist sehr selten, kann aber schwerwiegend sein, da der Bär offensichtlich auf der Suche nach Nahrung ist und Sie als Beute ansieht.« Was es bedeutet, nachts im Zelt Besuch von einem Bären zu bekommen, sollten wir noch hautnah am eigenen Leib erfahren.

A fed bear is a dead bear

In Nordamerika müssen jedes Jahr Bären getötet werden, weil sie zuvor von Menschen gefüttert wurden und dadurch Menschen mit Essen in Verbindung bringen. Mit der Zeit können diese Bären beginnen, sich Menschen auf der Suche nach Nahrung zu nähern oder sogar gezielt Personen aufzusuchen. Sie können dabei aggressiv, unberechenbar und gefährlich werden und stellen somit eine Gefahr für die Öffentlichkeit dar.

Der Ranger wies uns deshalb ausdrücklich auf den richtigen Umgang mit Lebensmitteln und die korrekte Lagerung derselben im Camp hin. »Auf gar keinen Fall dürfen Bären Zugang zu menschlicher Nahrung bekommen. Es ist strengstens verboten, Bären zu füttern oder ihnen Essen hinzulegen. Während Sie sich im Brooks Camp befinden, dürfen Sie nur innerhalb geschlossener Räume oder auf ausgewiesenen Picknickplätzen Lebensmittel verzehren. Ihren mitgebrachten Vorrat müssen Sie in eigens dafür eingerichteten Lagerräumen verstauen, inklusive jeglichen Equipments, das aufgrund seines Geruchs eine Anziehungskraft auf Bären ausüben könnte.« Bären haben einen unstillbaren Appetit und

Lachs ist eine der wichtigsten Nahrungsquellen für Braunbären *(Ursus arctos)*, die in der Nähe von Flüssen oder Meeren leben. Hier hat ein Bär im Katmai-Nationalpark gerade Beute gemacht.

oben: Braunbär am Brooks River, im Katmai-Nationalpark, Alaska

Ein offensichtlich futterkonditionierter Braunbär blickt erwartungsvoll in Richtung eines Busfahrers in der Nähe von Băile Tuşnad, Rumänien. Futterkonditionierung – also die Gewöhnung von Bären an Futter – ist eine der Hauptursachen für Konflikte zwischen Menschen und Bären.

Junger Bär in der Rehabilitationsstation für Braunbären in Rumänien. Junge Bären sind gute Kletterer, die aus Neugier, zur Nahrungssuche, oder um einen guten Platz für ein Nickerchen zu finden, mehrere Meter hoch in Bäume klettern. Der weiße Halskragen verschwindet mit zunehmendem Alter.

Junger Braunbär in Rumänien. Bären, die Futter mit Menschen oder menschlicher Nähe in Verbindung bringen, suchen gezielt Orte auf, an denen sie schon zuvor Futter erhalten haben.

Wohlgenährter Braunbär im Katmai-Nationalpark. Einmal im Jahr findet auf Facebook die »Fat Bear Week« statt, während der der schönste und fetteste Bär des Katmai-Nationalparks gekürt wird.

Braunbärenmutter mit fast zweijährigem Nachwuchs

oben: Bären nutzen verschiedene Strategien, um, wie hier am Brooks Falls in Alaska, Lachse zu fangen. Einige warten darauf, dass Lachse ins Maul springen, andere versuchen, sie unter Wasser zu fangen.

unten: Zwei Jungbären suchen nach Lachskadavern am Strand. Anders als ihre Mütter, können Jungbären noch keine Lachse fangen. Sie müssen diese Fähigkeit durch Nachahmen und Übung erlernen.

oben: Braunbären im Katmai-Nationalpark suchen im Sommer und Herbst im Fluss nach Lachs. Dabei kommt es manchmal zu Streitereien, wenn sie die besten Jagdgründe verteidigen.

unten: Amerikanischer Braunbär am Savonovski River im Katmai-Nationalpark, Alaska

Merkmale von Braunbären

Schulterbuckel: Markant ist der gut ausgeprägte Schulterbuckel, der muskulös und mit langem Fell bedeckt ist.

Fell: Das dichte Fell variiert von einheitlichem Braun über Schattierungen von Braun, Blond, grauen Spitzen (grizzled) bis hin zu Grau oder Schwarz.

Ohren: Die Ohren sind rundlich und stehen seitlich ab.

Augen: Die Augen sind sehr klein und stehen dicht zusammen.

Nase: Bären haben einen stark ausgeprägten Geruchssinn, er ist noch besser als der von Hunden und vielleicht sogar der beste unter allen landlebenden Säugetieren dieser Erde.

Gebiss: Das Braunbärengebiss zählt 42 Zähne. Die großen Eckzähne dienen im Kampf gegen rivalisierende Artgenossen und zum Töten von Beutetieren. Die Backenzähne sind mit ihren breiten Kronen an das Kauen von Pflanzennahrung angepasst.

Tatzen: Braunbären sind Sohlengänger und verfügen über große, schwere Tatzen, die zwischen den Zehenballen Fell aufweisen. Die Vordertatzen sind circa 16, die Hintertatzen rund 26 Zentimeter lang. Die langen, kräftigen, leicht gebogenen Vorderkrallen sind zwischen 4 und 10 Zentimeter lang.

Gewicht: Europäische Braunbären wiegen in der Regel zwischen 120 und 250 Kilogramm.

Größe: Kopf-Rumpf-Länge zwischen 1,50 und 2,50 Meter, Schulterhöhe zwischen 70 Zentimeter und 1,50 Meter

Lippenbären *(Melursus ursinus)* haben zotteliges Fell, eine verlängerte Schnauze und können die Nasenlöcher schließen, um keinen Staub einzuatmen. Sie gehören zu den aggressivsten Bärenarten. Besonders in ihrem Hauptverbreitungsgebiet Indien gibt es oft Angriffe auf Menschen.

Ein Brillenbär *(Tremarctos ornatus)* klettert auf einem Baum herum. Die markante Gesichtszeichnung gibt den Tieren ihren Namen. Brillenbären leben in den tropischen Anden Südamerikas.

Ein Großer Panda *(Ailuropoda melanoleuca)* schläft auf einem Baum. Pandas schlafen 10 bis 16 Stunden am Tag. Im Vergleich zu anderen Bärenarten bewegen sie sich nur wenig, da ihre Nahrung aus energiearmem Bambus besteht.

Der Asiatische Schwarzbär *(Ursus thibetanus)*, auch als Mond- oder Kragenbär bekannt, bewohnt bewaldete Gebirgsregionen Asiens und ist an seinem markanten cremefarbenen Brustfleck erkennbar.

Der Malaienbär *(Helarctos malayanus)*, auch als Sonnenbär oder Honigbär bekannt, ist die kleinste Bärenart der Welt. Namensgebend ist seine auffällige Brustzeichnung. Sein schlanker Körperbau und die langen Krallen sind ideale Voraussetzungen für die Nahrungssuche und das Schlafen in Baumkronen.

Amerikanischer Schwarzbär *(Ursus americanus)*, erkennbar an seinem dunklen, nahezu schwarzen Fell und dem hellen Schnauzenbereich. Im Gegensatz zum Braunbären hat er keinen ausgeprägten Schulterbuckel und eine schlankere Schnauze. Schwarzbären sind zudem kleiner, schlanker und leichter als Braunbären.

Amerikanische Schwarzbären *(Ursus americanus)* zeigen eine große Vielfalt an Fellfarben, die je nach Region und genetischer Variation auftreten. Es gibt schwarze und braune Schwarzbären und auch zimtfarbene und blonde Varianten. Hier ist ein zimtfarbener Schwarzbär im Glacier-Nationalpark in Montana, USA, zu sehen.

Kermodebären *(Ursus americanus kermodei)*, auch Geisterbären genannt, sind eine Unterart des Amerikanischen Schwarzbären. Rund 10 Prozent der Bären dieser Unterart, die nur in einer kleinen Region der kanadischen Provinz British Columbia vorkommen, weisen ein weißes bis cremefarbenes Fell auf.

Eisbären *(Ursus maritimus)* sind nicht nur die größten heute lebenden Bären, sondern die größten an Land lebenden Raubtiere. Unter ihrem dicken hellen Fell haben sie schwarze Haut, um Wärmestrahlung bestmöglich aufzunehmen.

Hybrid aus Braunbär und Eisbär im Zoo, auch Pizzly, Grolar oder Cappuccino-Bär *(Ursus arctos × Ursus maritimus)* genannt. Da Braunbär und Eisbär nahe verwandt sind und sich ihre Lebensräume durch den Klimawandel immer weiter annähern, kommt es zu Kreuzungen beider Bären.

Größenvergleich unterschiedlicher Bärenarten. Die Größe der einzelnen Bärenarten schwankt nach Region und Geschlecht. Eisbären sind die größten, Mailaienbären die kleinsten Bären.

Frische Losung eines Braunbären, die Reste zahlreicher Beeren enthält. Beeren sind eine der wichtigsten Nahrungsquellen von Braunbären. (Alaska, USA)

Lachsgräten und -wirbel in einer Braunbärenlosung (Alaska, USA)

Frische Bärenlosung auf einem Fußweg in der rumänischen Kleinstadt Băile Tușnad. Bärensichtungen und Hinweise auf die Anwesenheit der Tiere mitten im Ort gehören hier zur Normalität.

Bärenabweisender Zaun, der Camper auf dem Zeltplatz im Brooks Camp (Katmai-Nationalpark) vor unerwünschten Bärenbesuchen schützen soll. Der Zaun ist mit mehreren stromführenden Drähten ausgestattet.

Elektrozäune kommen in einigen Gegenden Rumäniens – hier in der Kleinstadt Băile Tuşnad – zum Einsatz, um Bären von Grundstücken fernzuhalten.

Abfalltonnen mit speziellen Schließsystemen sollen Bären davon abhalten, an Speisereste und Abfälle zu gelangen. Während man mit der linken Hand einen Knopf gedrückt hält, muss man mit der rechten Hand den Bügel nach oben drücken. Offenbar haben die Bären in Băile Tuşnad schon versucht, diesen Behälter zu öffnen (siehe Tatzenabdrücke).

Herdenschutzhunde und Elektrozäune bieten wirksamen Schutz von Weidetieren gegenüber Angriffen von großen Beutegreifern wie Wölfen und Bären.

Wolf und Bär liefen hier entlang. Die Wolfsfährte ähnelt der eines Hundes. Braunbärenspuren zeigen große Hinter- und kleinere Vorderpfoten. (Katmai-Nationalpark, Alaska)

unten:
Auf großem Fuß: Braunbärenpfoten werden bis zu 35 cm lang und 20 cm breit. (Katmai-Nationalpark, Alaska)

einen erstaunlichen Geruchssinn und betrachten alles, was einen Duft hat, als »Nahrung«. Dazu können Konserven, Getränke, Seifen, Kosmetika, Toilettenartikel, Müll, Kühlboxen, Sonnenschutzmittel, Insektenschutzmittel, Gegenstände, die zum Zubereiten oder Essen von Mahlzeiten verwendet werden, usw. gehören. Alle diese Gegenstände müssen ordnungsgemäß gelagert werden. »Lassen Sie, wenn Sie in der Natur unterwegs sind, niemals Essensreste zurück. Zurückgelassene Essensreste können Bären in die Gegend locken und sie dazu bringen, Menschen mit Nahrungsquellen in Verbindung zu bringen. Verpacken Sie Essensreste, Müll oder Toilettenartikel immer in wiederverschließbaren Beuteln oder Behältern und lassen Sie diese Gegenstände beim Wandern niemals unbeaufsichtigt.« Bären sind sehr neugierige Tiere. Schließlich sind sie es gewohnt, auf der Suche nach Nahrung Steine oder Baumstämme umzudrehen und den Boden zu durchwühlen. Deshalb sollte man im Bärengebiet auch niemals Kleidung, Taschen oder andere Ausrüstungsgegenstände unbeaufsichtigt herumliegen lassen. Die Möglichkeit, mit Dingen zu spielen, kann ein starker Motivator für Bären sein, sich Menschen und Gebäuden zu nähern.

Nach der sehr informativen und eindringlichen Einweisung bezogen wir unser Camp. Wir wollten zunächst eine Nacht in Brooks Camp verbringen, bevor wir uns dann auf eine siebentägige Kanutour durch die Wildnis des Katmai-Nationalparks aufmachten.

Das Camp ist ein magischer Ort; man merkt, dass man wirklich weit weg von jeglicher Zivilisation ist. Keine Straßen, Häuser, Autos, kein Lärm weit und breit. Selbst Kondensstreifen am Himmel gehören zu den selteneren Erscheinungen, dafür ist der nächtliche Himmel mit Millionen von Sternen überzogen, und die Luft riecht nach Wald, Wasser und Kieselsteinen. Im Zentrum des Camps gibt es eine Lodge mit einem großen Kamin, einer kleinen Bar und gemütlichen Sesseln, die mit Tierfellen überzogen sind. Wer bei »Lodge« an einen mehrstöckigen Bau aus massiven Baumstämmen und Kronleuchtern aus Hirschgeweihen denkt, liegt eindeutig falsch. Denn obwohl hier alles sehr teuer ist und die Lodge wohl eher wohlhabendere Gäste anzieht, ist das Interieur relativ simpel gehalten. Man ist hier eben wirklich weit ab vom Schuss. Es gibt einen großen Speiseraum und unweit des Hauptgebäudes einige kleine Holzhütten, in denen man für viel Geld übernachten kann, zudem ein paar Gebäude für die Mitarbeiter.

Wir übernachteten zwar auf dem Zeltplatz, jedoch gönnten wir uns am ersten Abend eine Mahlzeit in der Lodge. Bis zu diesem Zeitpunkt in meinem Leben mochte ich keinen Lachs. Ich hatte diesem rosa Fisch mit dem markanten Geschmack nie etwas abgewinnen können. Aber frischeren und besseren Lachs als hier würde ich wohl nie wieder essen können, dachte ich mir und langte mehrfach zu beim abendlichen Büfett. Wir hatten den ganzen Nachmittag Bären beim Lachsfischen am Wasserfall zugesehen, und ich hatte einfach das Bedürfnis, einmal zu kosten, was die Bären den ganzen Tag fraßen.

Vegetarier im Blutrausch

Doch der Reihe nach. Nach der Belehrung gingen wir also zum Zeltplatz, der durch einen hohen Elektrozaun ringsherum vor dem Eindringen von Bären geschützt war, und bauten unser Zelt auf. Im Vorfeld hatte ich mich auch schon über mobile Elektrozäune informiert, für unseren Ausflug in die Wildnis und die damit verbundenen Übernachtungen im Zelt. Jedoch verwarf ich den Gedanken aufgrund der schieren Größe so eines Zaunkits und gewisser logistischer Herausforderungen.

Wie wir vom Ranger eingetrichtert bekommen hatten, war es strengstens verboten, riechende Sachen jeglicher Art mit ins Zelt zu nehmen. In einem speziellen Lagerraum verstauten wir unser gesamtes Essen für die nächsten neun Tage sowie Zahnpasta und Deo. Schließlich schulterte ich den Kamera-Rucksack, und wir liefen, jeder eine Dose Bärenspray am Gürtel, zum Wasserfall. Ich war ganz aufgeregt und freute mich unglaublich darauf, das erste Mal in meinem Leben einen Grizzlybären zu Gesicht zu bekommen. Um zu dieser Jahreszeit und in dieser Gegend Bären sehen zu können, braucht man zugegebenermaßen nicht einmal besonders viel Glück, die Bären sind einfach hier. Wo sollten sie auch sonst sein, stellt der Wasserfall mit seinen zahlreichen springenden Lachsen doch ein wahres Schlaraffenland dar. Wir liefen also den circa zwei Kilometer langen Pfad zu den Wasserfällen, und dort waren sie: Bären beim Lachsfischen.

Ich weiß nicht mehr, wie viele Stunden wir an diesem Nachmittag an den Wasserfällen standen und die Bären beobachteten. Etliche andere Menschen waren auch dort und taten es uns gleich. Es fühlte sich an wie ein Wettbewerb um das längste Teleobjektiv. Jeder wollte den perfekten Moment erwischen, der in den Augen der meisten sicherlich darin bestand, einen Rotlachs in exakt dem Moment zu fotografieren, in dem er einem Bären direkt ins Maul springt. Natürlich hatte auch ich mein Teleobjektiv dabei und war, während ich durch den Sucher blickte, in einer völlig anderen Welt. Hätte ich einen Achtsamkeits-Coach, wäre dieser vermutlich stolz auf mich: In den Momenten, in denen ich mein Auge am Sucher habe, bin ich wirklich ganz im Hier und Jetzt. Manchmal habe ich das Gefühl, dass ein Moment für mich erst durch die Tatsache real wird, dass ich ihn durch den Sucher hindurch erlebe. Das daraus entstehende Foto ist dann der Beweis dafür, dass ich den Moment tatsächlich erlebt habe. Mein Erinnerungsvermögen ist nicht besonders gut. Manchmal fotografiere ich, um mir später einmal sicher sein zu können, dass ich etwas wirklich erlebt habe. So merkte ich gar nicht, wie die Zeit verging, und hatte eine riesige Freude daran, Hunderte Bilder zu schießen in der Hoffnung, selbst den perfekten Moment zu erwischen.

Für die Bären war es ein wahres Festmahl. Es war spannend zu beobachten, welche individuellen Strategien die einzelnen Tiere beim Fangen und Fressen der Lachse zeigten. Einige Bären versuchten, die Fische aus der Luft direkt mit ihrem Maul zu fangen, andere benutzten beide Vorderpfoten, um die Lachse unter Wasser zu erwischen. Manche Bären schienen eine Vorliebe für Lachsköpfe zu haben, andere für das Muskelfleisch, einige zogen mit den Zähnen zunächst vorsichtig die Haut der Fische ab, bevor sie sie genüsslich verspeisten. Die schiere Fülle von Lachs-Biomasse war überwältigend, und so war es auch nicht überraschend, dass ein guter Teil der Lachse angefressen wieder ins Wasser geworfen wurde. Was für eine Verschwendung, dachte ich, aber dann erinnerte ich mich daran, wie ich es selbst liebte und liebe, in Omas Garten von einem opulent behangenen Apfelbaum Früchte zu pflücken und halb angegessen wegzuwerfen, nur um den nächsten, noch schöneren Apfel zu ernten.

Eine Analyse von mehr als 20 000 Lachskadavern ergab, dass Bären nur etwa 25 Prozent jedes gefangenen Lachses verzehrten, wobei sie selektiv nur die Teile mit dem höchsten Fettgehalt, wie etwa die Eier, fraßen. Es ist sogar üblich, dass Bären einen Kadaver zum Flussufer tragen und keinen Bissen davon essen, nachdem sie festgestellt haben, dass es sich um einen männlichen Lachs oder ein Weibchen handelt, das seine Eier bereits abgelaicht hat.[12]

Die Essgewohnheiten von Braunbären sind vielfältig. Sie gehören zwar zu den Raubtieren, sind jedoch Allesfresser, die sich vorwiegend vegetarisch ernähren. Durchschnittlich drei Viertel der Nahrung sind pflanzlich, der Speiseplan variiert je nach Region und Jahreszeit. Gerade dadurch, dass Braunbären nicht sonderlich wählerisch sind, was ihre Nahrung angeht, konnten sie sich ein großes Verbreitungsgebiet erschließen.

Bären verbringen bis zu sechzehn Stunden am Tag mit Nahrungssuche und Fressen. Mit ihren langen Krallen können sie hervorragend Wurzeln, Insekten und unterirdisch lebende Nagetiere ausgraben.

Die großen Pranken dienen aber ebenso dem Fangen von Lachsen und anderen Fischen und dazu, Huftiere mit einem Hieb auf

Kopf oder Nacken zu töten. Auch das Gebiss ist an das breite Nahrungsspektrum angepasst: Es besteht aus den für Raubtiere typischen Fangzähnen sowie Backenzähnen mit breiter Zahnkrone, die sich gut eignen, pflanzliche Nahrung gründlich zu zermalmen. Wenn man den massigen Schädel betrachtet, ist es nicht verwunderlich, dass Grizzlys zu den zehn Tieren mit dem stärksten Gebiss auf der Welt gehören. Mit einer Beißkraft von fast 85 Kilo pro Quadratzentimeter könnten sie locker eine gusseiserne Pfanne durchbeißen. Größere Beutetiere werden auf charakteristische Weise getötet, durch scheinbar ungezielte Prankenhiebe, bevorzugt im Nasen-, Hals- oder Rückenbereich. Dabei werden Muskelpartien zerquetscht, es treten starke Blutungen auf, und oft sind Schädel und Rückgrat gebrochen. Die großen Krallen hinterlassen gut sichtbare Spuren. Bei größeren Tieren wie ausgewachsenen Hirschen erfolgt die Tötung auch durch Bisse in den Rücken und Nacken, wobei massive Verletzungen entstehen. Nach dem Töten öffnet der Bär bevorzugt die Bauch- und Brusthöhle, um sich die Innereien zu holen, und frisst auch das Euter, später auch das Muskelfleisch. Dabei wird das Beutetier so zerrissen, dass das Fell charakteristisch neben dem Gerippe abgetrennt wird. Bis auf Knochen und Fell nutzt der Braunbär seine Beute vollständig; er kann mehr als zehn Kilogramm Fleisch an einem Tag verzehren. Beim Fressen möchte der Bär nicht gestört werden. Wenn doch, kann es passieren, dass auch größere Beutetiere über mehrere Hundert Meter verschleppt werden.

Wenn Bären im Frühjahr aus dem Winterschlaf erwachen, ernähren sie sich vorwiegend pflanzlich. Gräser, Kräuter, Wurzeln, Blätter, Pflanzentriebe, Beeren, Nüsse und sogar Rinde werden bevorzugt verspeist. Sowie im Sommer die ersten Beeren reif sind, machen diese einen Großteil der Nahrung aus, später im Jahr auch Eicheln, Tannenzapfen und Pinienkerne. In den Sommermonaten wird der Speiseplan mit tierischen Proteinen erweitert. Vor allem Insekten, Nagetiere, aber auch Vögel und ihre Eier werden erbeutet, gelegentlich auch schwache, meist junge oder kranke Huftiere wie Rehkitze oder Rotwildkälber und Murmeltiere. Und natürlich Fische, insbesondere in Alaska, aber auch entlang der gesamten Pazifikküste von British Columbia bis zur Halbinsel Kamtschatka in Russland. In europäischen Laubwäldern sind Insekten ein wichtiger Bestandteil der Nahrung. Dazu gehören sogar Bienen und Wespen.

Ja, Wespen, Sie haben richtig gelesen. Um an proteinhaltige Wespen, Bienen und deren Nachwuchs zu gelangen, scheuen Bären die Gefahr von schmerzhaften Stichen nicht. Wirklich angreifbar für die Stacheln der Insekten sind sie lediglich im Gesicht und an den Ohren, wo sie weniger Haare haben als am Rest des Körpers. Das dicke Fell hingegen ist so gut wie undurchdringlich für die kleinen Stacheln.

Häufig graben Bären dafür ganze Nester aus oder klettern sogar auf Bäume, um an die Insekten und bei Bienen zusätzlich an den Honig zu gelangen. Während Winnie the Pooh so häufig Honig naschen kann, wie er will, haben die wenigsten Braunbären ähnlich viel Glück. Es ist nämlich für ausgewachsene Exemplare gar nicht so einfach, auf Bäume zu klettern. Die in Asien lebenden Brillenbären, die durch ihre gebogenen Pfoten und langen Krallen wahre Meisterkletterer sind und regelmäßig Honig verspeisen, sind die Ausnahme.

Ist Pu, der berühmte Bär, der erstmals 1926 in dem Buch *Winnie-the-Pooh* auftauchte und später in weiteren Büchern und Geschichten sowie in Zeichentrickfilmen dargestellt wurde, also eher ein asiatischer Brillenbär und gar kein Braunbär? Der britische Autor und Erfinder von Pu, Alan Alexander Milne, wurde beim Schreiben seiner Bücher wohl von den Kuscheltieren seines Sohnes und dem damals im Londoner Zoo lebenden Schwarzbären Winnie inspiriert. Mit der ökologischen Realität nahm es Milne offensichtlich nicht so ernst, denn Pu, der im Hundertmorgenwald lebt, hat viele tierische Freunde, zum Beispiel Ferkel, das Schwein, I-Aah, den Esel, Tigger, den roten Tiger, Kängurumutter Känga samt Sohn Roo und Eule. Es gibt keinen Ort der Welt außerhalb von Zoos, wo diese Tierarten gemeinsam vorkommen.

Wie auf Pu, so übt Honig auch auf echte Braunbären aufgrund seines Duftes und süßen Geschmacks eine große Anziehungskraft aus. Mehr als die Nester von Wildbienen sind es jedoch Bienenstöcke von Imkern, die Bären auf der Suche nach dem süßen Nektar und den Insekten, die ihn produzieren, zerstören. Auch wenn Pu sich mit dem Honig begnügt: Echte Bären machen sich hauptsächlich der Bienen wegen über die Bienenstöcke her, um ihren Proteinbedarf damit zu decken. Der Honig versüßt ihnen nur ihre Mahlzeit. Wenn die Königin den Bärenangriff überlebt, ist das Volk nicht verloren und das Nest kann repariert werden.

Wespen und Bienen machen vermutlich nur einen kleinen Teil des bärischen Speiseplans aus. Von den Grizzlybären aus Yellowstone ist bekannt, dass sie den größten Teil ihrer Energie aus den Samen der Weißstämmigen Kiefer *(Pinus albicaulis)* decken, gefolgt von Rothirsch- und Bisonfleisch. Huftiere stehen vor allem im April und Mai auf dem Speiseplan. Es handelt sich meist um junge, alte, kranke oder schwache Tiere, die den Winter gerade so überlebt haben und jetzt im Frühjahr eine leichte Beute für Bären und andere große Beutegreifer darstellen.

Die fettreichen Samen der Weißstämmigen Kiefer werden von Yellowstones Bären bevorzugt im Herbst, in Vorbereitung auf den Winterschlaf, verzehrt. Dabei machen sich Bären nicht die Mühe, auf die Kiefern zu klettern, sondern plündern Verstecke, die zuvor von Eichhörnchen angelegt worden sind. In Jahren, in denen Kiefernsamen und Aas rar sind, greifen Grizzlybären häufiger auf Insekten wie Ameisen, Wespen und Bienen zurück.[13]

Dass Säugetierforscher mit Vorliebe die Hinterlassenschaften ihrer Studienobjekte akribisch untersuchen, werde ich noch mehrfach erwähnen. Tatsächlich weiß man über die Ernährungsgewohnheiten der Bären am meisten durch die Analyse ihrer Losung. So wurden zwischen 1979 und 1991 im Gebiet des Flathead River in British Columbia, Kanada, 1100 Kothaufen von Braunbären gesammelt und untersucht.

Im zeitigen Frühjahr gehörten vor allem Huftiere und die Wurzeln des Gelben Spitzklees *(Hedysarum sulphurescens)* zur Hauptnahrung. Ob Elch, Rothirsch und Co. durch den Bären aktiv getötet wurden oder der Bär sie als Aas aufgenommen hat, lässt sich anhand der Kotproben nicht sagen.

Im weiteren Verlauf des Frühjahrs fanden sich in den Kothaufen zunehmend auch Reste grüner Vegetation wie Schachtelhalm *(Equisetum arvense)*, verschiedene Gräser und verschiedene Bärenklauarten *(Heracleum)*.

Diese Gattung aus der Familie der Doldenblütler verdankt ihren Namen vermutlich der Tatsache, dass ihre gelappten, gestielten und behaarten Blätter wie der Abdruck von Bärentatzen aussehen. Selbst wenn Sie die Pflanze jetzt nicht vor Augen haben, kennen Sie sie sicher. Auch auf unseren heimischen Wiesen finden sich verschiedene Arten wie der Gewöhnliche Bärenklau *(Heracleum sphondylium)*. Der Riesen-Bärenklau *(Heracleum mantegazzianum)*, der sich seit einigen Jahren aus Osteuropa kommend bei uns ausbreitet, gilt wegen seiner phototoxischen Eigenschaften als gefährlich, da der Kontakt mit seinem Pflanzensaft starke Hautreizungen hervorrufen kann.

Im weiteren Verlauf des Sommers ernähren sich kanadische Bären hauptsächlich von Beeren, vor allem Blaubeeren *(Vaccinium spp.)* und kanadischen Büffelbeeren *(Shepherdia canadensis)*. Im Herbst stehen neben Beeren auch wieder Huftiere und Spitzkleewurzeln auf dem Speiseplan. Als Allesfresser scheinen Bären nicht besonders wählerisch zu sein. Untersuchungen aus Kanada deuten vielmehr darauf hin, dass die Verfügbarkeit von Nahrung und der Aufwand, diese zu erbeuten, ausschlaggebende Faktoren für die Nahrungswahl sind.[14]

Eine Untersuchung von 474 Kotproben russischer Bären in einem Schutzgebiet 300 Kilometer westlich von Moskau ergab als Hauptnahrungsbestandteile Äpfel (31,1 Prozent), Haselnüsse (19,1 Prozent), Hafer (12,5 Prozent), Heidelbeeren (6,8 Prozent) und Grünpflanzen (4,3 Prozent). Der Anteil von Schalenwild betrug im Frühjahr bis zu 11 Prozent. Generell konnte beobachtet werden, dass die Breite des Nahrungsspektrums vom Frühjahr bis zum Herbst abnahm.[15]

Simona Klamárová untersuchte in ihrer Masterarbeit 958 Kotproben von Bären in Mittelschweden, die zwischen 2015 und 2018 gesammelt wurden, um die Variation in der Nahrung in Abhängigkeit von Jahreszeit, Geschlecht und Alter zu bestimmen. Auch sie kam zu dem Ergebnis, dass die Ernährung der Braunbären je nach Jahreszeit und Jahr stark variiert. Insekten und pflanzliche Kost waren vor allem im Frühjahr und im Sommer wichtige Nahrungsbestandteile. Die wichtigste Insektengruppe waren Ameisen. Ab Mai sind die fleißigen Waldpolizisten aktiv, und Bären suchen dann gezielt nach ihren Behausungen. Sie graben sich förmlich durch die Ameisenhügel, um an die Erwachsenen und die Larven zu gelangen. Auch Steine oder umgefallene Baumstämme drehen Bären auf der Suche nach den Ameisen um. Wenn sich die Ameisen im Inneren eines toten Baumstammes verstecken, beißt der Bär zunächst große Stücke von Holz und Rinde heraus, um an seine Beute zu gelangen. Mit der großen Zunge schleckt er die kleinen Krabbeltierchen schließlich auf oder saugt sie mit dem Maul ein.

Bei den schwedischen Bären scheint der Verzehr von Huftieren von Jahr zu Jahr stabil, mit einem Höhepunkt im Frühsommer während der Kalbungszeit der Elche *(Alces alces).* Beeren, insbesondere Heidelbeeren, Preiselbeeren und Krähenbeeren, bildeten die Hauptnahrung im Herbst. Die Vorliebe für Beeren im Herbst war von Jahr zu Jahr stabil, aber der Anteil der Arten änderte sich, was darauf hindeutet, dass die Bären je nach Umweltbedingungen zwischen Futterpflanzen wechseln, also Flexitarier sind.[16]

Wir waren im September am Brooks River, neben dem Juli die beste Jahreszeit, um hier Bären zu beobachten. Die Aktivitäten der Bären sind ganz auf die Verfügbarkeit der Lachse ausgerichtet. Mit dem Eintreffen der Lachse Ende Juni wandern die Bären zum Brooks River, wo sie den gesamten Juli über beim Fischen an den Brooks Falls und im weiteren Verlauf des Flusses beobachtet werden können.[17] Die meisten Bären sind normalerweise Mitte Juli am Fluss zu sehen. Gegen Ende des Monats beginnen sie sich zu zerstreuen, um in anderen Gebieten nach Nahrung zu suchen. Im August laichen die Lachse im Brooks River. Sie konzentrieren sich aber nicht an einem bestimmten Ort und haben nach wie vor sehr viel Energie. Dies führt zu schwierigen Fangbedingungen für die Bären, die in der Folge das Gebiet verlassen.

Bis Ende August haben viele Lachse bereits gelaicht und beginnen zu sterben. Infolgedessen kehren die Bären im September erneut zum Brooks River zurück, um sich von den schwächeren und sterbenden Lachsen zu ernähren. Eine sehr gute Zeit also, um Bären zu beobachten. Auch das Verhalten und Aussehen der Bären variiert hier mit den Jahreszeiten. Im Juli werden aggressivere Interaktionen zwischen den Tieren beobachtet, insbesondere zu Beginn des Monats. Sie verteidigen zum Teil erbittert die besten Plätze zum Lachsfischen und fügen einander dabei gelegentlich erhebliche Verletzungen zu. Die Bären sind auch dünner, und viele wechseln zu dieser Zeit ihr Fell. Im September sind sie dann im Brooks Camp in der Regel weniger aggressiv zueinander, weil ausreichend Nahrung für alle vorhanden ist.

Der National Park Service veranstaltet jedes Jahr eine »Fat Bear Week«, während der man in den sozialen Medien den schönsten, fettesten Bären vom Brooks River küren kann.

Fragen, die Hunderttausende Bärenfans dann weltweit beschäftigen, sind zum Beispiel, ob Holly zum imposantesten Pelztier gekrönt wird oder der Titel des »Fat Bear« doch an Nummer 747, den massiven Braunbären mit dem vielsagenden Spitznamen »Jumbo Jet« geht. Vielleicht kann aber auch Otis seinen ersten Platz als »Patriarch Dickwanst« vom Vorjahr zurückerobern?

Zuvor wurden von den Park Rangern zehn bis fünfzehn pelzige

Kandidaten nominiert. Sie treten jedes Jahr an, und Bärenfans können eine Woche lang über die beeindruckendsten Exemplare abstimmen. Bei der »Fat Bear«-Wahl ist nicht nur die geschätzte Masse des Tieres ausschlaggebend – andere Faktoren haben ebenso viel Gewicht. Wie geschickt fangen die Bären in den Stromschnellen Lachse? Wie gut verteidigen sie ihren Standort? Wer sticht durch Aussehen oder Verhalten besonders hervor?

Während es so schien, als würden die Bären immer satter, wurden wir umso hungriger und gingen zum Abendessen in die Lodge. Zunächst holten wir uns einen Drink an der Bar, setzten uns in die gemütlichen Sessel vorm Feuer und beobachteten die Menschen, die sich mit uns an diesem Ort aufhielten. Ich war mir nicht sicher, ob wir uns eher dem Team Indiana Jones oder dem Team GoreTex zugehörig fühlten. An der Bar saßen Männer mit wettergegerbten Gesichtern und Fliegenfischerhüten, die ähnlich wie Cowboyhüte aussehen, aber an den Seiten verschiedene Utensilien zum Fliegenfischen angeheftet haben. In anderen Sesseln sah man Menschen in Funktionskleidung, die Blicke auf die Displays ihrer Kameras gerichtet. Alle schienen sich über den »catch of the day«, die Ausbeute des Tages zu unterhalten, und man konnte den Leuten die Begeisterung, die auch ich in mir spürte, förmlich vom Gesicht ablesen. Die Möglichkeit, den Bären über mehrere Stunden so nah zu sein, machte diesen Ort zu etwas ganz Besonderem.

Ein Gespräch der Fraktion Indiana Jones belauschend erfuhr ich, dass es Angler gibt, die sich, nur um ein paar Stunden im Brooks River zu angeln, mit dem Wasserflugzeug ein- und am gleichen Tag wieder ausfliegen ließen. Ein paar Stunden zuvor hatte ich einen Angler beobachtet, der in Wathosen im Fluss stehend weniger als 100 Meter entfernt von einem Bären angelte. Er schien den Bären gar nicht zu bemerken. Das Fischen im Bärengebiet ist nicht ungefährlich, und es gelten besondere Regeln. Wenn man einen Fisch an der Leine hat, muss man schnell handeln, denn ein plätschernder Fisch klingt für einen Bären wie Futter, und Bären bewegen sich dann oft in die Richtung des Anglers, um den Fisch an der Leine zu untersuchen. Deshalb muss man als Angler jederzeit darauf vorbereitet sein, einen Fisch an der Leine sofort befreien zu können, damit die Bären niemals lernen, dass dort, wo angelnde Menschen im Wasser stehen, Futter zu holen ist.

Die Bären haben eigentlich keine Lust auf die Angler, das zeigen Untersuchungen, an denen auch Sybille während ihres Aufenthalts in Katmai beteiligt war. Die Auswertung zahlreicher Beobachtungen von ihr und anderen Studenten belegen, dass die Tiere den Brooks River in den Vormittags- und Nachmittagsstunden meiden – die Zeiten, zu der die meisten Angler den Flusslauf säumen. Am frühen Morgen und späteren Abend und sogar in der Mittagszeit, wenn die meisten Angler sich in der Lodge ihr Mittagessen schmecken lassen, sind mehr Bären am Fluss unterwegs. An anderen Flüssen im Katmai-Nationalpark, wo das Angeln verboten ist, fischen die Bären den ganzen Tag.[18]

Nachdem wir einigen Angel- und Bärenstorys gelauscht hatten, begaben wir uns in den Speisesaal und schlugen uns die Bäuche am Büfett voll. An diesem Abend lernte ich, Lachs zu lieben. Noch heute denke ich jedes Mal, wenn ich gebratenen oder gegrillten Lachs esse, an die Bären vom Katmai-Nationalpark.

Am nächsten Tag brachen wir bei Regen zu unserem großen Abenteuer auf, dem Savonoski Loop: eine 160 Kilometer lange, sieben bis zehn Tage dauernde Kanutour über drei Seen, einen Fluss und mitten durch die Wildnis Alaskas. Ich freute mich riesig darauf, hatte aber auch großen Respekt. Wir würden komplett auf uns allein gestellt sein, ohne Empfang oder Verbindung zur Außenwelt, mit Ausrüstung und Verpflegung für acht Tage. Zur Sicherheit hatten wir uns einen GPS-Sender ausgeliehen, mit dem man im Notfall ein Signal absetzen und in aller Regel innerhalb von einigen Stunden Hilfe aus der Luft erwarten könnte.

Auf dem Savonoski Loop gibt es neben den »normalen« Herausforderungen, die ein mehrtägiger Aufenthalt in der Wildnis mit sich bringt, zwei Gefahren: Williwaws und Bären. Bei Ersteren handelt es sich um sehr starke Winde, die durch das Herabsinken kalter, dichter Luft aus den Bergen entstehen und dazu führen, dass auf den Seen Wellen entstehen, die so hoch sind, dass ein Durchkommen mit dem Kanu unmöglich ist und man zum Teil mehrere Tage auf einen Wetterwechsel warten muss. Wir waren optimistisch und legten unseren Rückflug mit nur einem Tag Puffer fest, den wir für mögliche Williwaws oder andere unvorhergesehene Herausforderungen brauchen könnten.

Die Mitarbeiterin im Brooks Store, die uns die Kanus und Bärenboxen ausgeliehen hatte, sagte uns, dass nicht viele Gruppen den Savonoski Loop machten, vielleicht dreißig bis vierzig Personen pro Jahr, und so war es nicht verwunderlich und umso erfreulicher, dass wir die nächsten sieben Tage keinen einzigen Menschen sahen.

Der erste Tag war regnerisch, jedoch warm und nahezu windstill. Ich hatte mir Alaska kälter vorgestellt; die meiste Zeit konnten wir tagsüber im T-Shirt paddeln. Nach sechs Stunden Fahrt über den Südarm des Naknek Lake suchten wir uns einen angenehmen Platz zum Übernachten an der Spitze einer Halbinsel. Das Großartige am Campen in der echten Wildnis ist, dass es keine vorbestimmten Zeltplätze gibt, sondern man sein Nachtlager überall dort aufschlagen kann, wo man es selbst für geeignet hält. Einzige Regel: »Leave no trace!« *Liebe Reisende, bitte denken Sie daran, dass Sie vor Ihrer Abreise alle Spuren Ihres Aufenthalts wieder entfernen. Wir wünschen Ihnen eine angenehme Reise!*

Bei der Auswahl des Übernachtungsplatzes im Bärengebiet sollte man sich zunächst immer einen Überblick über die Gegend verschaffen und Gebiete mit Hinweisen auf Bärenpräsenz wie Pfotenabdrücke, Kratzspuren an Bäumen oder Bärenkot meiden, um nicht Gefahr zu laufen, nächtlichen Besuch zu bekommen. Auch Gegenden mit Futterquellen wie zum Beispiel Beerenbüschen (machbar), fischreiche Gewässer (eher schwierig hier, da Lachs überall) und Kadaver (okay, wer möchte schon freiwillig in der Nähe eines stinkenden, verwesenden Tieres übernachten) sind tabu.

In der Tat war nächtlicher Bärenbesuch im Zelt eine meiner größten Ängste. Ich hatte mich schon viele Wochen vor unserer Abreise mit der Frage beschäftigt, was ich denn machen würde, wenn uns nachts im Schlaf ein Bär besuchen würde. Dass wir uns tatsächlich in dieser Situation wiederfinden würden, ahnte ich zum jetzigen Zeitpunkt noch nicht.

Beim Zelten im Bärengebiet sollte man die sogenannte Bärmuda-Dreieck-Regel beachten: In der einen Ecke befindet sich die Kochstelle, mindestens 50 Meter entfernt davon in der zweiten Ecke die Toilette und noch einmal mehr als 50 Meter entfernt in der letzten Ecke der Bärenkanister, in dem alle Lebensmittel und jegliche Produkte, die für Bären interessant riechen könnten, aufbewahrt werden. Ihr außergewöhnlicher Geruchssinn ermöglicht es Bären, auch mehrere Kilometer weit entfernte Futterquellen auszumachen. Deshalb platziert man das Zelt am besten mindestens 50 Meter entfernt vom Bärmuda-Dreieck, und zwar idealerweise so, dass der Wind alle Gerüche vom Dreieck weg und nicht in Richtung des Zelts treibt.

Ich holte alles, was wir fürs Abendessen benötigten, aus dem Bärenkanister. Dieser Behälter ist so konzipiert, dass Bären ihn nicht öffnen können. Die Behälter sind aus robustem Kunststoff oder Metall gefertigt und verfügen über ein Verschlusssystem, das für die Tiere nicht zu öffnen ist. Im Katmai-Nationalpark ist das Mitnehmen eines solchen Kanisters bei jeglichen Mehrtagestouren Pflicht. Prinzipiell gibt es auch noch andere Methoden, Materialien bärensicher zu verstauen. Auf vielen Campingplätzen in Nordamerika findet man fest installierte Bärenboxen, in denen ausreichend Platz für das Essen und alle Utensilien ist, die man für die Zubereitung der Mahlzeit gebraucht hat. Auch die Aufbewahrung im Auto gilt als sicher.

Aus Cartoons bekannt, aber nicht uneingeschränkt zu empfehlen ist die Lagerung in einem Sack, der dann mithilfe eines Seils in einen Baum gehängt wird. Dafür gibt es mehrere Techniken, eine ist die sogenannte PCT-Methode, benannt nach dem Pacific Crest

Trail, einem 4280 Kilometer langen Fernwanderweg durch die westlichen Bundesstaaten der USA. Er steht auf meiner »To-hike-Liste« noch ganz weit oben und führt von der mexikanischen Grenze nordwärts durch Kalifornien, Oregon, Washington bis nach British Columbia in Kanada. Bei der PCT-Methode wird ein einzelnes Seil über einen mindestens fünf Meter hohen, stabilen Ast geworfen und dann mit einem Minikarabiner an der Bärentasche befestigt. Das eine Ende des Seils wird dann wieder durch den Karabiner gefädelt und ein Stock in das Seil eingeknotet, sodass der Sack letztendlich mindestens zwei Meter vom Stamm entfernt frei schwebt und auch für einen kletternden Bären schwer erreichbar ist. Bären sind beim Klettern zwar nicht so geschickt wie Katzen, aber wenn sie auf der Suche nach Futter sind, zum Beispiel nach Bienennestern, dann sind Bäume für sie kein Hindernis! In der Regel sind junge Bären beim Klettern etwas agiler als ältere Tiere. Insbesondere Schwarzbären sind dafür bekannt, dass sie sehr gute Kletterer sind. Die größeren und schwereren Braunbären hingegen sind im Allgemeinen weniger geschickt beim Klettern. Doch wenn es keine andere Möglichkeit gibt, dann klettern auch sie. Das Klettern ist für Bären manchmal auch eine Fluchtoption, besonders für kleinere Bären, wenn sie sich von Artgenossen bedroht fühlen.

Am nächsten Tag ging es bei bestem Wetter weiter entlang des Nordarms des Naknek River. Wir konnten lange einen riesigen Elch am Ufer beobachten, und in der Ferne sahen wir den ersten Bären in dieser Gegend.

Braunbären sind nach Eisbären die zweitgrößten Bären der Welt. Nur ganz selten gibt es einzelne, besonders große Braunbären, die größer sind als Eisbären. Im Schnitt ist ein Braunbär 150 bis 280 Zentimeter lang und kann eine Schulterhöhe von bis zu 150 Zentimetern erreichen. Das Körpergewicht der Braunbären ist abhängig von der Jahreszeit und ihrem Ernährungszustand. Männliche Braunbären wiegen 130 bis 550 Kilogramm (eines der schwersten dokumentierten Exemplare wog über 900 Kilogramm[19]), die Weibchen 80 bis 250 Kilogramm (gelegentlich bis zu 340 Kilogramm). In Nordeuropa und Sibirien wiegen Braunbären durchschnittlich 150 bis 250 Kilogramm, in Südeuropa sind sie deutlich leichter, nur rund 70 Kilogramm – ein Phänomen, das sich durch die bergmannsche Regel erklären lässt.

Diese biogeografische Regel wurde 1847 von dem deutschen Zoologen Carl Bergmann aufgestellt und besagt, dass Tiere derselben Art oder Gattung in kalten Regionen größere Körper haben als ihre Artgenossen beziehungsweise Verwandten in warmen Regionen. Die Regel gründet sich auf das Verhältnis von Oberfläche zu Volumen. In kälteren Umgebungen ist es vorteilhaft, weniger Oberfläche im Verhältnis zum Volumen zu haben, um Wärmeverluste zu minimieren. Größere Tiere haben im Verhältnis zu ihrer Masse weniger Oberfläche, über die Wärme verloren gehen kann. Kleinere Tiere haben im Verhältnis zu ihrer Masse mehr Oberfläche und können daher schneller Wärme abgeben, was in wärmeren Umgebungen von Vorteil ist. Diese Regel wird oft bei endothermen Tieren (Warmblütern) beobachtet, insbesondere bei Säugetieren und Vögeln. Ein klassisches Beispiel ist die Variation in der Größe von Tierarten wie Füchsen oder Raben in unterschiedlichen klimatischen Zonen.

Ich musste öfter an unsere Hündin Thula denken. Sie war damals erst acht Monate alt, und natürlich hatten wir sie in Deutschland bei meinen Eltern gelassen; den langen Flug, geschweige denn die gefährlichen Begegnungen mit wilden großen Tieren wollten wir ihr nicht zumuten. Dennoch fragte ich mich immer wieder, wie es gewesen wäre, hätten wir sie mitgenommen, und was sie getan hätte, wenn sie auf einen Bären gestoßen wäre. In vielen amerikanischen Nationalparks – wie auch im Katmai – gilt entweder ein Hundeverbot oder die deutliche Empfehlung, Hunde nicht mitzunehmen beziehungsweise anzuleinen. Von frei laufenden Hunden geht ein großes Konfliktpotenzial aus, da sie den Bären mitunter nachstellen, die sich dann bedroht fühlen und den Hund verfolgen. Tritt der Hund den Rückzug an, führt er den Bären direkt zu seinen Menschen.

Der Ruf des Eistauchers

In den ersten drei Tagen waren die Bärenbegegnungen eher selten, Weißkopfseeadler waren unsere treuen Begleiter, und einer der unvergesslichsten Momente war der abendliche Ruf der Eistaucher. Der Ruf dieser majestätisch aussehenden Wasservögel ist über mehrere Kilometer weit zu hören, er klingt melancholisch und wehmütig. Wenn der Eistaucher ruft, wird man sich schlagartig seiner eigenen Bedeutungslosigkeit im großen Gefüge der Natur bewusst. In Kino- und Fernsehfilmen wird der Ruf häufig verwendet, um Spannung und das Gefühl von Wildnis beim Betrachter zu erzeugen. Während der Ruf allgegenwärtig ist, braucht man Geduld, um die schönen Vögel auch zu erblicken. An einem Morgen konnte ich ein Eistauchermännchen im Prachtkleid mit schwarzen Federn, weiß gestricheltem Halsring und weißem Würfelmuster auf dem Rücken beobachten und fotografieren. Am gleichen Tag entschied ich mich, es den Eistauchern gleichzutun. Nicht indem ich versuchte, ihren Ruf nachzuahmen, sondern indem ich in das eiskalte Wasser sprang und kurz untertauchte. Es ging. Es war nicht so schlimm, wie ich gedacht hatte, allerdings wollte ich nicht lange im zwölf Grad kalten Wasser bleiben.

Unsere erste brenzlige Bärenbegegnung hatten wir an Tag vier.

Wir hatten wie immer mit Bedacht einen Platz ausgesucht, der uns halbwegs geeignet schien, dennoch waren in unmittelbarer Nähe nicht identifizierbare Trampelpfade und Liegestellen großer Tiere zu sehen, die eigentlich nur von Bären stammen konnten. In einem Gebiet mit der weltweit höchsten Bärendichte eine Stelle zu finden, an der es keine Hinweise auf die Gegenwart von Bären gibt, war gar nicht so einfach. Ich hatte unseren Bärenkanister in weiter Entfernung platziert. Es war schon Abend geworden, als ich unter dem kleinen Holzverschlag saß, den wir gebaut hatten, und ins Feuer schaute. Tony war gerade dabei, neues Holz zu suchen, als ich auf einmal am anderen Ende der Bucht circa 150 Meter Luftlinie von mir, doch nur 50 Meter von Tony entfernt, einen großen Bären sah. Er hatte offensichtlich die Witterung unseres Bärenkanisters und der darin enthaltenen Essensvorräte nebst Zahnpasta aufgenommen und bewegte sich schnurstracks in diese Richtung. Der Bär und Tony konnten sich nicht sehen, weil sie durch einen kleinen Felsvorsprung voneinander getrennt waren, allerdings lief der Bär nun in zügigem Tempo und mit bestimmtem Schritt geradewegs auf den Felsvorsprung zu, hinter dem Tony beschäftigt war. »Oh, Mist!«, dachte ich und vergewisserte mich, dass ich mein Bärenspray am Gürtel trug. Ich rief laut Tonys Namen. Er sagte mir später, er habe anhand meines Tonfalls sofort gewusst, dass etwas nicht stimmte. Er lief in meine Richtung, und im gleichen Moment stand ich auf, machte mich groß und gestikulierte zu Tony, dass da ein Bär sei. Auch Tony drehte sich um und wedelte mit den Armen. Der Bär machte unmittelbar kehrt und zog ab.

Weiteres Feuerholz wollten wir an dem Abend nicht mehr suchen. Wir saßen am Feuer, bis es ausging, und ließen Revue passieren, was wir erlebt hatten. »Noch mal davongekommen«, dachte ich mir und brauchte eine ganze Weile, um in dieser Nacht einschlafen zu können.

Bärenjugend

Auch am nächsten Tag sahen wir Bären, allerdings aus größerer Entfernung. Im Kanu auf dem Wasser fühlte ich mich sicherer als an Land, auch weil man vom Wasser aus einen besseren Überblick hatte. Wir konnten fast eine halbe Stunde lang eine Bärenmutter mit ihren zwei schon fast ausgewachsenen Jungen beobachten, die am Fluss entlangliefen und ihn schließlich durchquerten. Ich vermutete, dass die Bärengeschwister im Februar des Vorjahres geboren und jetzt mit rund eineinhalb Jahren schon langsam für das eigenständige Leben außerhalb des Familienverbandes bereit waren. Vermutlich würden sie den Winter noch gemeinsam in einer geräumigen Höhle verbringen, bevor sich die Jungen im nächsten Frühjahr von ihrer Mutter trennten. Die Jungen spielten und kämpften miteinander. Wie auch andere Bärenarten sind die jungen Braunbären sehr verspielt. Das ist für sie sehr wichtig, da es ihnen hilft, ihre motorischen Fähigkeiten zu entwickeln, soziale Fähigkeiten zu erlernen und ihre Umgebung zu erkunden. Sie rauften miteinander, was sie dabei unterstützt, ihre Kräfte zu messen, ihre Muskeln zu stärken und spielerisch ihre Jagdfähigkeiten zu testen.

Junge Bären nutzen ihre spielerische Energie auch sehr gern, um Bäume zu erklimmen. Durch das Klettern verbessern sie ihre Balance und Geschicklichkeit. Um ihre Schwimmfähigkeiten zu entwickeln, spielen junge Bären gern auch im Wasser, und das so ausgelassen, dass sie sich sogar abwechselnd gegenseitig von der Uferkante schubsen. Platsch! Ganz junge Bären klammern auch sehr an ihrer Mutter. Sie klettern auf ihr herum oder lassen sich von ihr jagen. Wenn die Mutter genug hat, fliegen die Kleinen auch schon einmal durch die Luft. Eine große Leidenschaft der Jungtiere ist auch das Erkunden von Objekten. Sie spielen mit Steinen, Ästen, Blättern oder anderen Gegenständen und entdecken so ihre Umgebung. Die Neugier fördert schon sehr früh ihre Fähigkeit zur Lösung von Problemen.

Interaktionen zwischen den Geschwistern sind sehr wichtig für die Entwicklung der jungen Bären und ihre Vorbereitung auf das Leben als selbstständige Individuen. Auf spielerische Art werden lebenswichtige Reaktionsketten geknüpft, sodass Muskeln und Nerven gut aufeinander abgestimmt funktionieren, um Gefahren zu meistern und Beute zu machen.[20]

Mit zwei bis drei Monaten verlassen die Bärenkinder zum ersten Mal die gemeinsame Höhle, sie werden aber noch bis zu ihrem sechsten Lebensmonat gesäugt. Das Verlassen der schützenden Höhle ist ein großer Schritt im Leben der jungen Bären, da sie nun mit unzähligen neuen Erlebnissen und Eindrücken konfrontiert werden und viele Erfahrungen machen. Die kleinen Bären prägen sich Aussehen und Geruch ihrer Mutter genau ein und folgen ihr meist auf Schritt und Tritt. Junge Bären sind sehr neugierig, es gibt schließlich viel zu erkunden, aber gerade deshalb müssen sie auch in der Lage sein, ihre Mutter wiederzufinden. Natürlich gibt Mutter Bär acht, dass niemand verloren geht: Biologen sprechen vom Brutpflege- oder Muttertrieb. Bären haben zwar einige angeborene Eigenschaften wie den überwältigend guten Geruchssinn, den starken Körperbau und den Drang zum Winterschlaf oder auch die Fähigkeit, eigene Höhlen zu bauen. Doch die allermeisten Verhaltensweisen erlernen sie von ihrer Mutter während der – verglichen mit anderen Tieren – sehr langen Zeit des familiären Zusammenlebens. Vieles lernen sie durch Nachahmung. Sie beobachten ihre Mutter, wie sie im Boden gräbt, Gras zerkaut und kleine Säugetiere fängt. So lernen sie verschiedene essbare Pflanzen kennen und machen sich zunehmend auf die Suche nach Ameisen, Käfern, Wespen und anderen Insekten und besonders deren Larven oder Puppen.

Mit rund sieben Monaten versuchen sie, kleine Säugetiere zu erbeuten, zum Beispiel, indem sie ein Mäusenest auskundschaften und mit ihren Krallen so lange auf dem Boden scharren, bis sie eine flüchtige Maus erwischen. Ab ihrem siebten Lebensmonat sind sie in der Lage, eigenständig nach Futter zu suchen, bleiben dabei aber die meiste Zeit im Familienverband. Zwischen dem achten und zehnten Lebensmonat sind die jungen Bären schon ziemlich selbstständig, sie leben aber oft noch bis zu ihrem zweiten Geburtstag bei ihrer Mutter.

Gandalfs Zöpfe

Nachdem wir die letzten eineinhalb Tage auf dem malerischen Lake Grosvenor verbracht hatten, mussten wir nun den Savonovski River bezwingen, den einzigen Fluss auf unserer Rundreise. Es handelt sich dabei um ein mittelschnell fließendes Gewässer mit zahlreichen unter- und oberirdischen Baumstämmen und einigen Stromschnellen, die es sicher zu umschiffen gilt, um nicht in das circa acht Grad kalte Wasser zu fallen. Dieses hat eine milchig graue Farbe, was auf die großen Mengen Sediment zurückzuführen ist, die der Fluss aus den Bergen und von den Gletschern kommend mit sich führt. Im Unterlauf bildet der Fluss eine sogenannte Schwemmebene.

Den englischen Begriff »braided river« – geflochtener Fluss –, der diese Art Gewässer beschreibt, finde ich viel schöner. Ich liebe geflochtene Flüsse, die wie Zöpfe aus Wasser auf wunderschöne Weise in die Landschaft gezaubert wurden. In Europa sind sie sehr selten, weil sie eine der wildesten, ungezähmtesten Formen von Fließgewässern darstellen und weil sie nur dort entstehen, wo große Mengen Sediment, ein bestimmtes Gefälle und stark wechselnde Wasserstände aufeinandertreffen – häufig dort, wo es auch Gletscher gibt. Solche Flüsse sind dadurch gekennzeichnet, dass ihr Flussbett aus einem Netz von sich ständig verzweigenden und vereinigenden Kanälen besteht, die durch Sand- und Kiesbänke getrennt sind. Diese Flussform ist charakterisiert durch eine komplexe Struktur, bestehend aus ineinander wie Zöpfe verflochtenen Flussarmen, die sich häufig ändern können. Mit jeder Jahreszeit ändern solche Flüsse ihr Aussehen. Einer der wenigen noch auf weiten Strecken erhaltenen geflochtenen Flüsse in Europa findet sich im Friaul in Italien: der Tagliamento.

Wir wussten, dass die Etappe dieses Tages zu den längsten der Tour zählen würde. Doch sie gehörte auch zu den schönsten. Weil wir ständig anhielten, um entweder Bären zu beobachten oder das Bergpanorama zu genießen, war es schon relativ spät, als wir auf den Fluss abbogen und unsere Durchquerung begannen. Dass diese Bummelei schwerwiegende Folgen haben würde, sollte sich erst in der folgenden Nacht herausstellen.

Doch zunächst einmal genossen wir die Landschaft, die Berge, die Sonne, die Weite, die Stille und die Tatsache, dass wir uns endlich einmal ein bisschen treiben lassen und die müden Muskeln ausruhen konnten. Waren die Etappen der letzten Tage doch dadurch gekennzeichnet gewesen, dass wir aus eigener Kraft über große Seen ohne jegliche Strömung paddeln mussten. Es war schon früher Nachmittag, als wir eine geeignete Stelle für unsere Mittagspause fanden. Wir saßen am Ufer, aßen unsere Brote und gingen danach ein wenig auf Spurensuche.

Das Wort »Suche« wird allerdings dem Umstand nicht gerecht, dass der matschige Boden übersät war mit Spuren der Anwesenheit verschiedenster Wildtiere. Ich liebe es, Spuren zu lesen. Es befeuert meine Vorstellungskraft. Auch wenn ich in Deutschland im Wald unterwegs bin und auf Spuren treffe, ohne weit und breit ein einziges Tier zu sehen, stelle ich mir vor, wie hier nur wenige Stunden zuvor der Wald im Schutz der Nacht zum Leben erwachte und Hirsch, Reh, Fuchs, Marder, Wolf und Co. ihre Bahnen gezogen haben.

Die Bedingungen für Spuren waren perfekt. In dem weichen, schlammigen Boden fanden sich Abdrücke verschiedener Vögel, aber auch die von Bären und Wölfen. Mein Favorit war der Abdruck einer Wolfspfote im Trittsiegel eines Bären. Spurenlesen ist eine Wissenschaft beziehungsweise eine Kunst für sich. Es gibt Menschen, die können wochenalte Spuren lesen, wo andere nicht einmal sehen, dass sich der Boden von seiner Umgebung unterscheidet. Das Fährtenlesen wird heutzutage auch im wissenschaftlichen Kontext, zum Beispiel beim Monitoring von Bären, Wölfen und Luchsen, angewendet.

Die Größe der Spuren von Braunbären variiert erheblich, abhängig von Alter und Geschlecht des einzelnen Bären.

In der Regel haben männliche und ältere Bären größere Pfoten als weibliche oder junge. Sie können bis zu 35 Zentimeter lang und 20 Zentimeter breit sein, wobei die Hinterpfoten länger sind. Die Form der Pfotenabdrücke ist rund bis oval, und die Krallen sind normalerweise deutlich sichtbar, wobei der Abdruck der Vorderpfote einen kurzen, breiten Abdruck ergibt und der der Hinterpfote häufig die gesamte Fußsohle hinterlässt. Braunbären haben fünf Zehen an jeder Pfote und einen breiten Fußballen. Ohne Krallenabdrücke erinnert die Spur beinahe an den Fußabdruck eines großen Menschen.[21,22]

Bären haben sehr lange Krallen, zum Teil bis zu zehn Zentimeter lang, die sie im Gegensatz zu Katzenartigen wie Luchsen oder Hauskatzen nicht einziehen. Die Krallen helfen ihnen beim Graben im Boden oder beim Kratzen an Bäumen zur Markierung oder Nahrungssuche, weshalb sie durch die Abnutzung häufig stumpf sind.

Im Gegensatz zu Katzen- oder Hundeartigen, die insbesondere durch Duftmarkierungen mittels Kot und Urin, aber auch durch Rufe und andere Lautäußerungen über ein breites Repertoire an innerartlichen Kommunikationskanälen verfügen, sind diese beim Braunbären eher begrenzt. Da Bären kein ausgeprägtes Territorialverhalten zeigen, ist dies auch nicht erforderlich, zumindest soweit es um die Durchsetzung von Revieransprüchen geht. Vermutlich dienen die Markierungen an Bäumen eher dazu, mögliche Paarungspartner oder auch mögliche Konkurrenten auf die eigene Anwesenheit aufmerksam zu machen. Dafür spricht, dass vor allem männliche Bären während der Paarungszeit ihre Spuren an den oft sehr präsenten Bäumen hinterlassen.

Dazu beißen sie Rindenstücke ab und kratzen mit den Krallen ihrer Vorderpfoten tiefe Rillen in die Stämme. Manche Bäume reagieren darauf, indem sie Harz absondern. Kratzt sich der Bär nun am Stamm, steigert dies vermutlich nicht nur sein Wohlbefinden, sondern hinterlässt auch Haare am Stamm, die neben den Kratzspuren zusätzlich auf seine Anwesenheit hinweisen. Fotofallenaufnahmen von solchen Markierungsbäumen zeigen, dass Bären jeden Alters und Geschlechts, die an einem markierten Baum vorbeikommen, diesen einer genaueren Geruchsprüfung unterziehen.[23]

Der Tag verging schnell, und wir hatten noch ein ganzes Stück zu fahren. Die ausdrückliche Empfehlung des National Park Service lautete, wegen der vielen Bären in diesem Gebiet nicht entlang des Flusslaufs zu übernachten. Also fuhren wir weiter. Nach kurzer Zeit drehte ich mich noch einmal um und traute meinen Augen nicht: Exakt an der Stelle, wo wir bis vor wenigen Augenblicken Pause gemacht hatten, zog ein Wolf langsam und unbefangen entlang, hielt kurz inne und schaute in unsere Richtung. Seit mehr als neun Jahren beschäftigte ich mich jeden Tag beruflich mit Wölfen, und nun hatte ich zum ersten Mal in meinem Leben einen in der Natur zu Gesicht bekommen. Was für ein Moment!

Der Anteil an Rot im Nachmittagslicht nahm beständig und beängstigend schnell zu; höchste Zeit für uns, einen geeigneten Schlafplatz zu finden, wenn wir nicht auf dem Wasser von der Dunkelheit überrascht werden wollten!

Die Suche gestaltete sich schwierig, da das Ufer an vielen Stellen sehr felsig und außerordentlich schmal war. Wir hielten an einem Spot an, der von der Ferne aus betrachtet halbwegs passabel schien. Doch bei näherer Betrachtung entdeckten wir sofort mehrere Haufen Bärenkot und aktive Wechsel mit großen, frischen Bärenspuren. Zu gefährlich, darum stiegen wir wieder ins Boot. Wir ruderten eine Bucht weiter, und da es jetzt schon fast dunkel war, hatten wir keine Alternative, als hier unser Lager aufzuschlagen. Doch der Platz, ein schmaler Uferstreifen in einer malerischen Bucht, war kein Stück besser geeignet als die Stelle zuvor: Auch hier fand sich überall frischer Bärenkot und sogar zahlreiche angefressene, tote Lachse. Wir zögerten kurz und entschieden uns dann, das Risiko einzugehen. Eine Entscheidung, die uns – mit etwas weniger Glück – das Leben hätte kosten können.

Ich liebe die Fertiggerichte, die in einem Aluminiumbeutel verpackt sind und nur mit heißem Wasser übergossen werden müssen, um eine wirklich wohlschmeckende Mahlzeit zu ergeben. Dafür, dass sich diese Gerichte jahrelang halten, sehr wenig Platz wegnehmen und schnell zuzubereiten sind, schmecken sie mir wirklich gut. Ich weiß nicht mehr, ob wir an jenem Abend zum dritten Mal Nudeln nach Försterinart oder doch Spaghetti bolognese auf Sojabasis hatten, aber jeden noch so kleinen, möglicherweise riechenden Hinweis auf unser Abendessen brachte ich an diesem Abend besonders weit weg vom Zelt. Ich schaute mich noch einmal um und leuchtete die Gegend ab, bevor wir schlafen gingen. Nichts Auffälliges, nur Sterne, Wasser und in der Ferne der Ruf einer Eule.

Wenige Stunden später wurde ich von einem lauten Schnaufen unmittelbar neben meinem Ohr geweckt. Ich bekam sofort Panik und war hellwach. Tony war im selben Moment wach geworden, ich spürte die Anspannung im Zelt.

Aus Angst, dass sich so ein Moment tatsächlich ereignen würde, war ich verschiedene Handlungsoptionen bereits viele Male zuvor in meinem Kopf durchgegangen. Zugegebenermaßen bieten sich in so einer Situation nicht viele Möglichkeiten: Sich tot stellen und darauf hoffen, dass der Bär das Interesse am Zelt und dessen Inhalt aufgibt und von dannen zieht – möglich. Das Bärenspray suchen, vorsichtig das Zelt öffnen und sich bei dem Versuch, dem Bären zielgerichtet einen Stoß geballte Chili-Ladung ins Gesicht zu pusten, die Pfefferwolke ins Zelt holen und dabei selbst schachmatt setzen – unklug. Sich mit einem Messer bewaffnet aufrecht hinsetzen und in dem Moment, in dem der Bär ins Zelt eindringt, zustechen? Angesichts des einzigen Messers, das wir dabeihatten, einem französischen Opinel zum Pilzesammeln mit gerade mal sechs Zentimeter langer Klinge, dafür aber einem kleinen Pinsel am Ende des Handgriffs, wirkte diese Vorstellung eher erbärmlich.

Ohne groß nachzudenken, entschieden wir uns für die »Gandalf-Option«. Wir schalteten unsere Taschenlampen ein, fuchtelten wild damit herum, und ich rief mit lauter Stimme: »Du kannst nicht vorbei!« Etwas Passenderes als Gandalfs Warnung an den Balrog, ein dämonisches Monster, dem er in den Minen von Moria im ersten Teil der *Herr der Ringe*-Trilogie begegnet, fiel mir in diesem Moment nicht ein.

Die Mischung aus Licht und Lautstärke schien allerdings zu wirken, und wir hörten, wie der Bär unmittelbar umkehrte und davonrannte. Krass, dachte ich mir, das hätte richtig schiefgehen können. Wir schauten uns erst völlig entgeistert und dann erleichtert an. Ich bekam in dieser Nacht kein Auge mehr zu. Wenige Stunden später hörten wir noch einmal Geräusche eines großen Tieres etwas weiter in der Ferne. Tony meinte, es könnte ein Wolf gewesen sein. Ich konnte wirklich nicht mehr schlafen, deshalb stand ich beim ersten Morgengrauen auf und setzte mich vor das Zelt. Es war kalt, und der Nebel waberte übers Wasser. Ich schaute der Natur beim Erwachen zu. Ein schöner Morgen.

Nach einiger Zeit kam eine Otterfamilie vorbei und schwamm und spielte in der Bucht vor mir. Ich war sehr beeindruckt, weil ich Otter zuvor noch nicht in der Natur gesehen hatte. In Alaska gibt es zwei verschiedene Arten von Ottern, den Nordamerikanischen Fischotter und den Nördlichen Seeotter. Otter sind (entfernt) mit Bären verwandt, da sie innerhalb der Hundeartigen ihre Schwestergruppe sind.

Da wir uns weit im Inland befanden, musste es sich um eine Fischotterfamilie handeln, denn Seeotter leben nur in küstennahen Gewässern mit unmittelbarer Verbindung zum offenen Meer. Im 18. und 19. Jahrhundert wurden Seeotter durch den Pelzhandel in weiten Teilen ihres Verbreitungsgebiets ausgerottet, begannen aber in den 1970er-Jahren die Küsten Alaskas wieder zu besiedeln. Dort ernähren sie sich – ebenso wie Braunbären – gern von Muscheln, die sie im schlickigen Wattboden ausgraben, Seepocken, die sie von Felsen kratzen, Flundern und Seesternen. Neuere Untersuchungen[24] legen nahe, dass Braunbären an der Küste Katmais gezielt auf Seeotterjagd gehen. Anhand von Fotofallenaufnahmen und Bärenkotuntersuchungen konnte nachgewiesen werden, dass die Bären in diesen Lebensräumen tatsächlich auch Jagd auf Seeotter machen.

Sozialleben eines Einzelgängers

Als wir unsere vorletzte Tagesetappe starteten, waren wir ganz schön gerädert. Wir sprachen über die Ereignisse der letzten Nacht und waren uns sofort einig darin, dass wir uns für die letzte Übernachtung eine Insel irgendwo ganz weit draußen auf dem Iliuk-Arm des Naknek-Sees (den wir noch überqueren mussten) suchen würden. Braunbären sind allerdings gute Schwimmer. Selbst größere Gewässer können sie auf ihren Streifzügen problemlos durchschwimmen. Katmais Bären verbringen viel Zeit damit, Nahrung im Wasser zu finden. Dennoch war der Gedanke, kilometerweit vom nächsten Ufer entfernt zu sein, nach den Erfahrungen der letzten Nacht sehr beruhigend.

Auch dieser Tag hielt weitere unvergessliche Bärenbegegnungen für uns bereit. Es war gegen Mittag, wir hatten bereits ein gutes Stück unserer Wegstrecke hinter uns gebracht, als der Himmel sich rasch verdunkelte und am Horizont bereits deutlich Regen sichtbar war. Ein paar Kilometer entfernt zeichneten sich sogar Schaumkronen auf den Wellen des Sees ab, als wir die Mündung des Margot Creek erreichten und schon aus der Ferne mehrere Bären sahen, die sich zusammen mit Schwärmen von Möwen ein Festmahl teilten. Wir konnten mehrere Bärenfamilien hintereinander dabei beobachten, wie sie sich an den mehr toten als lebendigen Lachsen – die Fische waren von der langen Wanderung und dem Laichen mittlerweile stark geschwächt – satt fraßen.

Bemerkenswert war in meinen Augen, dass die Bärenfamilien respektvoll zueinander Abstand hielten und in Etappen an der Flussmündung zum Fressen eintrafen. Braunbären sind Einzelgänger, sie leben nicht in Rudeln wie Wölfe oder Löwen; lediglich die Bärenmütter und ihre Jungen verbringen mehrere Jahre miteinander und bilden somit eine temporäre Familie.

Braunbären sind grundsätzlich nicht territorial, anders als zum Beispiel Wölfe, die in Deutschland im Durchschnitt ein Revier von 200 bis 300 Quadratkilometern für sich beziehungsweise ihr Rudel beanspruchen und dieses vehement gegen rudelfremde Artgenossen verteidigen. Auch der Vielfraß *(Gulo gulo)* – ein weiterer Vertreter der großen Beutegreifer, der größte Repräsentant der Marderartigen, der im Übrigen auch Bärenmarder genannt wird – ist streng territorial. Er verteidigt das Gebiet, um die Nahrung – Beutetiere wie Schneehasen und -hühner, Mäuse, Eichhörnchen, junge Rentiere, Elchkälber und Luchse – für sich und die eigenen Nachkommen zu sichern. Um mögliche Eindringlinge schon frühzeitig zu warnen, werden im gesamten Revier und insbesondere an dessen Grenzen Duftmarkierungen hinterlassen. Vielfraße leben in Skandinavien, Sibirien, Alaska und in weiten Teilen Kanadas. In Teilen von Finnland und Norwegen sind sie nicht sonderlich beliebt, da sie auch Rentiere und Schafe reißen.

Braunbären bewohnen überlappende Streifgebiete, im Englischen spricht man auch von »home ranges«, in denen sie den Großteil ihres Lebens verbringen. Längere Wanderungen außerhalb dieser Gebiete unternehmen sie zum Teil saisonal oder insbesondere als junge männliche Bären, die im Alter von zwei bis vier Jahren bereits als junge Erwachsene gelten und außerhalb des mütterlichen Gebietes auf der Suche nach einer eigenen Heimat sind.

Weibliche Braunbären bilden öfter auch sogenannte matrilineare Ansammlungen, bei denen Heimatgebiete mehrerer verwandter Weibchen einander überlappen. Wenn sich die jungen Bärenfamilien auflösen, vergrößern die Jungbären ihre Streifgebiete in der Regel. Sie wandern aus dem unmittelbaren Umfeld ihrer Mutter ab und besetzen ein anderes, eigenes Gebiet, was je nach Vorhandensein von Nahrung und anderen Bären in unmittelbarer Nähe zum mütterlichen Revier, aber auch weit davon entfernt sein kann. Männliche Reviere sind normalerweise drei- bis viermal größer als die der Weibchen. Während der Paarungszeit erweitern beide Geschlechter ihre Streifgebiete, um die Chancen auf Begegnungen mit potenziellen Partnern zu erhöhen.

Die Ausdehnung der Streifgebiete von Braunbären richtet sich insbesondere nach der Verfügbarkeit von Futter, dem Vorhandensein von Schutz- und Unterschlupfmöglichkeiten und den Beziehungen zu Artgenossen. In der arktischen Tundra erstrecken sich die Gebiete von männlichen Braunbären durchschnittlich über etwa 8000 Quadratkilometer, während sie in den ausgedehnten Waldgebieten der gemäßigten Breiten deutlich kleiner sind. An Küsten mit reichlich Nahrung und hoher Bärendichte sind die Streifgebiete am kleinsten, im Durchschnitt weniger als 200 Quadratkilometer[25] bei Männchen und sogar weniger als 100 Quadratkilometer bei Weibchen. In Küstengebieten mit reichhaltiger Nahrung, wie hier in Katmai, überlappen sich die Streifgebiete häufiger, und es kommt auch vor, dass sich die ansonsten allein lebenden Bären saisonal sehr kleine Gebiete teilen.

An besonders produktiven Orten, wie hier am Margot Creek, sind Weibchen mit Jungtieren besonders vorsichtig, um nicht auf Männchen zu stoßen, die eine Gefahr für ihre Kinder darstellen könnten. Es schien mir so, als würden sich im Katmai die männlichen Bären während der Lachszeit insbesondere am Brooks Fall aufhalten, wo sie von vielen menschlichen Besuchern gesehen werden konnten. Die Weibchen mit Nachwuchs gingen in Ruhe an den weniger von Bärenmännchen frequentierten Lachsflüssen auf Nahrungssuche.

Aus evolutionärer und verhaltensbiologischer Perspektive unterscheiden sich bei allen Säugetieren Männchen und Weibchen typischerweise darin, wie viel Energie sie in Paarung, Fortpflanzung und elterliche Fürsorge[26] investieren. Männliche Säugetiere produzieren generell zahlreiche kleine Spermien und streben danach, sich mit möglichst vielen Weibchen zu paaren. Im Gegensatz dazu produzieren Weibchen in der Regel weniger, aber dafür größere Eizellen und investieren mehr Zeit und Energie in die elterliche Betreuung des Nachwuchses. Die Partnerwahl spielt dabei für Weibchen eine bedeutendere Rolle als für die eher wahllosen Männchen.[27]

In einigen Tiergruppen sind auch Beispiele bekannt, wo sich die Väter sehr intensiv um den Nachwuchs kümmern, zum Beispiel männliche Seepferdchen, die ihre Jungtiere etwa 24 Tage lang in ihrer Bauchtasche heranreifen lassen[28], oder die in Südamerika beheimateten, flugunfähigen Nandus, bei denen die Männchen das Nest bauen, die Eier ausbrüten, die Küken während der ersten sechs Monate beschützen und die Weibchen nicht einmal in die Nähe des Nachwuchses kommen lassen[29].

Diese Unterschiede in der Reproduktionsbiologie und im Verhalten von Männchen und Weibchen führen zur sexuellen Selektion, bei der Mitglieder eines Geschlechts Partner des anderen Geschlechts für die Paarung auswählen (intersexuelle Selektion) und mit Angehörigen des gleichen Geschlechts um den Zugang zu Angehörigen des anderen Geschlechts konkurrieren (intrasexuelle Selektion).[30] Die Kombination dieser beiden Formen der Selektion führt dazu, dass einige Individuen einen höheren Fortpflanzungserfolg in einer Population haben, zum Beispiel aufgrund ihrer Attraktivität oder ihrer körperlichen Überlegenheit im Wettbewerb um Partner. Da empfängnisbereite Weibchen in der Regel die limitierende Ressource bei der Fortpflanzung sind, sind Männchen einem intensiveren intrasexuellen Wettbewerb um Paarungspartnerinnen ausgesetzt.[31] Bei vielen Säugetierarten, einschließlich Braunbären, hat dies zu einem deutlichen Geschlechtsdimorphismus geführt, also zu Unterschieden im Erscheinungsbild von Männchen und Weibchen und zu einem polygamen Paarungssystem.[32] Ein Beispiel für den Geschlechtsdimorphismus bei Säugetieren sind die Geweihe von Rothirschen *(Cervus elaphus),* die jedes Frühjahr neu gebildet und nach der Paarungszeit im Winter wieder abgeworfen werden. Das Gewicht eines Rothirschgeweihs beträgt fünf bis sieben, in Ausnahmefällen sogar bis zu zwölf Kilogramm.[33] Während der Brunftzeit verlieren Hirsche bis zu 25 Prozent ihres Körpergewichts, da sie wochenlang primär damit beschäftigt sind, konkurrierende Männchen in Schach zu halten und den Damen »schöne Augen« zu machen.[34] Den Großteil der Energie zur Reproduktion investieren die Männchen also in den intrasexuellen Wettbewerb, um die Weibchen zu gewinnen.

Braunbären zeigen einen sexuellen Dimorphismus in der Körpergröße: Die Männchen sind bis zu 50 Prozent größer als die Weibchen, was auf einen intensiven Wettbewerb zwischen den Männchen um den Zugang zu empfängnisbereiten Weibchen hinweist.[35] Männliche Braunbären sind zudem polygam und haben während der Paarungszeit im Frühling und Frühsommer meist mehrere Partnerinnen.[36] Je nach Region liegt der Höhepunkt der Paarungszeit zwischen Mitte Mai und Mitte Juli. In dieser Phase durchstreifen vor allem die Männchen, aber auch die Weibchen, weite Gebiete auf der Suche nach Paarungspartnern.[37]

Männchen und Weibchen bleiben zwischen wenigen Stunden und drei Wochen zusammen. Vermutlich gehen Männchen längere Verbindungen mit Weibchen ein, um zu verhindern, dass sich das Weibchen mit anderen Männchen paart. Manche versuchen gar, die Bärinnen an abgelegenen Orten wie zum Beispiel auf Bergrücken zu isolieren.[38] Die eigentliche Kopulation dauert im Allgemeinen 10 bis 40 Minuten und löst bei der Bärin den Eisprung aus.

Bärenmännchen konkurrieren intensiv um den Zugang zu den Weibchen, was zu schweren Verletzungen oder sogar zum Tod führen kann.[39] Typischerweise bestimmen Körpergröße, Zustand, Alter und Aggressivität den Dominanzstatus und den Fortpflanzungserfolg der Männchen, wobei größere und ältere Männchen mehr Nachkommen zeugen.[40]

Weibliche Braunbären erreichen die Geschlechtsreife im Alter von vier bis acht Jahren. Manche Weibchen sind schon zehn Jahre alt, wenn sie das erste Mal trächtig werden.

Skandinavische Braunbärinnen gebären durchschnittlich im Alter von fünf Jahren ihr erstes Junges, während Männchen im Alter von etwa fünf bis sechs Jahren die Geschlechtsreife erreichen, sich gelegentlich aber auch schon früher fortpflanzen.[41] Braunbären erreichen in der Natur normalerweise ein Alter von zwanzig bis dreißig Jahren. In Gefangenschaft können sie deutlich älter werden. Eine der ältesten bekannten Braunbären in Europa war die in den Wäldern des italienischen Trentino lebende Bärin Bel, die 2015 im Alter von 48 Jahren starb.[42]

Wir beobachteten also die Bärenfamilien am Margot Creek. Nachdem sich die erste Bärenmutter mit zwei Jungen aus diesem Jahr satt gegessen hatte, kam das nächste Trio. Kurz dachte ich, wir hätten es mit Eisbären zu tun, die vorher im Schlamm gebadet hätten, doch tatsächlich handelte es sich um eine sehr helle Bärin mit ebenso hellen Jungtieren aus diesem Frühjahr. Wenn die jungen Bären im Frühjahr die Höhle verlassen, beginnt auch das Fell sich zu verändern. Aus dem weichen Babyfell wird dann schnell das robuste, wetterbeständige Fell der Erwachsenen. Für die jungen Bären typisch ist ein weißer Kragen, der sich erst nach einigen Monaten, zum Teil sogar erst nach Jahren verwächst.

Die Fellfarbe von Braunbären kann durch Sonneneinstrahlung aufgehellt werden. Junge Bären zeigen oft weiße oder cremefarbene Abzeichen, die mit zunehmendem Alter verschwinden. Diese Markierungen können in Form eines Brustflecks oder eines durchgehenden Bands auftreten, das sich von der Brust über die Schultern bis zum Rücken erstreckt. Die Art und Ausprägung solcher Abzeichen variieren sowohl regional als auch individuell. Der Schulterbuckel der Braunbären ist besonders muskulös und mit langem Fell bedeckt, während die Behaarung im Bauchbereich spärlicher ist. Das Unterfell wird im Herbst entwickelt und im Frühjahr abgestoßen.

In Anbetracht des hellen Fells und des auffällig schmalen Schädels fragte ich mich, ob in der Ahnenlinie der Bären, die wir dort vor uns sahen, auch ein Eisbär vorkam. Tatsächlich gibt es Kreuzungen zwischen Eisbären und Braunbären. Eisbären und Braunbären gehören zur gleichen Gattung, *Ursus*, und können miteinander Nachwuchs zeugen, da sie genetisch eng miteinander verwandt sind. Als Hybriden bezeichnet man die Nachkommen von Eltern, die verschiedenen Arten oder Unterarten angehören.

Für die Nachkommen einer Paarung von Braun- und Eisbär hat man sich die Namen »Pizzly-« oder »Grolar-Bären« ausgedacht, abhängig davon, ob der Vater ein Grizzly oder ein Eisbär ist. Auch der Begriff Nanulak, ein Mix aus den beiden Inuit-Wörtern für Eisbär (Nanuk) und Grizzly (Aklak) wird manchmal verwendet. Kreuzungen zwischen beiden Arten treten auf, wenn beide in den gleichen geografischen Breiten leben und sich überlappende Lebensräume haben. Der erste Pizzly wurde im Jahr 2006 dokumentiert, als ein Jäger im Norden Kanadas einen Bären erlegte, der Merkmale beider Arten aufwies: einerseits weißes Fell wie das eines Eisbären, andererseits braune Flecken, einen buckligen Rücken und lange Krallen, was charakteristisch für Grizzlybären ist.[43]

Das Auftreten der Hybriden – manch einer nennt sie Cappuccino-Bären – wird von vielen als unmittelbare Folge der Klimakrise gewertet. Da durch die steigenden Temperaturen das Meereis zurückgeht, haben die Eisbären weniger Möglichkeiten, auf Eisschollen ruhende Robben zu jagen. Das treibt sie auf der Suche nach Nahrung aus ihrem Jagdgebiet heraus, in Richtung Süden aufs Festland. Gleichzeitig bewegen sich Grizzlys zunehmend in Richtung Norden, weil das schwindende Eis neue Lebensräume für sie verfügbar werden lässt.

Der wissenschaftliche Name einer Art gibt Auskunft über mögliche Verwandtschaftsbeziehungen. *Ursus arctos* – der Braunbär – und *Ursus maritimus* – der Eisbär – gehören ganz offenbar zur selben Gattung: *Ursus*. In der Biologie gilt die Regel, dass Individuen der gleichen Art angehören, wenn sie sich miteinander fortpflanzen können und daraus fortpflanzungsfähige Nachkommen entstehen. Um ein anderes Beispiel zu nennen: Der Europäische Grauwolf – *Canis lupus lupus* – und alle unserer Haushunde – *Canis lupus familiaris* – sind nicht nur Vertreter der gleichen Gattung, sondern auch der gleichen Art, sie stellen jedoch verschiedene Unterarten dar, wie das dritte Wort im wissenschaftlichen Namen verrät. Nachkommen von einem Wolf und einem Hund können fertile, das heißt fruchtbare Nachkommen zeugen. Die Eigenschaften eines Hybriden können Merkmale beider Elternteile kombinieren oder in einigen Fällen neuartige Merkmale aufweisen.

Wir beobachteten die Bären noch eine ganze Weile aus wenigen Hundert Metern Entfernung. Hier auf dem Wasser, im Boot, während sich die Bären am Ufer aufhielten, fühlten wir uns sicher, und dazu war die Lichtstimmung wahnsinnig schön. Auf wundersame Weise wurden wir weder nass vom Regen, noch wurden wir von den sich in der Ferne abzeichnenden Wellen überrascht. Es war wie im Film: Rings um uns herum tobte ein Gewitter, der Himmel war schwarz, und wir mittendrin. Im Auge des Sturms blieben wir verschont und konnten in Ruhe die Bären beobachten. Ich dachte darüber nach, wie lange diese Bärenfamilien wohl noch zusammenbleiben würden, bevor die Bärenkinder erwachsen wurden und sich von ihrer Mutter trennten.

Normalerweise bleibt der Nachwuchs eineinhalb bis zweieinhalb Jahre bei der Mutter. Während der Paarungszeit im dritten oder vierten Jahr ihres Lebens verlassen die Jungen ihre Mutter oder werden von ihr verscheucht.[44] Die Mütter verjagen oder verstoßen ihre Kinder allerdings nicht in aggressiver Weise. Die Abwanderung, bei der die Bären ihre Geburtsregion verlassen und sich selbstständig in einem eigenen Gebiet niederlassen, ist ein allmählicher Prozess, der sich über mehrere Jahre hinziehen kann.[45] Die Bärengeschwister verbringen ohne ihre Mutter häufig noch einen gemeinsamen Winter in einer Höhle, manchmal bleiben sie sogar noch einige Jahre zusammen, erkunden ihre Umgebung und gehen gemeinsam auf Nahrungssuche.

Männliche Bären wandern häufig über sehr große Entfernungen ab und können einige Jahre umherziehen, bevor sie ein mehr oder weniger festes Streifgebiet etablieren.[46] Die durchschnittliche Ausbreitungsdistanz für männliche Bären in Skandinavien beträgt 100 Kilometer,[47] und auch die Bären, die in den letzten Jahren in Bayern und Österreich nachgewiesen wurden, waren vermutlich männliche Jungbären aus dem Trentino, hatten also teilweise recht beachtliche Strecken zurückgelegt.

Der Hauptgrund für die weite Ausbreitung der Männchen liegt wahrscheinlich darin, Inzucht mit verwandten Bärinnen zu vermeiden.[48] Im Gegensatz dazu entfernen sich Weibchen deutlich seltener und weniger weit vom mütterlichen Heimatgebiet. In Skandinavien entfernen sich nur etwa 30 bis 45 Prozent des weiblichen Nachwuchses und legen dabei Entfernungen von durchschnittlich 10 bis 25 Kilometern zurück.[49] Dort fand man auch heraus, dass es häufiger Überlappungen von Streifgebieten verwandter Weibchen gibt, im Vergleich zu geringer Überlappung mit nicht verwandten Weibchen.[50] Bärinnen siedeln sich also bevorzugt in Gebieten an, in denen sich ihre Heimatgebiete mit denen anderer weiblicher Bären überlappen, mit denen sie wahrscheinlich früher in Kontakt standen, einschließlich ihrer Mütter.[51]

Die Bejagung von Bären kann erhebliche Auswirkungen auf deren soziale Struktur und Populationsentwicklung haben. So führt die Entnahme von Tieren durch die Jagd dazu, dass es Bereiche ohne Bären gibt, in die überlebende Tiere in der Folge ihre Streifgebiete verlagern.[52] So hat zum Beispiel in Schweden der Jagddruck auf Bären seit 2010 zugenommen und führte zu einem Rückgang der Bärenpopulation, wie von schwedischen Wildtiermanagern beabsichtigt.[53] Dies wiederum beeinflusst auch maßgeblich die Situation im benachbarten Norwegen, da die Bären normalerweise von Schweden aus herüberwandern, aber dieser Nachschub wird seit mehreren Jahren durch die Jagd verlangsamt.

Ohne Bejagung reguliert sich die Bärendichte von ganz allein – durch die Verfügbarkeit von Nahrung, Konkurrenz und auch durch Krankheiten.

Vielleicht haben Sie schon mal die Behauptung gehört, dass Raubtiere keine »natürlichen Feinde« besäßen und deshalb durch uns Menschen reguliert werden müssten. Wenn man bei natürlichen Feinden an noch größere Tiere denkt, die Bären, Luchse oder Wölfe fressen würden, stimmt das wohl: Vielmehr werden sie durch die Verfügbarkeit ihrer Nahrung reguliert und doch, sie besitzen auch natürliche Feinde, nur eben keine größeren, sondern ganz, ganz kleine: Bakterien, Viren und Parasiten.

Die Liste der Krankheiten, von denen Braunbären befallen werden können, ist lang und reicht von diversen bakteriellen Infektionen wie Brucellose, Borreliose, Leptospirose und Botulismus über virale Erkrankungen wie Tollwut, Parvovirose und Staupe bis hin zu diversen parasitären Erkrankungen.

Hierzu müssen Sie wissen, dass ich Parasiten liebe. Wäre ich nicht Naturschützer geworden, dann bestimmt Parasitologe. Die Strategien, die Bakterien, Einzeller, Pilze, Tiere und Pflanzen entwickelt haben, um auf Kosten anderer Organismen zu leben, sind so faszinierend, dass sie nur aus dem natureigenen Lehrbuch der Evolution selbst stammen können. Haben Sie schon mal von den parasitisch lebenden Pilzen der Gattung *Ophiocordyceps* gehört? Sobald die Sporen des Pilzes auf einer Ameise landen, beginnen sie zu keimen und dringen über die Luftröhre in den Körper des Insekts ein. Der Pilz bildet dann fadenförmige Zellen und ernährt sich langsam von den Organen seines Wirtes, ohne die Ameise sofort zu töten. Schließlich bewirken chemische Botenstoffe, die der Pilz produziert, eine Verhaltensänderung der Ameise: Sie klettert auf die Spitze einer Pflanze und beißt sich dort fest. Diese »Zombie-Ameise« ist der Fortpflanzungsstrategie des Pilzes unentrinnbar ausgesetzt. Sobald der Pilz bereit ist, Sporen zu bilden, frisst er das Gehirn der Ameise und tötet sie. Am Körper der Ameise wächst dann ein Stiel, an dessen Spitze sich der Fruchtkörper des Pilzes bildet, von dem viele neue Sporen auf den Boden fallen – wo sie auf anderen Ameisen landen. Der Kreislauf beginnt von Neuem. Dem Vertreter *Ophiocordyceps sinensis,* der Raupen befällt, werden sogar heilende Eigenschaften nachgesagt. Ich erinnere mich noch, wie ich mich einmal auf einer Wanderung in Nepal darüber wunderte, was die Menschen hoch im Gebirge, versteckt zwischen Grasbüscheln, auf dem Boden entlangrobbend, suchten. Der Wurmpilz, wie manche ihn auch nennen, dürfte einer der teuersten Pilze der Welt sein. Durch die hohe Nachfrage für die Nutzung im Rahmen Traditioneller Chinesischer Medizin ist ein Kilogramm der toten Zombieraupen über 100 000 US-Dollar wert.[54]

Parasitisch lebende Wespen legen ihre Eier mithilfe eines Bohrstachels in anderen Insekten ab. Die heranwachsende Larve entwickelt sich in ihrem Wirt und frisst ihn bei lebendigem Leibe von innen heraus auf.

Ich schweife ab, Sie wollen ja schließlich etwas über Bären lesen, aber verstehen Sie jetzt, wieso ich im nächsten Leben Parasitologe werde?

Ein häufiger Parasit von Braunbären ist der kleine Leberegel *(Dicrocoelium dendriticum).* In einer Untersuchung an Kantabrischen Braunbären im Norden Spaniens wurde er in fast 60 Prozent aller untersuchten Losungsproben nachgewiesen. D. d. (Deedee), wie ich ihn liebevoll nenne, hat einen wirklich ausgebufften Entwicklungszyklus. Der erwachsene Egel lebt in der Gallenblase und den Gallengängen von Grasfressern wie Schafen, Ziegen, Rindern, aber eben auch Bären. Sie fungieren als Endwirte für den kleinen Wurm, da er sich in ihnen fortpflanzen und Eier bilden kann. Die Eier, die kleine Larven enthalten, werden über den Kot ausgeschieden, der von Schnecken aufgenommen wird. Verschiedenste Gehäuseschnecken lieben die pflanzlichen Überreste im Kot von Tieren und nehmen mit den Grasresten auch die Mirazidien – wie die Larven genannt werden – auf. In den Schnecken, die erster Zwischenwirt sind, entwickeln sich die Mirazidien zu sogenannten Zerkarien: Saugwürmern, die drei bis fünf Monate benötigen, um auszuwachsen. Die Schnecke versucht diese Wurmpakete, die in ihrer Atemhöhle leben, loszuwerden und scheidet sie in großen Schleimballen aus. Und es geht weiter! Wieder sind Ameisen im Spiel, die im Schleim der Schnecken eine nahrhafte Mahlzeit wittern. Doch auch die Zerkarien nehmen – wie der Pilz – Besitz von der Ameise und steuern ihr Verhalten. Die Sechsbeiner sind dazu verdammt, sich an einem kühlen Sommerabend an Grasspitzen oder Blüten festzubeißen, wo sie dann am nächsten Tag von einem daherkommenden Pflanzenfresser verspeist werden. Und der Kreislauf beginnt von Neuem. Der kleine Leberegel, der bei Bären sehr häufig ist, kann prinzipiell auch auf den Menschen als End- beziehungsweise Fehlwirt gelangen. Doch dazu müssten Sie schon einen ungewaschenen selbst gepflückten Wildkräutersalat essen, auf dem sich zufälligerweise noch einige Zombie-Ameisen befinden.

Es gibt bislang wenige Forschungsarbeiten zu parasitären Erkrankungen bei Bären, aber vermutlich stören die Leberegel nicht sonderlich. Insbesondere eine Mischinfektion, also ein Befall von mehreren Parasiten gleichzeitig, kann aber prinzipiell zu einer Schwächung der Grundkondition führen. In der Studie aus Spanien wurden in vielen Proben auch Erreger der Nematodenart *Baylisascaris transfuga* gefunden. Dieser Spulwurm kommt ausschließlich in Bären vor, die Beziehung zwischen beiden ist damit ein interessantes Beispiel für Koevolution. Damit ist der Prozess gemeint, bei dem zwei oder mehr Arten, die in einer engen Wechselbeziehung stehen, sich gegenseitig beeinflussen und sich im Laufe der Zeit gemeinsam entwickeln. Der Bären-Spulwurm hat sich im Laufe der Jahrmillionen so stark spezialisiert, dass er nur in Bären vorkommt und bereits in allen acht Bärenarten weltweit nachgewiesen wurde (lediglich die Nachweise beim Andenbär sind nicht ganz eindeutig). Die Häufigkeit des Auftretens der Nematoden – man spricht auch von Prävalenz – unterscheidet sich jedoch nach Art und Region. So lagen die Infektionsraten bei Braunbären in Montana und Wyoming bei 80 Prozent, während bei Braunbären in Alaska gar kein Befall nachgewiesen werden konnte.

Die weiblichen Würmer werden bis zu 24 Zentimeter lang, und ihre Eier können bis zu fünf Jahre lang in der Umwelt überleben. Da infizierte Bären zwischen 100 und 19 800 Eier pro Gramm Kot abgeben, kontaminieren sie ihre Umwelt schnell und nachhaltig mit *B. transfuga*. Kein Wunder also, dass die Prävalenz in einigen Regionen sehr hoch ist.[55]

Auch wenn sie bei Braunbären relativ selten vorkommt, lohnt sich noch ein kurzer Blick auf die Tollwut. Sie ist eine der ältesten bekannten, vom Tier auf den Menschen übertragbaren virusbedingten Infektionskrankheiten (Zoonosen), befällt das zentrale Nervensystem und ist weltweit verbreitet. Die Erreger der Tollwut sind die sogenannten Lyssaviren, die vor allem bei Fledermäusen und Flughunden vorkommen. Achtzehn der bislang bekannten Lyssaviren kommen ausschließlich bei Fledertieren vor; die Übertragungen auf Mensch und Tier sind eher selten. Der Erreger der weltweit vorkommenden »klassischen Tollwut« ist das Rabiesvirus, das vor allem durch Fleischfresser, insbesondere Hundeartige, verbreitet wird. Füchse, Waschbären und Marderhunde gelten als Hauptüberträger, Bären werden nur selten befallen. Dank intensiver Bekämpfungsprogramme konnte die in Europa vorherrschende Fuchstollwut in weiten Teilen des Kontinents getilgt werden. Mittlerweile gelten viele Länder in West- und Mitteleuropa, inklusive Deutschland, als tollwutfrei. Sie brauchen also keine Angst zu haben, hierzulande auf einen tollwütigen Bären (oder ein anderes tollwütiges Landtier) zu treffen, bei dem Sie sich anstecken könnten.[56]

Doch zurück nach Alaska. Der Tag neigte sich dem Ende entgegen, und wir machten uns zum letzten Mal auf die Suche nach einem Schlafplatz. Tatsächlich fanden wir eine Insel, die weit entfernt vom Ufer lag. Dort fühlten wir uns sicher und genossen die Abendsonne, die die Alëutenkette vor dem Hintergrund des abziehenden Gewitters anstrahlte.

Am nächsten Tag stand dann die letzte Etappe zurück nach Brooks Camp an, die ohne große Zwischenfälle verlief; allerdings bekamen wir eine Kostprobe davon, was es bedeutet, wenn hier Sturm herrscht. Auf den letzten Kilometern mussten wir ordentlich gegen Wind und Wellen anrudern. Doch dieses Mal hatten es die Williwaws und die Braunbären gut mit uns gemeint.

RUMÄNIEN

»Plimbă ursul.«

Rumänisches Sprichwort, etwa: »Führ den Bär aus!«, also: Kümmere dich um deine eigenen Angelegenheiten!

Es ist Ende Juni 2023, als ich nach Cluj-Napoca reise, in die Hauptstadt Transsilvaniens. Ich möchte mir in den Karpaten ein Bild davon machen, wie die Menschen hier seit Jahrhunderten mit Braunbären zusammenleben, und außerdem die einzige Auffangstation für Bärenwaisen in Europa besuchen. Am Flughafen treffe ich Cristi, meinen Kollegen vom WWF Rumänien. Wir fahren mit dem Auto ins viereinhalb Stunden entfernte Miercurea Ciuc, die Hauptstadt des Bezirks Harghita – eine der Regionen Rumäniens mit den meisten Bären und vielen daraus resultierenden Konflikten.

Es regnet, wir erzählen, und wir schweigen. Ich genieße die Fahrt durch die Landschaft, da ich von Rumänien bislang nur Bukarest und einen kleinen Teil der südlichen Karpaten kenne.

Die rumänischen Karpaten sind Heimat einer der größten verbliebenen Braunbärenpopulationen in Europa. Das Umweltministerium gibt die Zahl der Tiere mit 7500 bis 8000 an.[1] Wie viele Bären es tatsächlich sind, ist nicht klar, weil es kein einheitliches Monitoring gibt. Manche Umweltverbände sprechen davon, dass es möglicherweise nur 2000 Bären sind. Aus Kreisen der Jägerschaft hört man hingegen, dass es über 10 000 seien.

Die Zahl der Bären ist immer wieder Anlass zum Streit zwischen Naturschützern und Jägern: Den örtlichen Jagdverbänden wird vorgeworfen, sie gäben bewusst zu hohe Zahlen an, um eine Bejagung der Tiere und somit eine Begrenzung der Bestände zu rechtfertigen. Auf der anderen Seite heißt es, Naturschützer würden zu niedrige Zahlen nennen, um zu verhindern, dass der strenge Schutz der Raubtiere infrage gestellt wird. Es ist gar nicht so einfach, sich von außen ein Bild zu machen, das der Realität möglichst nahe kommt.

In Rumänien waren Bären – anders als in den meisten Ländern Westeuropas – nie ausgerottet. Es gab schon immer Bären dort, auch wenn sie immer wieder bejagt wurden. Der ehemalige kommunistische Machthaber Nicolae Ceauşescu (1918–1989) selbst war wohl ein großer Bärenfreund und ein eher exzessiver Bärenjäger. Regelmäßig organisierte das Zentralkomitee der Partei Jagden, bei denen es selbstverständlich Ceauşescu vorbehalten war, das größte Tier zu erlegen.

Es wird gesagt, dass er persönlich mehr als tausend Bären geschossen habe und diese von Helfern förmlich vor seine Büchse getrieben wurden. Um seine Gier nach prächtigen Jagdtrophäen zu befriedigen, sollen Bären in eigens dafür errichteten Gehegen aufgezogen worden sein, um ständigen Nachschub für den Jagdeifer des Staatsführers sicherzustellen. Die Tiere wurden sogar für die internationalen Beziehungen zu befreundeten Machthabern genutzt. So wird zum Beispiel erzählt, dass die mächtigen Karpatenbären zur Blutauffrischung des kleineren Bärenbestands in Bulgarien extra mit Militärflugzeugen dorthin gebracht und bis zur Freilassung im Balkangebirge und den Rhodopen in eigens errichteten Stationen gehalten wurden. Genetische Untersuchungen des Senckenberg-Instituts belegen, dass es diese »Luftverbreitung« mit sehr hoher Wahrscheinlichkeit wirklich gegeben hat. Aus Haaren und Kot hat man 2014 DNA von bulgarischen Bären untersucht und die Verwandtschaft zu ihren rumänischen Artgenossen nachweisen können. Eine natürliche Zuwanderung der rumänischen Bären nach Bulgarien gilt aufgrund der großen Distanz als sehr unwahrscheinlich.[2]

Am Abend treffen wir eine Kollegin, Carmen, die neben dem Bärenwaisenhaus auch das Wisentprojekt des WWF Rumänien betreut. Wir trinken Ursus-Bier und sprechen über Bären, Wölfe, Luchse und Wisente und über unseren Besuch bei Leo, der für den nächsten Vormittag geplant ist.

Eine Menge Holz

Leo betreibt seit zwanzig Jahren die europaweit vermutlich einzige Auffangstation für Bärenwaisen. Ich freue mich sehr, ihn endlich persönlich zu treffen, und möchte mehr darüber erfahren, wie er die mutterlosen Bärenjungen aufnimmt, hochpäppelt und auf das Leben in Freiheit vorbereitet.

Die Station befindet sich mitten im Wald, umgeben von Bergen im Herzen der Karpaten. Wenn ich an die Karpaten denke, stelle ich mir unberührte Natur vor, schier endlose alte Wälder voller riesiger Buchen, Berge bis zum Horizont, voll von Luchsen, Bären und Wölfen. Tatsächlich sind die Karpaten eines der größten Gebirge Europas. Sie bilden einen über 1300 Kilometer langen, 100 bis 350 Kilometer breiten Bogen und erstrecken sich über acht Staaten. Den größten Anteil an den Karpaten haben die Slowakei und Rumänien. Die höchsten Erhebungen sind die Hohe Tatra in der Slowakei, gefolgt von den Fagaras-Bergen in Rumänien, nordwestlich von Bukarest. Teile der karpatischen Buchenwälder sind als UNESCO-Weltnaturerbe geschützt. Rumänien beherbergt den zweitgrößten Anteil alter und urzeitlicher Buchenwälder innerhalb des Welterbes: etwa 23 000 Hektar. Ursprünglich umfasste die grenzüberschreitende Welterbestätte, die im Jahr 2007 ernannt wurde, zehn Waldgebiete in der Slowakei und der Ukraine. Im Jahr 2011 wurden sogar fünf Buchenwaldgebiete in Deutschland hinzugefügt, und die Stätte erhielt den Namen »Urwälder der Karpaten und alte Buchenwälder Deutschlands«. Mit dieser ersten Erweiterung empfahl das UNESCO-Welterbekomitee gleichzeitig, weitere bemerkenswerte Buchenwaldbestände in Europa zu identifizieren, um den Schutz dieses einzigartigen Waldökosystems sicherzustellen und den Ausbreitungsprozess der Buche angemessen darzustellen.[3]

Der Grund: Das Erscheinungsbild Europas ist maßgeblich von seinen Buchenwäldern geprägt. Vor 6500 Jahren erstreckten sie sich über 40 Prozent des europäischen Kontinents. Die Anpassungsfähigkeit der Buche ermöglichte es ihr, sich innerhalb weniger Jahrtausende nach der letzten Eiszeit von isolierten Gebieten in den Alpen, den Karpaten und den Pyrenäen auszubreiten. Ohne den Einfluss des Menschen wäre auch Deutschland heute zu zwei Dritteln von Buchenwäldern bedeckt. Im Jahr 2017 wurde die Welterbestätte um 63 und 2021 um weitere sechzehn Teilgebiete erweitert und umfasst nun Buchenwaldgebiete in achtzehn Staaten. Gemeinsam bilden diese Teilgebiete ein außergewöhnliches Beispiel für unberührte, komplexe Laubwälder in der gemäßigten Zone. Sie beherbergen unterschiedlichste Wälder unter verschiedenen Umweltbedingungen: ein unschätzbares genetisches Reservoir der Buche und zahlreicher Arten, die mit diesen Waldökosystemen verbunden und gleichzeitig von ihnen abhängig sind.

Wir treffen Leo am Ende eines Dorfes auf einem Parkplatz, von dem eine Forststraße in den Wald führt. Mehrere Holzpolter sind hier aufgestapelt. Der Wald spielt nicht nur für die Tiere und Pflanzen, die in ihm leben, eine wichtige Rolle. Die lokale Bevölkerung nutzt ihn als Ressource für Brenn- und Bauholz, zudem werden die rumänischen Wälder von internationalen Konzernen ausgebeutet.

Die forstwirtschaftliche Praxis in Rumänien ist immer wieder Gegenstand großer Diskussionen und diverser Skandale. Wälder wurden mit dem FSC-Siegel für nachhaltige Forstwirtschaft zertifiziert, obwohl es hier Kahlschläge gab, die nach den Kriterien des Siegels verboten sind. Auch IKEA stand in der Kritik, weil es Holz aus diesen Quellen bezogen haben soll. Vor Jahren wurde bekannt, dass der österreichische Holzkonzern Schweighofer in Rumänien systematisch illegal geschlagenes Holz aufkaufte.

Die Holzindustrie in Rumänien steht im Ruf, besonders anfällig für Korruption zu sein. Die verarbeitenden Unternehmen haben eine Vielzahl von Zulieferern, von denen einige in undurchsichtige Geschäftspraktiken verwickelt sein sollen. Die Verlockung ist groß, in Anbetracht der Profitaussichten und der hohen internationalen Nachfrage nach rumänischem Holz mehr Holz aus den letzten riesigen Urwäldern Europas zu gewinnen, als erlaubt ist.[4]

Illegaler Holzeinschlag ist allerdings ein weltweites Problem.

Laut Interpol sind bis zu 30 Prozent des weltweit gehandelten Holzes illegal. Insgesamt hat sich der illegale Holzhandel in den letzten Jahren zu einem der lukrativsten Geschäftsfelder der organisierten Kriminalität entwickelt. In Rumänien verschwinden offiziellen Zahlen zufolge jährlich etwa 20 Millionen Kubikmeter Holz. Das ist mehr Holz, als legal geschlagen wird. Verantwortlich dafür, dass einige der letzten Urwälder Europas abgeholzt werden, ist ein System, das sowohl Strafermittler als auch Umweltaktivisten als »Holzmafia« bezeichnen: kriminelle Forstunternehmen, die Bäume im großen Stil illegal schlagen und die Stämme dann an Sägewerke verkaufen. Das zumindest berichten laut einer Recherche von NDR, WDR und SZ mehrere Insider.[5]

Die massive Korruption in der Forstwirtschaft ist in Rumänien ein offenes Geheimnis. Mittlerweile läuft sogar ein EU-Vertragsverletzungsverfahren gegen das Land in dieser Sache. Dabei braucht die rumänische Holzwirtschaft selbst nur einen Bruchteil des Holzes, das derzeit jährlich in Rumänien geschlagen wird. Der überwiegende Teil der Nachfrage wird von internationalen Konzernen generiert, die aus dem Holz Pressspanplatten, Pellets und Billigmöbel herstellen, die auch auf dem deutschen Markt landen.

Ein verschlafenes halbes Leben

Forstwirtschaftliche Aktivitäten in den Herbst- und Wintermonaten sind hauptsächlich dafür verantwortlich, dass es die Station von Leo überhaupt gibt. Denn wenn Braunbärinnen während ihres Winterschlafes gestört werden, zum Beispiel durch Forstarbeiten, kann es sein, dass sie flüchten und ihre dann oft erst wenige Tage oder Wochen alten Jungen zurücklassen. Und ohne ihre Mütter sind die kleinen Bären nicht überlebensfähig.

Normalerweise bleiben die Jungtiere, die ausschließlich in den Wintermonaten geboren werden, so lange bei ihrer Mutter, bis diese sich wieder paaren möchte und sich der Familienverband auflöst. Das ist frühestens im zweiten Frühling nach der Geburt der Fall. Die durchschnittliche Wurfgröße liegt zwischen 1,3 und 2,5 Jungtieren. Die maximale Wurfgröße beträgt fünf.[6]

Obwohl sich Bären bereits zwischen Mai und Juli paaren und die eigentliche Trächtigkeit nur rund 56 Tage dauert, werden die Jungen erst ein halbes Jahr nach der Paarung geboren. Das befruchtete Ei nistet sich erst sechs bis acht Wochen vor der Geburt, also in der Regel im November oder Dezember, in der Gebärmutter ein. Man spricht von Eiruhe oder verzögerter Implantation. Auch bei Reh, Dachs, Marder, Hermelin und Seehund ist dieses Phänomen zu beobachten. Durch die verlängerte Tragzeit fällt bei diesen Arten die Geburt und somit die Aufzucht der Jungtiere in die klimatisch günstigere Jahreszeit, den Frühling. Anders jedoch bei den Bären, die mitten im Winter, im Januar oder Februar, geboren werden.

Der kurze Zeitraum der Entwicklung des Embryos senkt die energetischen Kosten der Fortpflanzung; außerdem hat die Natur dadurch einen cleveren Mechanismus geschaffen: Wenn die Bärin vor Beginn des Winterschlafs nicht genug Gewicht zugelegt hat und somit nicht genug Energie für die Aufzucht von Jungen zur Verfügung hätte, nistet sich das Ei erst gar nicht ein. Studien haben gezeigt, dass der Körperfettanteil bei der Bärin mindestens 20 Prozent betragen muss, damit es überhaupt zu einer Trächtigkeit kommt. Braunbärinnen sind auch in der Lage, sowohl den Geburtstermin als auch die Wachstumsrate ihrer Jungen in Abhängigkeit von ihren eigenen Fettreserven zu variieren. Weibchen mit besserer körperlicher Kondition gebären früher, säugen ihre Jungen länger in der Höhle und haben hochwertigere Milch als Weibchen mit schlechterer Kondition.[7]

Während die Temperaturen ihren Tiefpunkt erreichen, die Nächte lang und die Tage kurz sind und die Wälder in Schnee oder Eis gehüllt sind, bringt die Bärenmutter mitten im Winterschlaf ihre Jungen zur Welt.

Natürlich gebärt die Bärenmutter nicht im Schlaf, sondern in einem halb wachen, halb schlafenden Zustand. Bärenjunge sind bei Geburt mit etwa 300 bis 500 Gramm im Verhältnis zu ihrer Mutter extrem klein und haben weniger als ein Prozent des Körpergewichts ihrer Mutter. Gäbe es bei uns Menschen ein ähnliches Verhältnis, würde eine 65 Kilogramm schwere Mutter einen gerade einmal 160 Gramm schweren Säugling zur Welt bringen.

Bei der Geburt sind die Augen der Bärenwinzlinge geschlossen, und sie erscheinen nackt, obwohl sie mit kurzen grauen Haaren bedeckt sind. Erst nach drei Wochen öffnen sich ihre Augen – in der Dunkelheit der Höhle müssen sie vorher noch nichts sehen können. Sie sind aber bereits nach der Geburt in der Lage, zu riechen, zu schmecken und auf Berührungen zu reagieren – unentbehrliche Sinne für das Auffinden der duftenden Zitzen mit der nahrhaften Milch.

Die winzigen Bären haben also in den nächsten Wochen einiges an Gewicht und Entwicklung aufzuholen – und das in der kältesten, nahrungsärmsten Zeit des Jahres. Es gehört schon zu den Wundern der Natur, dass die Bärenmutter ihre Jungen in den nächsten drei bis vier Monaten lediglich von den im Vorjahr angelegten Fettvorräten ihres Körpers ernährt. Die Milch der Bärin ist sehr energiereich mit einem Fettgehalt von bis zu 25 Prozent. Zum Vergleich: Menschliche Milch ist mit Kuhmilch vergleichbar und enthält im Allgemeinen zwischen drei und fünf Prozent Fett. Die Zusammensetzung der Milch ändert sich im Verlauf der Zeit. Die allererste Milch, die junge Säugetiere erhalten, wird auch als Kolostrum, Vormilch, Biestmilch oder Erstmilch bezeichnet. Jedes weibliche Säugetier produziert diese dicke, gelbliche Milch in den ersten Tagen nach der Geburt. Sie ist im Allgemeinen reicher an Proteinen als an Fetten und Kohlenhydraten und enthält wichtige Antikörper, die für den Aufbau des Immunsystems der Säuglinge entscheidend sind. Sie versorgt das Neugeborene zudem mit einer Vielzahl von Vitaminen, Wachstumsfaktoren und Mineralien, die ihm einen guten Start ins Leben ermöglichen.

Aus dieser Art Milch werden in manchen Ländern auch wohlschmeckende Dinge für Menschen hergestellt. Wie wäre es denn zur Abwechslung mit einem Streifen Brieschkuchen, oder darf es doch lieber ein Stück Kolostrumtorte sein? In Schweden gibt es ein traditionelles Rezept für einen Pudding mit dem Namen »Kälbertanz«. Neben frischer Erstmilch einer Kuh gehören noch Eier, Zucker und Zimt dazu, und serviert wird das Ganze mit einem Kompott aus Preisel-, Heidel- oder Moltebeeren. Ich konnte diesen Pudding selbst schon einmal probieren und fand ihn köstlich, auch wenn ich beim Essen ein schlechtes Gewissen hatte: Wurde dem Kalb für meine Nachspeise tatsächlich die Milch stibitzt?

Zum Glück nicht: Traditionell gehörte die Erstmilch der Mutterkuh für zwei bis drei Tage ganz dem Kalb. Zwischen dem dritten bis fünften Tag wurde ein Teil davon gemolken und zu speziellen Gerichten verarbeitet. Der Begriff »Biest« geht übrigens nicht auf ein Monster, sondern auf das Verb *bies(t)en* zurück, was »melken« bedeutet.

Doch zurück zu unseren Bärenjungen. Wenn diese im Frühsommer das erste Mal den Bau verlassen, hat sich ihr Gewicht bereits verzwanzigfacht, und sie bringen fünf bis sechs Kilogramm auf die Waage. Mit dem Verlassen der Höhle und dem Beginn des Sommers legen die jungen Bären dann einen Entwicklungsturbo ein: Bis zu 1,3 Liter Milch trinkt jedes Bärenjunge am Tag. Für das Muttertier ist das eine körperliche Herausforderung: Bei zwei oder sogar drei Jungen muss die Bärin täglich bis zu fünf Liter Milch produzieren. Mit rund fünf Monaten nehmen die jungen Braunbären erstmals feste Nahrung zu sich. Von der Muttermilch endgültig entwöhnt werden sie jedoch erst mit anderthalb bis zweieinhalb Jahren.

Weibliche Braunbären sind bis zu einem Alter von Mitte bis Ende zwanzig gebärfähig. Die Abstände zwischen den Geburten variieren: In einigen europäischen Populationen betragen sie nur zwei

Jahre, in Nordamerika in der Regel drei Jahre, und manchmal dauert es mehr als vier Jahre, bis die Bärin nach der letzten Geburt wieder trächtig wird.[8] Längere Wurfintervalle treten auf, wenn die Mütter mehr Zeit für die Aufzucht ihrer Jungen in ungünstigeren Lebensräumen benötigen, zum Beispiel im Hochgebirge Pakistans, wo der Abstand zwischen zwei Geburten im Durchschnitt 5,7 Jahre beträgt. Damit haben Braunbären eine der niedrigsten Fortpflanzungsraten unter den Säugetieren. Auch das ist ein Grund dafür, dass insbesondere kleine, junge Bärenpopulationen nur langsam wachsen und sehr anfällig gegenüber Störungen oder auch Ausbrüchen von Krankheiten sind.

Die winterlichen Stoffwechselanpassungen von Säugetieren gehören mit zu den erstaunlichsten Erscheinungen im Tierreich. Winterschläfer verstecken kein Futter für den Winter oder ziehen in wärmere Gefilde, nein: Sie reduzieren alle Lebensfunktionen drastisch auf ein Minimum, um den kalten und nahrungsarmen Monaten zu entkommen. Puls und Atmung und selbst die Körpertemperatur fahren deutlich herunter. Den Rekord hält hierbei das Arktische Erdhörnchen *Urocitellus parryii*, das seine Körpertemperatur sogar bis auf minus 2,9 °C absenken kann.

Kleine Säugetiere wie Fledermäuse, Murmeltiere oder Hamster schlafen nahezu den gesamten Winter durch. Ein körpereigenes Frostschutzprogramm verhindert dabei das Gefrieren ihres Blutes sowie Schädigungen des Körpergewebes. Beim Arktischen Erdhörnchen schlägt das Herz im Winter statt 200 Mal nur noch drei bis fünf Mal pro Minute; ein Atemzug pro Minute muss reichen. Darüber hinaus sind die kleinen Nager sogar in der Lage, den Stickstoff, der beim Abbau der Muskulatur während der bewegungslosen Phase eintritt, wieder in Aminosäuren umzuwandeln und daraus Proteine zusammenzustellen, die geschwächtes Gewebe wiederherstellen.[9]

Lange Zeit dachte man, Bären seien keine »echten« Winterschläfer, da sie relativ leicht aufwachen können. Zudem senken sie ihre

Körpertemperatur nicht in demselben Maße ab wie andere Säugetiere. Nach neuerem wissenschaftlichen Verständnis ist der Winterschlaf jedoch nicht nur durch eine Absenkung der Körpertemperatur charakterisiert, sondern insgesamt durch ein Herunterfahren des Stoffwechsels, also auch der Herz- und Atemfrequenz. Bären reduzieren ihre Körpertemperatur während des Winters nur um fünf bis sechs Grad. Offenbar gelingt es ihnen jedoch, ihren Metabolismus unabhängig von der Temperatur herunterzufahren, und zwar um 20 bis 50 Prozent. Somit können sie in meinen Augen mit Fug und Recht als echte Winterschläfer bezeichnet werden. Wenn sie sich im Winterschlaf befinden, schlägt das Herz eines Braunbären nur acht bis zehn Mal, und ein Atemzug pro Minute reicht aus, um den Körper mit Sauerstoff zu versorgen und Kohlendioxid aus dem Körper zu entfernen.

Braunbären verbringen den Winter meist in einer Höhle, um vor Kälte geschützt zu sein. Dabei gibt es – je nach Gelände und Vegetation – die unterschiedlichsten Arten von Höhlen, als da wären: Untergrundhöhlen, Felsenhöhlen, Baumhöhlen, Wurzelhöhlen, nestartige Höhlen und Höhlen unter umgeknickten Bäumen oder in verlassenen Ameisenhügeln. Während eine klassische Untergrundhöhle dem Bären einiges an Arbeit abverlangt, da er sie aktiv ausgräbt, dabei auch Äste oder Wurzeln entfernt und gut und gern ein paar Tage damit beschäftigt ist, machen sich Bären im Gebirge gern Felsnischen oder -höhlen zunutze. Hier müssen sie sich lediglich um Einstreu für ein bequemes Lager kümmern. Erstaunlich ist, dass die Öffnungen der Höhlen in vielen Fällen sehr schmal sind. Die Durchmesser der Eingänge sind mitunter deutlich unter einem Meter, was dem Bären aber ausreicht, um sich hindurchzuzwängen. Gelegentlich kommt es auch vor, dass Bären ihr Winterlager in verlassenen Schuppen oder Jagdhütten, manchmal auch unter Häusern oder in Heuhaufen aufschlagen.

In der Regel wird jedes Jahr eine neue Höhle bezogen. Je dichter der Wald und je mehr Schneesicherheit, desto besser, denn: Werden die Bären gestört, wachen sie sehr schnell auf und verlassen sogar die Höhle. Eine Besonderheit, denn bei kleinen Säugetieren dauert das Aufwachen aus dem Winterschlaf mehrere Tage.

Braunbären sind die größten Säugetiere, die sich in den Winterschlaf begeben. Abhängig von der Klimazone und den Umweltbedingungen können sie mehr als die Hälfte ihres Lebens in Winterhöhlen verbringen, jedes Jahr und je nach Region zwischen fünf und sieben Monate. Der Beginn und die Dauer der Winterruhe variieren je nach Umweltbedingungen. Normalerweise beginnt sie mit den ersten frostigen Nächten zwischen Oktober und Dezember und endet zwischen März und Mai. In südlicheren Gebieten halten Bären entweder gar keinen Winterschlaf oder eine verkürzte Version davon. So begeben sich Bären in Spanien oder Kroatien nicht in Winterschlaf, während im Katmai-Nationalpark in Alaska die meisten Bären im Oktober und November in ihre Höhlen gehen und dann den bis zu achtmonatigen Winterschlaf beginnen. Um das optimale Winterlager zu finden, unternehmen die Bären zum Teil mehrtägige Wanderungen. So ziehen Bären im Katmai-Nationalpark gezielt aus den Tallagen der Flüsse und Seen in die Höhenlagen der Berge, wo sie sich auf eine beständige, dicke Schneeschicht verlassen können.

Während des Winterschlafs nehmen Braunbären weder Nahrung noch Wasser zu sich und setzen keinen Kot oder Urin ab, obwohl sie in dieser Zeit durchaus Kot in kleiner Menge produzieren. Bären sind nicht für ein Futtersuchen im Winter gemacht und deshalb besonders empfindlich für Störungen, denn jedes Aufwachen und gegebenenfalls sogar Verlassen der Winterhöhle bedeutet einen Verlust von Energie, die sie im Winter nicht wieder aufladen können.

Umso erstaunlicher, dass sogar die Trächtigkeit, die Geburt und die Stillzeit in die Monate des Winterschlafs fallen. Bären verlieren während der Wintermonate 20 bis 45 Prozent ihres Körpergewichts, stillende Weibchen sogar noch mehr.[10]

Um einen Winter ohne Nahrung und Wasser zu überstehen, ist Vorbereitung erforderlich. Deshalb legen Bären im Herbst deutlich an Gewicht zu. Grizzlys in Nordamerika nehmen in dieser Zeit bis zu 20 000 Kalorien täglich zu sich und können dadurch pro Tag bis zu 1,5 Kilogramm zulegen. Die Energie wird in Form von Fettreserven eingelagert, die dann für den winterlichen Stoffwechsel zur Verfügung stehen. Interessanterweise lagern sich diese Fette nicht an den Gefäßwänden ab, sodass sie ohne Gesundheitsrisiko eingelagert werden können. Bären leiden daher nicht an Arteriosklerose.

Auch der übermäßige Konsum von Fruchtzucker scheint den Bären nicht zu schaden. Denn neben Fisch, Nüssen, Eicheln und Bucheckern vertilgen sie vor dem Winterschlaf massenhaft Beeren – je nach Region wohl bis zu 200 000 Stück pro Tag. In der Folge werden die Tiere ähnlich wie Menschen, die zu viel Fruchtzucker und Fett zu sich nehmen, übergewichtig, ihre Blutfettwerte steigen an, und sie entwickeln eine Insulinresistenz. Die Zellen reagieren dann weniger empfindlich auf Insulin und nehmen weniger Zucker auf. Beim Menschen kann Diabetes die Folge sein, doch bei Bären ist dieser Prozess reversibel: Sobald sie aus dem Winterschlaf aufwachen, sind sie wieder schlank und kerngesund[11], und dies, ohne Muskelmasse und Knochendichte eingebüßt zu haben. Umstände, die das Interesse der Forschung geweckt haben: Liegt im Geheimnis der Physiologie des Winterschlafes von Bären vielleicht ein Rezept für längeres Leben für uns Menschen? Wenn wir die physiologischen Geheimnisse eines Bären im Winterschlaf entschlüsseln, könnten wir dann möglicherweise neue Wege zur Behandlung von Nieren-, Herz-, Stoffwechsel- und Knochenerkrankungen finden?

Der Winterschlaf und die Geburt der Bärenjungen während des Winters haben die Menschen seit jeher fasziniert und Stoff für Legenden und Geschichten geliefert. So äußert sich auch der berühmte römische Dichter Ovid in seinen *Metamorphosen,* in denen er verschiedenste Verwandlungen im Menschen- und Tierreich beschreibt – meist von einem Menschen oder einem niederen Gott in eine Pflanze, ein Tier oder ein Sternbild –, zur Geburt der Bären:

»Nicht ist ein Junges sogleich, was eben geboren die Bärin,
Nur halblebendes Fleisch; durch Lecken gestaltet die Mutter
Glieder daraus und bildet die Form, die selber sie einnimmt.«[12]

Einige Jahre später schrieb auch der römische Schriftsteller Plinius der Ältere (in seiner sage und schreibe 37 Bücher und insgesamt 2493 Kapitel umfassenden Enzyklopädie *Naturalis historia*) über die Bärenjungen, sie seien bei Geburt ein formloser Fleischklumpen, wenig größer als Mäuse, den die Mutter dann in die richtige Form lecke. Viele spätere Autoren übernahmen die falschen Auffassungen der beiden römischen Gelehrten in ihre eigenen Schriften. Auf Plinius geht im Übrigen möglicherweise auch das Wort »Ursus«, die lateinische Bezeichnung für Bären, zurück. Noch heutzutage ist der Wortstamm präsent: Die wissenschaftliche Bezeichnung der Bärenfamilie ist Ursidae, und Urs und Ursula sind Namen, die auf die Bären zurückgehen.

Für die Menschen war es nicht nur schwer zu erklären, wie Bärenjunge geboren werden und aufwachsen, sondern auch, wie Bären den langen Winterschlaf überstehen können. Schon im alten Rom untersuchten Forscher, wie Bären monatelang, ohne zu verhungern, Winterschlaf halten, und beobachteten die Bären beim Schlafen in ihren Höhlen.

Dabei stellten sie fest, dass sich einige Bären immer wieder die Pfoten leckten und sich durch das Lecken ein milchiger Schaum an den Pfoten bildete. Dabei gaben die Bären schmatzende Geräusche von sich.

Anstatt zu erkennen, dass sich der Bär durch das Lecken die Pfoten reinigte oder den Juckreiz durch die nachwachsende Hornhaut lindern wollte, vermuteten die Menschen, dass der Schaum den Bären als Nahrung diente. So glaubte man, dass die Bären den

Winterschlaf überlebten, indem sie Milch aus ihren eigenen Pfoten saugten.

Diese angeblichen wundersamen Fähigkeiten der Bären trugen wohl auch dazu bei, dass man ihnen übernatürliche, teilweise gottähnliche Eigenschaften zuschrieb. In einigen russischen und slawischen Märchen ist sogar davon die Rede, dass Bären mit ihren Tatzen auch hungernden Menschen zum Überleben verhelfen, wenn man ihnen nichts Böses will.

Jahrhunderte später griff Johann Wolfgang von Goethe diese Beobachtung auf und schrieb: »Dichter gleichen Bären, die immer an eigenen Pfoten zehren.«[13] Denn wie der Bär die Milch aus seinen Pfoten saugt, so saugt der Schriftsteller die Geschichten und Gedichte aus sich selbst. Das Sprichwort »sich etwas aus den Fingern saugen« geht also in Wirklichkeit auf eine falsche Interpretation von Menschen zurück, die Bären beim Pfotenlecken beobachteten.

Wirklich nahrhaft hingegen sind Bärentatzen: sehr leckere Kekse. Die mit Schokolade überzogenen Mürbeteigkekse gehen vermutlich auf einen französischen Bäcker namens Albert Facompré zurück, der im Jahr 1801 im niedersächsischen Nienburg eine Bäckerei eröffnete und die Kekse erfand. In ihrer Form sollten sie an die Bärenpranke erinnern, die auf dem Stadtwappen von Nienburg zu sehen ist. Die Kekse entwickelten sich über die Jahrzehnte deutschlandweit zum Verkaufsschlager, sodass sogar die Firma Bahlsen der Familie Facompré um 1920 ein Kaufangebot für das Originalrezept unterbreitete und eine Umsatzbeteiligung pro verkaufte Packung anbot. Doch Facompré lehnte ab. Gebäck in Form von Bärenpfoten gibt es vermutlich schon viel länger, auch in der Schweiz kennt man die Berner Bärentatzen und in Italien die »Zampe d'orso«. Das Gebäck soll früher sogar als Glücksbringer gedient und Kraft und Gesundheit geschenkt haben.[14]

Braunbären reagieren sehr empfindlich auf Störungen während des Winterschlafs, insbesondere auf menschliche Aktivitäten zu Beginn der Ruhephase. Dies ist wahrscheinlich auch ein wichtiger Grund, warum Bären im Allgemeinen Standorte für ihre Winterhöhlen wählen, die möglichst weit entfernt von Infrastruktur und menschlichen Siedlungen liegen, wie zum Beispiel schwedische Studien vermuten lassen.[15] Jedes Jahr werden demnach durchschnittlich 22 Prozent der Höhlen – meist zu Beginn des Winterschlafs – aufgegeben, weil die Bären gestört wurden: durch Wanderer, aber eben auch durch Forstarbeiten oder schwere Räum- und Erntefahrzeuge. Körpertemperatur und Herzfrequenz steigen, wenn Bären gezwungen werden, ihre Höhlen zu verlassen, und nach einer Störung benötigen sie etwa zwei bis drei Wochen, um wieder zum physiologischen Niveau des Winterschlafs zurückzukehren.[16]

Waisen

Zurück in die Karpaten. Jungbären, die zu Leo gebracht werden, sind in der Regel nur wenige Wochen oder Monate alt. In der Auffangstation finden auf einer Fläche von insgesamt 20 Hektar rund 35 Braunbärenjunge Platz – bei Bedarf sogar mehr. Der Kontakt mit Menschen beschränkt sich hierbei auf das unbedingt notwendige Maß, um eine Gewöhnung der Tiere an Menschen, menschliche Geräusche oder Gerüche zu verhindern. Auf keinen Fall möchte Leo, dass aus den jungen Bären »Problembären« werden, die gezielt die Nähe von Menschen aufsuchen.

Es ist also eine große Ausnahme, dass ich an diesem Tag zusammen mit meinen WWF-Kollegen Cristi und Carmen die Station besuchen und sogar einen Blick auf die Bären werfen darf. Leo ist der Typ Waldschrat, der allein mit seiner Freundin und den Bären im Wald in einer kleinen, einfachen, aber gemütlichen Holzhütte wohnt. Schon seit mehr als fünf Jahren wird seine Auffangstation vom WWF unterstützt. Endlich bekomme ich Gelegenheit, Leo persönlich zu treffen und mir ein Bild von seiner Arbeit zu machen. 2004 hat er die Auffangstation errichtet. Über die Jahre gab es immer wieder Menschen, die ihm geholfen haben, doch das Team bleibt klein. Finanziert wird die Station über Spenden. Kosten fallen an für den Bau und Unterhalt der Zäune, für Futter- und Tierarztkosten. Leo zieht die Gesellschaft von Tieren der von Menschen vor. Ich kann ihn verstehen. Er ist gewissermaßen mit Bären aufgewachsen. Sein Vater war Förster und brachte schon damals, als Leo noch ein Kind war, junge, mutterlose Bären mit nach Hause, um sie auf ein Leben in Freiheit vorzubereiten. Vermutlich gibt es nur wenige Menschen in Europa, die das Verhalten von Bären so lange und hautnah miterlebt und erforscht haben wie Leo.

Die Zufahrt zum Gelände ist durch eine Schranke gesichert, es sind Schilder aufgestellt, die auf Videoüberwachung aufmerksam machen und auf das Betretungsverbot hinweisen. Neben Leos Wohnhaus befinden sich ein kleiner Lagerschuppen und eine Solaranlage zur Stromgewinnung. Nicht weit entfernt liegt eine weitere Holzhütte für die allerkleinsten Neuzugänge. Auf der anderen Seite des Tals hat Leo sein selbst gebautes Flugzeug untergestellt – sein bevorzugtes Fortbewegungsmittel für Reisen in andere Teile Rumäniens oder in die Nachbarländer.

Bei Leo durchlaufen die Jungtiere mehrere Stationen auf dem Weg in die Freiheit; maximal zwei Jahre sind sie in seiner Obhut. Neuankömmlinge lernen zunächst die Gleichaltrigen kennen, gewöhnen sich an ihr neues Umfeld und neue Spielkameraden. Leo sagt, dass diese erste Phase der Sozialisierung extrem wichtig ist. Im mütterlichen Bau haben die Jungen schließlich auch Geschwister, mit denen sie die ersten Lebenswochen beziehungsweise -monate verbringen. Die allerjüngsten Bären sind in den ersten Wochen in einer beheizten Hütte untergebracht, wo sie mit der Flasche großgezogen werden, bis sie groß genug sind, um sich im Freien aufzuhalten und feste Nahrung zu sich zu nehmen. Dann ziehen die jungen Bären um und verbringen mehrere Monate in einem großzügigen Gehege, wo sie auch ihren ersten Winterschlaf halten. Als letzte Station folgt ein Gehege, das einem unberührten Wald ähnelt. Hier lernen die Kleinen, auf eigenen Beinen zu stehen und sich ihr Futter selbst zu suchen. Das Besondere: Dieses Gehege wird geöffnet, wenn die Bären groß genug sind, um ihr Leben in den weiten Wäldern Rumäniens selbst zu bestreiten. Die Bären können dann die Station jederzeit selbstständig verlassen, aber auch wieder zurückkehren. Dieses Konzept ist speziell, denn die Bären werden eben nicht transportiert und irgendwo anders freigelassen. Man spricht auch von »soft release«, also einer sanften Freilassung in die Natur. Die jungen Bären erkunden die Umgebung der Station, manche lassen sich in unmittelbarer Nähe nieder, andere verbringen ihr Leben mehrere Hundert Kilometer entfernt.

Nachdem Leo uns noch einmal nachdrücklich darum bittet, leise zu sein, betreten wir das Gelände. Leo zeigt uns zunächst die Seilzuganlage, mit der er die Bären füttert. Das Futter – Obst, Getreide und Gemüse – lädt er in einen Korb, der dann über Drahtseile mehrere Hundert Meter bis in das Gehege gezogen und dort entleert wird. Somit lernen die jungen Bären erst gar nicht, Futter und Menschen miteinander in Verbindung zu bringen. Diese Anlage ist neu, früher haben Leo und seine Mitarbeiter sich das Futter in Rucksäcken auf den Rücken geschnallt und sind nachts durch die Gehege geschlichen, um es im Gelände zu verstecken, wenn es die Bären nicht bemerkten. Auch eine Drohne hatte Leo schon im Einsatz, um damit das Futter zu den Tieren zu befördern, doch leider verlor sie das Signal und stürzte ab.

Wir pirschen uns vorsichtig entlang an einem Zaun, und auf einmal sehen wir sie: eine Gruppe von etwa zwölf jungen Bären. Manche spielen gerade miteinander, schlagen Purzelbäume, andere schlafen. Zwei Bärenjunge sind auf Bäume geklettert und scheinen in den Baumwipfeln zu dösen. Ich bin ziemlich beeindruckt. Es ist ein besonderes Erlebnis, hier sein zu dürfen inmitten so vieler Bären. Normalerweise mag ich es nicht, Tiere hinter Gittern zu sehen. Ich gehe selten in Zoos oder Wildparks. Es fällt mir schwer, eine Beziehung zu den Tieren dort aufzubauen, doch hier, mit dem Wissen, dass auf diese Bären ein Leben in Freiheit wartet, fühle ich mich ausgesprochen wohl. Die jungen Bären zu beobachten ist großartig, und mich berührt vor allem auch das Engagement von Leo und seinen Helfern. Ganz besonders kommt es bei Artenschutzprojekten auf engagierte Einzelpersonen an. Das habe ich in anderen Ländern und bei anderen Tierarten immer wieder erlebt.

Zwischen Spätsommer und Herbst ihres zweiten Jahres in der Station verändert sich das Verhalten der Bärenkinder, sie werden neugierig und erkunden immer intensiver ihre Umgebung. Genauso verhalten sie sich auch in freier Wildbahn: Im zweiten Jahr, das sie mit ihrer Mutter verbringen, werden die Jungen entwöhnt und beginnen ein selbstständiges Leben. Das Tor zur Freiheit ist nun geöffnet. Tage und Wochen vergehen, während derer sich die Jungbären immer weiter vom Waisenhaus entfernen, bis sie nicht mehr zurückkommen und ein neues Leben in der rumänischen Wildnis beginnen. So wird das letzte Gehege schließlich frei für die nächste Generation.

Nur in seltenen Fällen werden die Jungbären an anderer Stelle ausgewildert, berichtet Leo. Wenn zum Beispiel der Bestand in einer entfernteren Gegend gestützt werden soll, werden die Bären betäubt und dann dorthin gebracht. Der Zeitpunkt ist derselbe wie bei der natürlichen Auswilderung – irgendwann zwischen August und Oktober, wenn die Bären ein bestimmtes Gewicht erreicht haben. Leos Beobachtungen zeigen, dass die Bären die beste Überlebenschance haben, wenn sie zum Zeitpunkt ihrer Auswilderung beziehungsweise beim Verlassen der Station mehr als 40 Kilogramm wiegen.

In der Auffangstation werden also zwei Bärenkinder-Generationen parallel aufgepäppelt. Sie halten sich in getrennten Gehegen auf, die aber miteinander verbunden sind. Leo sagt, dass er die Türen zwischen den Gehegen öffnet, wenn die Bären gerade nicht in der Nähe sind und die jungen Bären bereit sind, ins nächste Gehege zu wandern.

Nach unserem Rundgang gehen wir in Leos Hütte, um uns aufzuwärmen. Es ist kühl und regnerisch in den Bergen. Wir trinken Tee aus selbst gepflückten Kräutern und mit Honig und sprechen über die Bärenwaisen, die Geschichte und Entwicklung der Station, aber auch über die Situation der Bären in Rumänien, über Politik und über die Zukunft des Zusammenlebens von Bären und Menschen insgesamt in Europa.

Ich frage Leo nach Bärenschicksalen, die ihm besonders in Erinnerung geblieben sind, und er erzählt mir einige Geschichten der letzten Jahre. Über 200 Bären haben bereits die Station durchlaufen, allein in diesem Jahr sind fünfzehn mutterlose Tiere zu ihm gebracht worden. Mittlerweile ist die Station in ganz Rumänien bekannt. Die Schicksale ähneln sich. Im Mai 2020 wurde ein junger Bär in einer Stadt ganz in der Nähe der Auffangstation im Obstbaum eines Gartens entdeckt. Der Kleine war allein, sehr dünn und dehydriert, aber insgesamt in sehr gutem Zustand. Im Waisenhaus erholte er sich schnell. Ein paar Wochen später beobachteten Waldarbeiter zwei etwa drei Monate alte Bären-Brüder in der Nähe einer Waldhütte – von der Mutter fehlte jede Spur, weshalb sie schließlich ins Waisenhaus gebracht wurden. Zwei weitere, etwa drei bis vier Monate alte Bären erreichten das Waisenhaus, nachdem sie sich auf einen Baum geflüchtet hatten, während die Mutter in einen Kampf mit einem anderen Bären verwickelt war. Ein weiteres Bärenjunges starb bei der Auseinandersetzung. Die Mutter floh und kehrte nicht wieder zurück.

Es kommt häufiger vor, dass ältere männliche Bären junge Bären töten – sie könnten schließlich die Nachkommen eines anderen Männchens sein. Im Dezember 2019 brach ein erwachsener Bär in die Gehege von Leo ein und tötete vier der achtzehn Bärenwaisen, die dort zu dem Zeitpunkt lebten. Dieses Verhalten – Infantizid oder Kindstötung genannt – ist durch sexuelle Selektion zu erklären: Angehörige eines Geschlechts, in diesem Fall die Bärenmännchen, konkurrieren um den Zugang zum anderen Geschlecht, den Weibchen. Das Männchen kann schneller seine eigenen Gene weitergeben, wenn es die Nachkommen eines konkurrierenden Bärenmannes aus der Population entfernt und gleichzeitig die Gelegenheit beschleunigt, sich mit der Mutter der getöteten Jungen zu paaren. Damit dieses Verhalten aus evolutionärer Perspektive sinnvoll ist, müssen ein paar Kriterien erfüllt sein: 1. Das Männchen sollte selbstverständlich seine eigenen Nachkommen nicht töten. 2. Das Töten der Jungtiere sollte die Zeitspanne bis zur erneuten Paarungsbereitschaft des Weibchens auch tatsächlich verkürzen. 3. Das Männchen sollte die nächsten Nachkommen der Mutter zeugen.

Dieses Verhalten ist zwar aus Sicht des Männchens vorteilhaft, da es ihm erlaubt, seine eigenen Gene weiterzugeben, bedeutet jedoch für das Weibchen einen großen Verlust, da es die bereits in den Nachwuchs investierte Energie umsonst aufgebracht hat. Gut beschrieben ist das Verhalten zum Beispiel bei Löwen in der Serengeti: Langzeitbeobachtungen zeigen, dass junge Löwen in einer etablierten Familiengruppe, in der mehrere Löwenbrüder mit einem Rudel von Löwinnen zusammenleben, nur sehr selten durch Infantizid zu Tode kommen. Übernimmt eine neue Gruppe männlicher Löwen die Führung im Rudel, werden alle Jungen, die weniger als neun Monate alt sind, getötet. Dies verschafft der neuen Gruppe männlicher Tiere einen Fortpflanzungsvorteil, da die Zeitspanne bis zur nächsten Paarungsbereitschaft der Weibchen drastisch verkürzt wird, von eigentlich zwanzig auf nur noch fünf Monate.[17]

Beobachtungen aus Skandinavien zeigen, dass bis zu 30 Prozent der Bärenjungen durch ältere männliche Artgenossen zu Tode kommen. Nicht verwunderlich, dass sich die Bärenweibchen das nicht so einfach gefallen lassen und daher Gegenstrategien entwickelt haben, um Infantizid beim eigenen Nachwuchs möglichst zu verhindern. Eine der Strategien: Gegenwehr. Weibliche Bären sind bekannt für ihre Aggressivität beim Schutz ihrer Jungen, und es kommt vor, dass sie bei Kämpfen mit erwachsenen Männchen schwer verletzt oder getötet werden. Genau aus diesem Grund sollte man sich insbesondere Bärenmüttern mit Kindern auf keinen Fall nähern.

Zwei weitere Verhaltensweisen haben Forscher unter anderem durch die Auswertung von Telemetriedaten beobachtet: Bärinnen mit Nachwuchs meiden insbesondere zur Paarungszeit die Streifgebiete von Männchen, um Konflikten aus dem Weg zu gehen. Und: Wenn sie sich von ihrem Nachwuchs getrennt haben und wieder paarungsbereit sind, paaren sich Weibchen mit möglichst vielen Männchen, was zur Folge hat, dass die Geschwister eines Wurfes unterschiedliche Väter haben können.[18] Ein geschicktes Verwirrspiel der Bärenmütter, denn die Männchen scheinen sich merken zu können, mit welchen Weibchen sie sich zuletzt gepaart haben, und greifen die Jungen dieser Weibchen daher nicht an. Wenn also möglichst viele Männchen im Umkreis der jungen Bärenfamilie davon ausgehen, dass sie Väter sind, können die Jungen relativ sicher sein.

Im Juni 2020 wurden zwei weitere Jungbären einige Tage ohne Mutter in der Nähe eines Dorfes gesichtet und schließlich von lokalen Behörden eingefangen und an Leo übergeben. Nicht immer sind es also Forstarbeiten während des Winterschlafs, die Bärenmütter dazu bringen, ihre Jungen zurückzulassen. Neben Kämpfen mit Artgenossen ist auch Wilderei ein Grund, wieso Bärenmütter sterben und ihre Jungen nicht mehr großziehen können. Es gibt keine offiziellen Zahlen darüber, wie viele Bären in Rumänien illegal getötet werden; über das Ausmaß der Wilderei lässt sich nur spekulieren. Cristi erzählt mir von einem Fall vor einigen Jahren, wo ein Bär, der ein GPS-Halsband angelegt bekommen hatte, wenige Wochen später illegal erschossen wurde. Kein Einzelfall.

2021 wurden mit mehr als dreißig Tieren so viele junge Bären wie noch nie zuvor in die Auffangstation gebracht. Von April bis in den August wurde Leo fast jede Woche kontaktiert, um Bärenjunge abzuholen oder einzufangen, die ohne ihre Mutter gesehen oder gefunden wurden, berichtet er. Sie hätten Anfragen aus dem ganzen Land bekommen und fuhren Zehntausende von Kilometern.

Politikum Bär

Man kennt Leo und seine Station mittlerweile überall in Rumänien. Er arbeitet eng mit Behörden, Jagdverbänden, Förstern, Bewohnern und Naturschutzverbänden zusammen. Aber er hat auch Feinde. Es gibt immer mehr Konflikte zwischen Bären und Menschen. Und es gibt Auseinandersetzungen zwischen Bärenschützern und Menschen, die der Meinung sind, dass die Jagd auf Bären (die derzeit ausgesetzt ist) wieder aufgenommen werden sollte, um die Zahl der Tiere zu reduzieren.

Ich möchte von Leo wissen, was er von den Diskussionen um die Bärenjagd hält. Seit 2016 ist die Jagd auf Braunbären in Rumänien verboten, nur der Abschuss von Bären mit problematischem Verhalten ist erlaubt. Bären sind in ganz Europa geschützt, sowohl durch die Berner Konvention, die Ende der 1980er-Jahre in Kraft trat, als auch durch die Fauna-Flora-Habitat-Richtlinie, die 1992 von den EU-Mitgliedstaaten unterzeichnet wurde und einen Meilenstein in der europäischen Naturschutzgesetzgebung darstellt. Es ist weltweit einmalig, dass sich so viele Staaten auf ganz konkrete und verbindliche Naturschutzziele geeinigt haben: Mit der Unterzeichnung der FFH-Richtlinie verpflichten sich alle EU-Mitgliedstaaten, Schutzmaßnahmen für gefährdete Lebensräume und Arten umzusetzen, Schutzgebiete auszuweisen und bestimmte Arten – wie den Bären – nicht zu stören oder zu töten. Mehr als 1200 Tier- und Pflanzenarten sind europaweit geschützt. Ausnahmen sind möglich, um schwere wirtschaftliche Schäden an landwirtschaftlichen Kulturen oder Nutztieren abzuwenden oder wenn Menschen gefährdet sind.

Das Verbot der Trophäenjagd auf Bären in Rumänien löste eine große Kontroverse aus, die bis heute anhält. Vor allem Jagdveranstalter und Jagdvereine waren entsetzt, da sie eine wichtige Einnahmequelle in Gefahr sahen. Auch deutsche Jäger flogen bis dahin zum Bärenabschuss nach Rumänien und zahlten bis zu 10 000 Euro pro Bär.

Von 2016 bis 2021 gab es 154 Bärenangriffe im Land, bei denen vierzehn Menschen starben und 158 verletzt wurden.[19] Meist sind es Bauern, Hirten, Land- oder Forstarbeiter, die Opfer von Bärenattacken werden. Auch deshalb wächst der Druck auf die Regierung, wieder mehr Bären zum Abschuss freizugeben. Es klingt einleuchtend, dass weniger Bären auch weniger Konflikte mit Menschen und ihren Nutztieren bedeuten.

Ähnliche Diskussionen kenne ich auch aus Deutschland, wenn es um den Wolf und die Forderung nach einer Reduzierung der Anzahl der Tiere geht. Zwar sind hierzulande noch keine Menschen von Wölfen angegriffen worden, aber gefühlt proportional zur Zahl der Nutztierrisse, die mit der Zahl der Wölfe steigt, werden die Rufe nach einer Regulierung – und das heißt de facto Bejagung – der Tiere lauter. Mit dem Abschuss von Wölfen ist jedoch keinem Nutztierhalter geholfen, denn eine dauerhafte und flächendeckende Bejagung ist kein Ersatz für Herdenschutzmaßnahmen. Wölfe legen problemlos sehr weite Strecken zurück. Solange es ungeschützte Nutztierherden und wandernde Wölfe gibt, wird es auch zu Übergriffen auf Schafe, Ziegen, Rinder und Co. kommen. Bemerkenswert ist, dass rund 70 Prozent der Wolfsübergriffe in Deutschland direkt auf ungeschützte oder schlecht geschützte Herden entfallen.[20] Es besteht also noch großer Bedarf, den Herdenschutz in Deutschland flächendeckend auszubauen, auch in Vorbereitung auf einwandernde Bären, denn Elektrozäune und Herdenschutzhunde, die zur Verhinderung von Wolfsübergriffen eingesetzt werden, schützen weitgehend auch vor hungrigen Bären.

Der Bär ist in Rumänien ein Politikum, und mit der Forderung nach einer Wiedereröffnung der Bärenjagd lassen sich auch in Rumänien, vor allem in ländlichen Gebieten, Stimmen gewinnen. Derzeit gibt die Regierung jährlich etwa 250 bis 500 Bären zum Abschuss frei. Diese Quote wird damit begründet, dass Bären mit problematischem Verhalten auf diese Weise frühzeitig aus der

Population entfernt werden können. Weil in den letzten Jahren über mehr Angriffe durch Bären auf Menschen berichtet wird, sieht sich die Politik zunehmend unter Druck, diese Quote nach oben anzupassen. Und damit kommt auch die Trophäenjagd auf Bären gewissermaßen durch die Hintertür zurück ins Land. Immer mehr Jagdreiseveranstalter haben wieder Bärenjagden in Rumänien im Programm. Leo und Cristi sagen, dass es vor allem die jungen, unerfahrenen Bären sind, die sich auf der Suche nach Nahrung in die Nähe von Menschen und Siedlungen begeben. Bei den legal geschossenen Bären handele es sich jedoch überwiegend um große, starke Männchen. Trophäenjagd durch die Hintertür: Wird die legale Quote also heimlich ausgenutzt, um doch die starken, prächtigen Männchen zu jagen?

Im März 2021 besuchte Prinz Emanuel von und zu Liechtenstein Rumänien und erlegte in einem Naturschutzgebiet in den Karpaten einen siebzehnjährigen männlichen Braunbären. Der Prinz war unter dem Vorwand nach Rumänien gekommen, eine Bärin zu erlegen, für die die rumänische Regierung ihm eine der Ausnahmegenehmigungen erteilt hatte. Das Weibchen wurde wohl immer wieder in der Nähe eines Dorfes gesehen und stellte möglicherweise eine Gefahr für die Einheimischen dar. Der vom Prinzen erschossene Bär war jedoch ein sehr großes Männchen, das sich stets von den Dorfbewohnern ferngehalten hatte. Vertreter von Umweltschutzorganisationen behaupteten damals, es habe sich bei dem von dem Prinzen erlegten Braunbären sogar um einen der größten in Europa lebenden gehandelt.[21]

Während Kritiker des Jagdverbotes argumentieren, dass ohne Jagd die Bärenpopulation explodieren würde und es deshalb vermehrt zu Konflikten käme, hat Leo eine andere Erklärung. Seiner Meinung nach ist nicht die steigende Zahl der Braunbären das Problem, sondern eine langfristige und komplexe Entwicklung, die dazu führt, dass der Lebensraum der Bären schrumpft, während die Urbanisierung der Landschaften zunimmt und Bären sich immer mehr an die Anwesenheit von Menschen gewöhnen. Der Verlust und die Fragmentierung von Lebensräumen, die Ausbreitung von Siedlungen, Straßen und Bahnlinien und die steigende Zahl von Touristen, die Rumäniens Wälder durchstreifen, führen laut Leo dazu, dass die Zahl der Begegnungen zunimmt. Er vermutet auch, dass sich die Qualität des natürlichen Lebensraums durch Abholzung, Tourismus und Infrastrukturentwicklung – kurz: durch die Anwesenheit des Menschen – zunehmend verschlechtert. Schließlich führten auch milde Winter und das Ausbleiben von Mastjahren zu häufigeren Begegnungen zwischen Mensch und Bär: Bären, die im Lebensraum der Menschen, zum Beispiel auf Streuobstwiesen, nach Nahrung suchen, und Menschen, die den ganzen Winter über im Lebensraum der Bären aktiv sind.

Klagen über zunehmende Bärenangriffe, Schafrisse, die Zerstörung von Maisfeldern und die Plünderung von Bienenstöcken veranlassen vor allem Schäfer, Landwirte und Jäger, höhere Abschussquoten für sogenannte Problembären zu fordern.

Cristi hingegen ist sich sicher, dass langfristig nur Distanz helfe: durch korrekte Müllentsorgung, ein Fütterungsverbot, Aufklärung der lokalen Gemeinden und Touristen sowie die Beobachtung von Problembären. »Jagd allein kann das Problem nicht lösen.«[22]

Fragt man Jäger oder Förster, so hört man, dass die Zahlen durch Bären verletzter Menschen deutlich höher liegen als die offiziellen Angaben und dass viele Fälle bewusst verschwiegen würden. Oft sind es Hirten, die ihre Schafe oder Hunde gegen Bärenangriffe verteidigen wollen und dabei selbst angegriffen werden. Auch wenn der Einsatz von Elektrozäunen zum Schutz der Weidetiere vor Wölfen, Bären und Luchsen auch in Rumänien immer mehr Verbreitung findet, hat die traditionelle Form der Behirtung nach wie vor eine große Bedeutung.

Als ich bei einer anderen Gelegenheit in den rumänischen Karpaten war, um mir das Gebiet anzusehen, in dem Luchse für ein Bestandsstützungsprojekt in Thüringen gefangen werden sollten, konnte ich auch beobachten, wie Hirten den Sommer in unmittelbarer Nähe der Weiden verbringen. Tagsüber ziehen sie mit den Schafen und Ziegen über die Bergwiesen, abends werden die Tiere in einen Pferch getrieben, eine kleine Weide, die teilweise mit einfachen Holzzäunen umgeben ist. Die Hirten schlafen direkt auf der Weide in einer mit Schaffellen ausgekleideten Holzkiste, in der eine Person gerade so Platz findet. Wenn nachts Bären oder Wölfe aus den umliegenden Wäldern auf der Suche nach Beute auf die Weide kommen, fangen die Hunde an zu bellen und wecken die Hirten, die dann häufig lediglich mit einem Holzstab bewaffnet sind und versuchen, den Eindringling in die Flucht zu schlagen. Doch insbesondere hungrige Bären sind aggressiv und lassen sich nicht so einfach verscheuchen. Häufig werden Herdenschutzhunde oder die Hirten selbst bei diesen nächtlichen Besuchen von den Bären verletzt oder sogar getötet.

Durch einen Bekannten lerne ich Tibor kennen. Er lebt ebenfalls in Siebenbürgen und hat 350 Schafe und 25 Ziegen. In den ersten Jahren seines Betriebes hatte er Hirten angestellt, aber seit sieben Jahren hüten er und seine Familie die Tiere allein. Unterstützt werden sie dabei von acht Šarplaninacs, einer aus Serbien und Nordmazedonien stammenden Rasse von Herdenschutzhunden. Diese außerordentlich mutigen Gefährten verteidigen ihre Herde bis zum Äußersten gegen Bären und Wölfe. Ihr ausgeprägter Beschützerinstinkt sorgt dafür, dass die Hunde im Kampf gegen die Raubtiere immer wieder auch ihr Leben lassen. Um seine Schafe und Ziegen zu schützen, setzt Tibor neben den Hunden auch Elektrozäune ein. Trotzdem, so Tibor, gelingt es den Bären immer wieder, die Zäune zu überwinden und die Nutztiere (und auch seine Hunde) zu töten. Der beste Schutz gegen Bärenangriffe seien gute Herdenschutzhunde. Wie zuverlässig sie arbeiten, merke er, wenn die Hunde im Sommer manchmal die ganze Nacht bellen und er sie morgens erschöpft auf der Weide findet – ein Zeichen dafür, dass sie die ganze Nacht damit beschäftigt waren, die Herde gegen Bären zu verteidigen.

Zwischen 2008 und 2016 wurden in den östlichen Karpaten Rumäniens 756 Übergriffe von Bären auf Nutztiere gemeldet. Die Daten stammen von Förstern, Tierärzten und lokalen Behördenmitarbeitern, die neben der Art des verletzten oder getöteten Tieres auch die Anzahl der Tiere, den Ort des Geschehens und weitere relevante Daten erfasst hatten. Ein Team von Wissenschaftlern wertete die Daten 2022 aus, um eine Aussage darüber treffen zu können, welche Tierarten und Haltungsformen am meisten gefährdet sind. Sie unterschieden drei Gruppen von betroffenen Nutztieren: Kühe, Schafe und andere Tiere wie Schweine, Hühner oder Pferde. Und sie stellten fest, dass die Anfälligkeit für Braunbärenangriffe innerhalb der Gruppen unterschiedlich ist.

Vor allem Kühe, die in der Nähe von Dörfern und Waldrändern sowie in Gebieten mit traditioneller Landnutzung wie Weiden mit kleinen Waldstücken oder Obstgärten gehalten werden, sind einem erhöhten Risiko ausgesetzt. Bei Schafen war das Risiko, von Bären gerissen zu werden, in der Nähe von Waldrändern und in Gebieten mit großen zusammenhängenden Weideflächen, zum Beispiel in höheren Lagen, besonders hoch. Die Forscher stellten fest, dass Schäden an Nutztieren generell häufiger in der Nähe von Dörfern auftraten, was darauf hindeutet, dass Bären häufiger in der Nähe menschlicher Siedlungen nach Nahrung suchen und dabei Mülldeponien, aber auch Gärten und Obstplantagen aufsuchen.

Das höhere Risiko für Kühe im Vergleich zu Schafen führen die Wissenschaftler auf die unterschiedlichen Weidesysteme zurück. Kühe sind oft weniger gut geschützt, und selbst wenn sie abseits von Siedlungen weiden, werden sie nur selten von Menschen beaufsichtigt. Die Weidehaltung von Kühen in der Nähe von Siedlungen und in größerer Entfernung von Waldrändern würde vermutlich das Risiko von Raubtierangriffen verringern, so die Forscher.

Die traditionelle Form der Schafhaltung beinhaltet kurze Wanderungen – auch Transhumanz genannt – zwischen höher gelegenen Weiden im Sommer und Dörfern im Flachland im Winter. Dies macht Schafe in der Nähe von Waldrändern in abgelegenen

Gebieten anfälliger für Raubtiere. Im Gegensatz zu Kühen sind Schafe jedoch auch in abgelegenen Gebieten gut geschützt, da sie ständig von Hirten und Herdenschutzhunden bewacht werden, die manchmal auch nachts im selben Pferch bleiben wie Schafe und Herdenschutzhunde.[23]

Tibor würde sich wünschen, dass wieder mehr Bären geschossen werden dürfen. Er sagt, dass Bären früher als majestätische und würdevolle Symbole Rumäniens angesehen wurden. Man findet sie auf Wappen, in Geschichten, und es gibt sogar ein Fest zu Ehren der Bären. Der Bärentanz ist eine der vielen farbenfrohen rumänischen Traditionen, die jedes Jahr von Neuem zum Leben erweckt werden. Er ist tief in der Geschichte verwurzelt, reicht bis in die vorchristliche Zeit zurück und zeugt vom unvergänglichen Geist der rumänischen Folklore.

Der Bärentanz, der jeden Winter in den Dörfern und Städten der ostrumänischen Region Moldau stattfindet, symbolisiert den Tod und die Wiedergeburt der Zeit. Dieses uralte Ritual, das zwischen Weihnachten und Neujahr stattfindet, bringt die gesamte Gemeinde zusammen, um den Rhythmus des Lebens, die Harmonie der Jahreszeiten und die zeitlose Verbindung zwischen Mensch und Natur zu feiern.

Seit jedoch die Jagd verboten ist und immer mehr Bären sowohl Nutztiere als auch Menschen angreifen, schwinde der Stolz der Rumänen auf ihr Nationaltier. Tibor sagt, die Tiere gehörten in die Wälder und nicht in die Städte und Dörfer.

Problemmenschen

Mit den Bildern von Leos Bären und Tibors Hunden im Kopf fahre ich weiter nach Băile Tuşnad, einem kleinen Ort etwa 60 Kilometer nördlich von Braşov. Tuşnad, wie es von den Locals genannt wird, ist von Wäldern umgeben und dafür bekannt, dass Bären auf ihren Wanderungen oder auf der Suche nach Nahrung immer wieder in den Ort kommen. Was die Einheimischen eher mit Gleichgültigkeit als mit Sorge betrachten, ist für Touristen ein Grund, die Region zu besuchen. Tuşnad wurde 1968 zur Stadt erklärt und ist heute mit 1372 Einwohnern die kleinste Stadt Rumäniens. Sie blickt auf eine lange Geschichte des Bärentourismus zurück, und seit einigen Jahren versucht eine Initiative um István Imecs, mit der »Eco Bear Cave« und dem »Eco Bear Fest« Tuşnad zu einer »Bear Smart City«, einer Art Vorzeigestadt im Umgang mit Bären, zu entwickeln.

Ich treffe mich mit István, um mehr über das Projekt zu erfahren und besser zu verstehen, wie die Nachbarschaft mit den großen Raubtieren organisiert wird und wie die Bewohner mit den Bären umgehen. Zuerst besichtigen wir die Bärenhöhle, einen kleinen Raum mit einer interaktiven Bärenausstellung. Filme über Biologie und Verhalten der Bären werden gezeigt, ein Elektrozaun mit einer ausgestopften Bärenfamilie ist aufgebaut, Bärenschädel sind ausgestellt, und viele Fotos von Bären aus der Umgebung hängen an den Wänden. Und auch hier kommen an Losung Interessierte auf ihre Kosten: In elf Kästen ist Bärenkot mit verschiedenen Nahrungsresten ausgestellt. Mit der Lupe daneben kann man sich selbst ein Bild davon machen, welche Bestandteile die Hinterlassenschaften enthalten. Was mich aber besonders beeindruckt oder schockiert, sind die Fotos aus vergangenen Zeiten. Darauf sind ganze Bärengruppen zu sehen, die nur wenige Meter von den Touristen entfernt mitten im Dorf stehen, und Bären, die von Menschen aus der Hand gefüttert werden. István und sein Team setzen sich dafür ein, dass die Menschen verantwortungsvoller mit Bären umgehen. Neben Bärenveranstaltungen für Schulen, einer jährlichen Bärenkonferenz und Bären-Informationsabenden haben sie auch eine App programmiert, mit der Bärensichtungen, Spuren oder auffälliges Verhalten gemeldet werden können.

Dass es immer noch Menschen gibt, die das Füttern von Bären für eine gute Idee halten, erfahre ich am nächsten Tag hautnah, aber dazu später mehr. Ich frage István, wie oft es zu gefährlichen Begegnungen zwischen Menschen und Bären kommt, und er sagt mir, dass dies relativ selten der Fall sei. Wenn Bären mit problematischem Verhalten gemeldet werden, berät ein Einsatzteam aus Bürgermeister, Förstern, Jägern und Naturschützern über das weitere Vorgehen.

Bärensichtungen seien in Tuşnad nichts Ungewöhnliches, alle paar Tage würden Hinweise auf Bären gemeldet, auch über die App. Die meisten Konflikte gäbe es um das Thema Müll, weshalb ich ihn bat, mir einen bärensicheren Müllcontainer zu zeigen. Ich war überrascht, als wir bei den Mülltonnen ankamen und vor Bergen von großen Müllsäcken standen, die neben oder vor den Tonnen abgestellt worden waren. Das bärensichere Öffnungssystem, erklärt mir István, ist so kompliziert, dass es nicht nur die Bären abschreckt, sondern offensichtlich auch die Anwohner. Außerdem sind die massiven Stahldeckel sehr schwer und weit oben angebracht, sodass ein kleiner, nicht ganz kräftiger Mensch große Schwierigkeiten hat, die Tonne zu öffnen. Um den Deckel anzuheben, muss man mit der rechten Hand unter eine Klappe greifen und gleichzeitig mit der linken Hand einen Schieber nach oben drücken. Erst dann lässt sich der Deckel öffnen. Er sagt, es gäbe einen besseren Mechanismus, der in den USA verwendet werde, aber erst seit kurzem gibt es einen Hersteller dafür in Europa. Außerdem existierten hohe bürokratische Hürden, andere Mülltonnen einzuführen, da die Müllabfuhr im ganzen Landkreis einheitlich sei.

Ich frage István, wie die Menschen in Tuşnad mit den Bären umgehen. Es scheine, sagt er, als würden viele hier die Bären einfach als Teil ihrer Umgebung betrachten, sie gehörten einfach dazu. Die meisten hätten keine Angst vor ihnen, interessierten sich aber auch nicht besonders für die Tiere. Tatsächlich sind Angriffe auf Menschen in städtischen Gebieten sehr selten. Gefährdet sind eher Hirten im ländlichen Raum, wenn sie bei ihren Weidetieren sind und diese bei einem Bärenangriff verteidigen wollen.

Auf dem Rückweg zu meinem Hotel stolpere ich fast über einen Bärenhaufen auf dem Bürgersteig – es ist schon beeindruckend, wie Mensch und Tier hier so nah beieinanderleben.

Am nächsten Tag fahre ich zu den Sankt-Anna-Seen, einem guten Platz, um Bären zu beobachten, wie mir István versichert hat. Die Landschaft ist überwältigend. Ich sehe Felder, auf denen sich dreißig bis vierzig Störche gleichzeitig aufhalten, und etwas, was die Landschaft der rumänischen Karpaten prägt: Hutewälder, auch Waldweiden genannt. Diese traditionellen Kulturlandschaften entstehen, wenn Wiesen und Weiden fließend in den Wald übergehen. Auch in Deutschland war der Wald über viele Jahrhunderte, von der Jungsteinzeit bis ins Mittelalter, eine willkommene Nahrungsquelle für Nutztiere. Ziegen, Schafe, Schweine und Rinder wurden zur Futtersuche in den Wald getrieben und fraßen neben Kräutern, Gräsern, Zweigen und Laub auch nahrhafte Eicheln, Bucheckern und Rinde. So entstanden im Laufe der Zeit lichte, fast offene, parkartige Wälder bis hin zu Waldweiden.

Mit zunehmender Übernutzung der Wälder wurde die Waldweide jedoch bei uns verboten, da der Verbiss von Rindern, Schafen und Co. das Nachwachsen des Waldes erschwerte. Einige Hutewaldreste findet man heute noch in Nordhessen, zum Beispiel im Reinhardswald.

Langsam verschwinden die Wiesen hinter mir, und ich bin in dichtem Buchenwald, als ich plötzlich einen Bären am Straßenrand sitzen sehe. Neben ihm liegt ein Autoreifen. Ich fahre langsam an ihm vorbei, und er schaut mich erwartungsvoll an. Ich zücke meine Kamera, um den Bären zu fotografieren, als ein Reisebus sich langsam nähert und ebenfalls anhält. Ich traue meinen Augen nicht, als der Busfahrer einen Apfel aus dem Fenster in Richtung des Bären wirft. Offensichtlich ist der daran gewöhnt, an dieser Straße gefüttert zu werden, was sich bestätigt, als ein weiteres Auto auftaucht und die Insassen dem Bären Brot zu fressen geben. Mir fehlen die Worte, ich würde am liebsten aussteigen und die beiden zur Rede stellen, aber mein gesunder Biologen- und Menschenverstand verbietet es mir, das Auto zu verlassen und mich einem Bären zu nähern, der offensichtlich futterkonditioniert ist.

Im Zusammenhang mit Bären, die an menschliche Nahrung gewöhnt wurden, spricht man von Habituierung oder Konditionierung. Häufig werden diese Begriffe missverständlich verwendet oder verwechselt.[24]

Die Herkunft des Wortes leitet sich aus dem Lateinischen ab: *habituari* – etwas an sich haben, beziehungsweise *habitus* – Aussehen, Haltung, als Adjektiv *habituell*: etwas ist zur Gewohnheit geworden.

Habituierung meint die Fähigkeit eines Tieres, sich an wiederholte Reize zu gewöhnen (die weder positive noch negative Konsequenzen haben) und nicht mehr darauf zu reagieren.[25] Im Zusammenhang mit Bären, Wölfen, Wildschweinen oder anderen Wildtieren versteht man unter Habituierung die Gewöhnung an das Leben in der Kulturlandschaft und an die ständige Anwesenheit des Menschen.

Habituierte Wildtiere haben sich an die Gegenwart von Menschen gewöhnt und gelernt, dass diese keine Bedrohung darstellen. Das kann zu einer deutlich verringerten Fluchtdistanz führen. Als ich zum Beispiel im letzten Sommer mit meiner Hündin Thula im Berliner Grunewald spazieren ging, trafen wir auf eine Rotte Wildschweine, die nur zehn Meter vom Weg entfernt auf Futtersuche war und sich offensichtlich durch unsere Anwesenheit nicht gestört fühlte. In der unmittelbaren Umgebung der Stadt sind die Schweine an die vielen Jogger, Radfahrer und Spaziergänger gewöhnt, während ich in den Wäldern weiter außerhalb der Stadt noch nie einer Rotte begegnet bin, die nicht sofort die Flucht ergriffen hätte. Ein anderes bekanntes Beispiel aus Deutschland ist die Möglichkeit, auf dem Darß an der Ostsee im Nationalpark Vorpommersche Boddenlandschaft Rotwild zu beobachten. Die Tiere werden hier nicht bejagt und haben daher von Menschen nichts zu befürchten. Deshalb kann man sie aus nächster Nähe erleben.

Das Rotwild ist also habituiert, da es sich im Laufe der Zeit stark an die Anwesenheit der Zweibeiner gewöhnt hat und seine Fluchtdistanz daher geringer ist als außerhalb dieser Gebiete. Diese Form der Habituierung, bei der die Tiere die Anwesenheit von Menschen auf eine gewisse Distanz tolerieren, ohne sich für sie zu interessieren, ist prinzipiell unproblematisch.

Ein Mensch kann einzelne Wildtiere gewollt oder ungewollt so stark an sich gewöhnen, dass diese die Anwesenheit oder Annäherung von anderen in deutlich geringerem Abstand akzeptieren als ihre Artgenossen. Dieses Gewöhnungsverhalten wird durch individuelle Erfahrungen erworben, häufig in der Kindheit oder Jugend der Tiere. Jungtiere haben ohnehin oft eine geringere Fluchtdistanz als ältere und sind sehr neugierig; sie lassen sich deshalb leichter an den Menschen gewöhnen als erwachsene Tiere.

Für manche Menschen scheint es unwiderstehlich, sich niedlichen Tierkindern zu nähern. Doch was im Kindesalter unbedenklich erscheint, kann bei ausgewachsenen Wildtieren die Grundlage für die Entwicklung problematischer Verhaltensweisen sein. Besorgniserregende oder kritische Zwischenfälle mit Wildtieren treten häufig erst dann auf, wenn eine starke Habituierung stattgefunden hat, das heißt, wenn sich einzelne Wildtiere weit über das normale Maß hinaus an Menschen oder menschliche Strukturen gewöhnt haben oder gewöhnt wurden.

Konditionierung hingegen ist ein Lernprozess, bei dem Verhalten durch positive oder negative Reize verstärkt oder abgeschwächt wird. Dies geschieht bei der sogenannten operanten Konditionierung, bei der die Tiere durch Belohnung oder Bestrafung lernen und die Häufigkeit ihres Verhaltens anpassen. Bei der positiven Konditionierung wird spontanes Verhalten durch positive Reize wie Futter, Spiel oder andere angenehme Erlebnisse verstärkt. Wenn Tiere lernen, bestimmte Orte oder Verhaltensweisen mit Futter zu assoziieren, spricht man von Futterkonditionierung. Sie wird zum Beispiel als einfache Lernmethode eingesetzt, um Haustiere zu trainieren, indem positive Rückmeldungen oder Futterbelohnungen für erwünschtes Verhalten gegeben werden. Wenn Thula bei meinen Eltern ist, kann man auch das unter liebenden Haustierbesitzern weit verbreitete, jedoch in keinem Lehrbuch der Biologie beschriebene Phänomen der *gegenseitigen* Konditionierung beobachten: Mein Vater, der Thula mit einem Leckerli dafür belohnt, dass sie einfach nur Thula ist, und Thula, die meine Eltern mit einem verliebten Blick belohnt, wenn sie ihr einen Keks geben (oder auch zwanzig).

Durch Futter konditionierte Wildtiere verbinden die Anwesenheit von Menschen – sei es auf einem Bauernhof, in der Nähe einer Siedlung, eines Campingplatzes oder einer Mülldeponie – oder sogar den Menschen selbst mit der Aussicht auf Futter. In Erwartung von Nahrung suchen sie gezielt solche Orte auf oder nehmen direkten Kontakt mit Menschen auf, insbesondere wenn sie zuvor wiederholt gefüttert wurden. Der bettelnde Bär, den ich hier vor mir sah, war eindeutig futterkonditioniert.

Jeder Erfolg, jeder vorbeifahrende Autofahrer, der einen Apfel aus dem Fenster wirft, verstärkt die Verbindung zwischen menschlicher Anwesenheit und attraktivem Futter. Ist ein Bär oder ein anderes Wildtier erst einmal auf Futter konditioniert, ist es schwierig, ihm dieses Verhalten wieder abzugewöhnen.

Futterkonditionierte Tiere können gegenüber Menschen sehr fordernd werden. Insbesondere wenn der erwartete positive Reiz in Form von Futter ausbleibt, kann es zu ernsthaften Gefahrensituationen kommen. So könnte der Bär an der Straße – wenn die Äpfel nicht von selbst aus dem Fenster fliegen – gezielt auf Autos zugehen, um sein Futter einzufordern.

Diese Konditionierung muss nicht immer auf eine aktive Interaktion zwischen Wildtier und Mensch zurückzuführen sein. Ein Bär kann bereits durch den Geruch von Müll in einer Mülltonne angelockt werden. Indem er die Tonne umstößt und den Inhalt freigibt, lernt er ein Verhalten (Tonne umstoßen), das für ihn eine Belohnung in Form von Futter nach sich zieht. Aus dieser einmaligen Erfahrung kann der Bär lernen, immer wieder Mülltonnen umzuwerfen, um an Futter zu gelangen. Wenn der Bär in Zukunft auf Mülltonnen trifft, wird er sie wahrscheinlich untersuchen und umwerfen, da die Verbindung zwischen dem Umstoßen der Mülltonne und der Belohnung hergestellt wurde. Noch problematischer wird es, wenn Jungtiere diese Verhaltensweisen von ihren Müttern übernehmen und aus einem futterkonditionierten Bären so plötzlich zwei oder drei werden.

Negative Konditionierung bezeichnet im Übrigen die Verknüpfung eines Verhaltens oder einer Situation mit negativen Reizen, also einer Bestrafung. Wenn Tiere zum Beispiel Schmerzen, Angst oder Stress mit einer Situation in Verbindung bringen, werden sie diese zukünftig meiden. Man kann mit negativer Konditionierung versuchen, einer positiven Konditionierung entgegenzuwirken – man spricht hierbei auch von Vergrämung.

Hätte ich in der geschilderten Situation zufälligerweise ein Gewehr mit Gummikugeln oder einen Chinaböller auf dem Beifahrersitz gehabt und diesen in Richtung des Bären geworfen, dann hätte es sein können, dass er zukünftig das Betteln nach Futter in diesem Kontext vermeiden würde. Allerdings reicht ein einmaliges Vertreiben nicht aus, da der Bär grundsätzlich unerwünschtes Verhalten mit einem negativen Reiz verbinden muss. Er muss gewissermaßen erkennen können, wofür er bestraft wird. In dieser Situation hätte er den negativen Reiz mit etlichen Dingen assoziieren können: »Dieser deutsche Tourist in dem Ford Focus fügt mir Schmerzen zu.« Oder: »In dieser Kurve knallt es, nachdem ich rechts auf die Straße gegangen bin und dann von links ein Bus kommt.« Erfolgreiche negative Konditionierung von Wildtieren, die einmal stark habituiert oder futterkonditioniert sind, ist deshalb sehr schwierig, und häufig werden solche Tiere, wenn sie eine Gefahr für Menschen darstellen, erschossen oder eingefangen und in Gefangenschaft gebracht.

Wir sollten uns deshalb bewusst sein, dass es in den überwiegenden Fällen am Fehlverhalten von Menschen (sogenannten Problemmenschen) liegt, dass Wildtiere zur Gefahr für Menschen werden können, die von Menschen dann gern als »Problemtiere« bezeichnet werden.

Ein Beispiel für einen »Problemwolf« in Deutschland war der Rüde MT6, der auch unter dem Namen »Kurti« bekannt wurde und in Norddeutschland lebte. Das Tier fiel durch sein wiederholt wenig scheues Verhalten auf. Die zuständigen Behörden entschieden sich 2016, nachdem MT6 einen Hund in der Nähe seiner Halter angegriffen hatte, Vergrämungsversuche erfolglos blieben und das Verhalten als potenzielles Sicherheitsrisiko für Menschen eingestuft wurde, das Tier »letal entnehmen zu lassen«. Behördendeutsch für: zum Abschuss freigeben. Dies war die erste gezielte legale Tötung eines Wolfes seit der Wiedereinwanderung der Tiere nach Deutschland.

Bei meinem Erlebnis in Rumänien kam nach einigen Minuten die Polizei, schaltete das Blaulicht ein und verjagte damit alle Schaulustigen. Ich fragte István später, wie mit solchen Vorfällen in Rumänien umgegangen wird und wieso man nicht versuche, menschliches Fehlverhalten dieser Art stärker zu unterbinden.

Er sagte, dass das Füttern von Bären grundsätzlich verboten sei, Verstöße aber nur in seltenen Fällen von der Polizei geahndet würden. Ich hatte den Eindruck, dass hier noch Aufklärungsarbeit geleistet werden muss, denn entlang der Straße sah ich kein einziges Schild, das auf die Bären und das Fütterungsverbot hingewiesen hätte. Istvan und sein Team hatten es sich auf die Fahnen geschrieben, noch mehr Bildungsarbeit für die Bären zu betreiben. Ihm schwebte wie gesagt vor, Tuşnad zu einer »Bear Smart Community« zu machen, ein Konzept, das in Nordamerika schon seit vielen Jahren erprobt ist und dem sich mehrere Gemeinden angeschlossen haben.

In British Columbia (Kanada) zum Beispiel wurde das »Bear Smart Community Program« eingeführt, das Gemeinden dabei hilft, eine anerkannte »Bear Smart Community« zu werden. Neun

Gemeinden dieser Art gibt es zurzeit in der Provinz im Südwesten des Landes.

Um sich als Bear Smart Community zu qualifizieren, müssen die Gemeinden sechs Punkte erfüllen. Dazu gehören die Durchführung einer Risikoanalyse, die Erstellung eines Managementplans, der Lösungen für identifizierte Konflikte zwischen Menschen, Landnutzungsaktivitäten und Bären aufzeigt, die Anpassung bestehender Verwaltungsvorschriften an den Managementplan, die Durchführung eines effektiven Informations- und Schulungsprogramms für alle Bereiche der Gemeinde, die Einführung eines effektiven, bärensicheren kommunalen Abfallmanagementsystems und die Einführung von »Bear Smart«-Verordnungen, die zum Beispiel das Füttern von Bären verbieten. Auch in Tuşnad wurde bereits einiges getan. So sind mittlerweile viele Häuser von Elektrozäunen umgeben, und am Ortsrand wurden Obstbäume, deren Fallobst die Bären anlockt, gefällt und Büsche, die als Versteck dienen könnten, zurückgeschnitten.

Auch in Italien und Griechenland gibt es Bestrebungen, das Konzept der »bärenschlauen« Gemeinden zu etablieren. Das 2020 begonnene Projekt »LIFE Bear Smart Corridors« möchte sogenannte Koexistenz-Korridore schaffen, in denen Dörfer und Gemeinden lernen, mit Braunbären zu leben. Die Zusammenarbeit zwischen den Gemeinden, Unternehmen und Einzelpersonen soll gefördert werden, um Konflikte zwischen Bären und Menschen zu vermeiden und Möglichkeiten zu schaffen, dass die Menschen von der Anwesenheit dieser symbolträchtigen Tierart in ihrer Region sogar profitieren, zum Beispiel durch bärigen Ökotourismus.

Während ich eine Runde um den Sankt-Anna-See ging, malte ich mir schon aus, wie wir Tuşnad und Rosenheim zu Partnerstädten im Umgang mit Braunbären entwickeln könnten. Vorsichtshalber hatte ich auch meine Laufschuhe eingepackt und entschied mich, nach dem Spaziergang noch eine Runde durch den Wald zu joggen, um die Landschaft etwas besser kennenzulernen. Zu Beginn war der Forstweg noch breit und angenehm zu laufen, dann wurde er jedoch immer schmaler, steiler und matschiger. Ich sah die ersten frischen Bärenspuren auf dem Boden, der Wald wurde immer dichter und die Kurven immer unübersichtlicher. Der bärensmarte Teil in mir riet mir, lieber wieder umzukehren, zumal ich auch kein Bärenspray dabeihatte, das in Europa schwer zu bekommen ist und dessen Besitz eine rechtliche Grauzone darstellt. Ich trällerte also wieder ein Lied und klatschte in die Hände, um eventuell vorhandene Bären auf mich aufmerksam zu machen.

Ich war schon fast wieder am Auto und musste nur noch eine Wiese mit hohem Gras durchqueren, als ich rechts neben mir, rund sechs Meter entfernt, eine Bewegung wahrnahm. Ich drehte mich um, und tatsächlich war da eine Bärin mit zwei Jungen, einen Steinwurf von mir entfernt. Ich vermutete, dass die Bären mich aufgrund des starken Gegenwindes tatsächlich erst gerochen hatten, nachdem ich an ihnen vorbeigelaufen war. Ich hatte Glück, dass die drei ein paar Meter entfernt im Gras gehockt hatten und ich nicht direkt in sie hineingelaufen war.

Die letzte Station meiner Rumänienreise war Braşov, eine Stadt mit 230 000 Einwohnern, die ziemlich genau dort liegt, wo der in Nord-Süd-Richtung und der in West-Ost-Richtung verlaufende Karpatenkamm aufeinandertreffen und eine Kurve beschreiben. Braşov erfreut sich wachsender Beliebtheit bei Touristen und ist bekannt für seine sächsische Stadtmauer aus dem Mittelalter, die imposante gotische »Schwarze Kirche«, farbenfrohe Barockbauten und zahlreiche Cafés.

Viele Besucher kommen auch in die Region, um Graf Dracula zu huldigen, denn das Schloss Bran südlich von Kronstadt – wie Braşov auf Deutsch genannt wird – ist als das Schloss des berühmten Vampirs bekannt, obwohl die Beschreibungen in Bram Stokers Roman *Dracula* nur entfernt Ähnlichkeit mit dem tatsächlichen Schloss haben. Auch der echte Dracula, der walachische Fürst

Vlad III. Drăculea, der im 15. Jahrhundert lebte und dafür bekannt war, seinen Feinden durch Folter, Feuer, Pfählen, Verstümmeln, Ertränken, Rösten, Kochen und Häuten einen möglichst langsamen und grausamen Tod zu bereiten, hat Schloss Bran vermutlich nie betreten.

Ich hatte weder Zeit noch Muße, mich mit einer Horde Touristen durch das Schloss zu schlängeln, aber ich nahm mir die Zeit, ein wenig in die Geschichte der Stadt einzutauchen. Und natürlich war ich hier, um etwas über die Auseinandersetzungen mit den Bären zu erfahren und mir bei einer Wanderung durch die Karpaten einen Eindruck von ihrem Lebensraum in der Nähe der Stadt zu verschaffen.

Hinweise auf die sächsische Geschichte der Stadt, die bis in die Gegenwart reicht, waren allgegenwärtig. So war an der Kirche zu lesen, dass nächste Woche Frau Schulze und Herr Meier heiraten würden. Die Siebenbürger Sachsen sind eine deutschsprachige Volksgruppe, die historisch in der Region Siebenbürgen, wie Transsilvanien ja auch genannt wird, beheimatet ist. Der Name »Siebenbürger Sachsen« bezieht sich auf die siebenbürgischen Städte, in denen diese Gruppe im Mittelalter ansässig war. Sie kamen im 12. und 13. Jahrhundert auf Einladung der ungarischen Könige hier an, um das Land zu besiedeln und zu entwickeln. Sie stammten aus verschiedenen Regionen des Heiligen Römischen Reiches Deutscher Nation, vor allem aus dem heutigen Deutschland, aber auch aus anderen Teilen Mitteleuropas, und gründeten auf dem Gebiet des heutigen Siebenbürgen Städte, betrieben Handwerk, Handel und Landwirtschaft und entwickelten im Laufe der Jahrhunderte eine einzigartige kulturelle Identität, die von ihrer deutschen Herkunft, ihrer Umgebung und ihrer Geschichte geprägt war. Nach dem Zweiten Weltkrieg und wegen der kommunistischen Herrschaft in Rumänien wanderten viele Siebenbürger Sachsen aus, vor allem nach Deutschland.

Geschichtsstunde beendet, zurück zu den Bären.

Eine Frau lädt in der Dämmerung ihren Müll ab. Die Container sind schon beinahe randvoll, und der letzte Müllsack passt nicht mehr hinein, weshalb sie ihn vor den Containern stehen lässt. Hinter den Containern beginnt direkt der Wald. Es ist dunkel geworden, und es dauert nicht lange, dann zeigt sich eine Bärin mit ihrem Nachwuchs. Die drei sind auf einmal da, erscheinen vor den Bäumen und laufen zielgerichtet auf die Container zu. Die Bärin durchwühlt den Müllsack und stellt sich danach auf die Hinterpfoten, um nach Essensresten in den nicht vollständig geschlossenen Containern zu suchen. Die Kleinen warten aufmerksam und lernen fürs Leben.

So oder so ähnlich läuft es immer wieder ab in einigen Bezirken von Braşov, der Stadt, die unmittelbar von Bergen und Wäldern umgeben ist und viele offene Müllcontainer und herumliegenden Müll hat – die wichtigsten Zutaten für eine gute Portion Mensch-Bär-Konflikt.

Zwischen 2004 und 2018 wurden im Großraum Braşov 55 Zwischenfälle mit Bären dokumentiert. An 19 davon waren Menschen beteiligt, 4 Menschen wurden getötet und 32 verletzt.

Mit der Abholzung von Wäldern, dem Bau von Siedlungen und dem Ausbau der Infrastruktur dringt der Mensch immer weiter in den Lebensraum der Braunbären vor. Durch regelmäßig aktualisierte Karten ist dieser Prozess am Beispiel Braşov gut dokumentiert: 1950 wurden 450 Hektar Wald abgeholzt. Auf Karten von 1990, 2006 und 2018 sind jeweils weitere rund 400 Hektar Wald verschwunden. So gingen für Siedlungen, Industriegebiete und landwirtschaftliche Flächen zwischen 1950 und 2018 rund 1650 Hektar Wald und damit Lebensraum der Bären verloren.[26] Kein Wunder also, dass die Bären auf der Suche nach Futter in die Stadt vordringen. Mittlerweile haben die Behörden in Braşov reagiert. Die Abfallbehälter werden häufiger geleert, und die Container sind robuster, schließen besser als früher. Es wird mehr Aufklärungsarbeit betrieben, und an einigen Stellen gibt es Schilder, die vor den Bären warnen und auf den richtigen Umgang mit Müll hinweisen. Die Stiftung »Conservation Carpathia« hat Einsatzgruppen ins

Leben gerufen – in Amerika nennt man ähnliche Einheiten »Rapid Response Teams«. Die schnellen Eingreiftruppen sollen die Tiere unmittelbar an Ort und Stelle mit Gummikugeln, Pfefferspray oder Leuchtraketen verscheuchen. In einigen Fällen werden Individuen, die wiederholt in Siedlungen kommen, auch eingefangen und umgesiedelt – mit unterschiedlichem Erfolg, zu dem es jedoch keine wissenschaftlichen Untersuchungen gibt. Nach Aussage von Cristi und Leo herrscht in Rumänien die Meinung vor, dass man mit einer Umsiedlung der Bären das Problem einfach nur verlagere, sodass die problematischen Tiere fortan in anderen Regionen Unruhe stiften. Doch nur ein kleiner Teil der umgesiedelten Bären sei bislang mit Halsbändern versehen worden, um die Wirksamkeit der Maßnahmen zu überprüfen. Häufig würden die Bären in geringer Distanz unter 100 Kilometern wieder ausgesetzt und kehrten dann häufig einfach zurück. Die Erfolgsaussichten einer Umsiedlung seien auch vom Alter und Geschlecht der Tiere abhängig. So könnten Männchen, die jünger als vier Jahre sind, erfolgreicher umgesiedelt werden, da sie auf ihren jugendlichen Wanderungen ohnehin die Landschaft erkunden und ein geeignetes Territorium suchen, in dem sie sich niederlassen können.

BAYERN

»Bären der Welt, meidet Bayern.«

Der damalige Präsident des Deutschen Naturschutzrings,
Hubert Weinzierl, am 26. Juni 2006 nach »Brunos« Abschuss

Gaia – eine tragische Familiengeschichte Teil II

Es war am Mittwoch vor Ostern, am 5. April 2023, als der 26-jährige Andrea Papi im italienischen Trentino beim Joggen von einer Bärin getötet wurde. Zehn Tage später wurden Bärenspuren im bayerischen Miesbach entdeckt. Wiederum zehn Tage später verkündete der bayerische Ministerpräsident Markus Söder am Bichlersee in Oberbayern, dass Wölfe in den bayerischen Alpen nichts zu suchen hätten, und kündigte ein schnelles Eingreifen auch in Sachen Bär an. Der Wahlkampf hatte begonnen, und auf meinem Weg zum italienischen Luchsprojekt machte ich einen Zwischenstopp in Bayern um mir ein Bild der Lage zu machen. Aber der Reihe nach.

Der tragische Vorfall, bei dem Andrea Papi von einer Bärin namens JJ4 getötet wurde, ereignete sich bei einem Trainingslauf in der Gemeinde Caldes im Val di Sole, einem beliebten Tal knapp 50 Kilometer südwestlich von Bozen in der Provinz Trentino. Papi machte sich gegen 16 Uhr auf den Weg zum Monte Peller, dessen angrenzende Wälder und Täler von schätzungsweise zwanzig Bären besiedelt werden. Vermutlich gegen 18 Uhr, während des Rückwegs, muss es zu dem tödlichen Angriff gekommen sein. Papi war am Abend nicht mehr aus dem Wald zurückgekehrt, und nach einer stundenlangen Suche wurde seine Leiche in den frühen Morgenstunden des Donnerstags gefunden.[1] Am Karfreitag wurden die Ergebnisse der Obduktion veröffentlicht, bei der schwere Verletzungen festgestellt wurden, darunter tiefe Kratzer am Körper und im Gesicht, Bisswunden und eine tiefe Wunde am Bauch, die Papi zugefügt worden sein mussten, als er noch lebte. Die Untersuchung der DNA-Rückstände an der Leiche brachte wenig später die Gewissheit, dass ein Bär für die tödlichen Verletzungen verantwortlich gewesen war.

In der Nähe des Fundortes befand sich eine Haarnadelkurve, und in der Nähe des Leichnams wurde ein Stock mit blutiger Spitze gefunden.

Vielleicht lief Papi gerade um die Kurve, als er auf die Bärin mit ihren drei Jungen traf, die ihn weder gehört noch gesehen hatte und sofort angriff. Vielleicht griff Papi nach einem Stock, um sich zu verteidigen, anstatt sich langsam zurückzuziehen oder tot zu stellen und auf den Boden zu legen.

Genau lässt sich dieser erste tödliche Unfall zwischen einem Menschen und einem Bären im Trentino seit der Wiederansiedlung der Bären in Norditalien nicht rekonstruieren. Doch der tragische Tod des jungen Mannes sollte viele emotionale Diskussionen über die Zukunft der Bären in Italien auslösen.

Im Jahr 1999 beschlossen der Naturpark Adamello-Brenta und die Provinz Trentino in Zusammenarbeit mit dem italienischen Institut für Wildtiere (INFS – Istituto Nazionale per la Fauna Selvatica) im Rahmen eines von der Europäischen Union kofinanzierten LIFE-Projekts, zehn Bären in Slowenien einzufangen und im Naturpark Adamello-Brenta wieder anzusiedeln.

Bei den freigelassenen Tieren handelte es sich um drei Männchen und sieben Weibchen im Alter zwischen drei und sechs Jahren. In den Bergen der Brentagruppe hatte es eine kleine Bärenpopulation gegeben, in welcher 1989 die letzte natürliche Reproduktion bestätigt werden konnte. 1997 lebten nur noch drei Tiere in diesem Gebiet.

Um die Brenta-Population im Trentino vor dem Aussterben zu bewahren, wurde das Projekt »LIFE Ursus« ins Leben gerufen. Ziel des Projektes war es, langfristig eine sich selbst erhaltende Bärenpopulation zu sichern. Innerhalb von zwanzig bis vierzig Jahren – so die Annahme – sollte sich ein Bestand von vierzig bis sechzig Braunbären entwickeln können. Doch die Bärenpopulation erholte sich viel besser als erhofft, sodass der geschätzte Bestand der Tiere im Todesjahr von Andrea Papi bereits hundert bis hundertzwanzig Tiere betrug.

In den letzten Jahren kam es immer wieder zu Konflikten und potenziellen Gefahrensituationen für Menschen. Deshalb wurde der Ruf nach einer Begrenzung der Bärenpopulation im Trentino lauter, und es stellte sich die Frage, ob und wie ein Zusammenleben von Bär und Mensch möglich ist.

Wenige Tage nach dem Tod von Papi, als die Ergebnisse der DNA-Untersuchung zeigten, dass die Bärin JJ4 Papi getötet hatte, ordnete der Präsident der Provinz Trentino, Maurizio Fugatti, den Abschuss der Bärin an. Auch im Trentino herrschte Wahlkampf.

JJ4 war keine gewöhnliche Bärin. Gaia, wie sie auch genannt wurde, war die jüngere Schwester von Bruno. Das »JJ« in Gaias Identifikationsnummer steht für José und Jurka, ihre slowenischen Eltern, die zwischen 2000 und 2001 in Italien freigelassen wurden.

Gaia war bereits vor dem Vorfall als »Problembärin« aufgefallen. Ihr aggressives Verhalten hatte in der Vergangenheit zu Konflikten geführt, und sie war dafür bekannt, dass sie bereits Menschen attackiert hatte. So griff sie bereits im Jahr 2020 zwei Männer an, die am Monte Peller auf der Jagd waren. Beide Männer überlebten mit Bisswunden und Knochenbrüchen. Schon damals ordnete die Provinzregierung die »Entnahme« der Bärin an. Doch das Verwaltungsgericht hob den Abschussbefehl auf, weil Tierschützer dagegen geklagt hatten. Auch damals hatte Gaia Junge, die, so die Argumentation der Tierschützer, verhungern würden, wenn man Gaia fangen oder töten würde. Insgesamt verdeutlichte der Vorfall die Herausforderungen und Kontroversen im Umgang mit einer wachsenden Bärenpopulation in dicht besiedelten Regionen. Es wurden Vorwürfe laut, unter anderem, dass die Bevölkerung und Touristen nicht über das richtige Verhalten im Bärengebiet informiert würden und dass die Bärenpopulation unkontrolliert anwachsen würde. Die Diskussion über Artenschutzmaßnahmen und die Akzeptanz durch die Bevölkerung gewann an Relevanz, und die Gesellschaft stand vor der schwierigen Aufgabe, einen angemessenen Umgang mit wild lebenden Bären zu finden, um sowohl die Sicherheit der Menschen als auch den Schutz gefährdeter Arten zu gewährleisten.

Almen in Gefahr?

Ich war intensiv im Austausch mit meinen italienischen Kollegen, um die Hintergründe der Diskussionen im gesamten Trentino besser zu verstehen. Kurioserweise wurden nur wenige Tage nach dem tragischen Vorfall in Italien Bärenspuren in Bayern gesichtet, was zu einem enormen medialen Interesse führte, obwohl Bärenspuren in Bayern an sich nichts Außergewöhnliches sind – seit 2019 gab es immer wieder Nachweise von Bären[2]. So führte die zeitliche Nähe der Ereignisse – der Tod des Joggers und die Bärenspuren in Bayern sowie der beginnende Wahlkampf in Bayern – dazu, dass der Bär über mehrere Wochen bundesweit ein Thema war und mich täglich zahlreiche Interviewanfragen erreichten.

Manch einer vermutete wohl fälschlicherweise, dass Gaia nun nach Bayern gekommen sei, um hier ihr Unwesen zu treiben. Es ist jedoch faktisch unmöglich, dass ein Bär in so kurzer Zeit eine Strecke von mehreren Hundert Kilometern zurücklegt.

Tatsächlich hielten sich Bären aus der Population im Trentino schon länger im österreichisch-bayerischen Grenzgebiet auf. Mit dem Anwachsen der Population in Norditalien suchten immer mehr abwandernde Jungbären ein eigenes Streifgebiet abseits möglicher Konkurrenten. So häuften sich nun, mehr als zehn Jahre nach dem Scheitern des österreichischen Wiederansiedlungsprojektes und siebzehn Jahre nach dem Auftauchen und Ableben von JJ1 alias Bruno, die Nachweise von Bären in Österreich und vereinzelt auch in Bayern. Die in den letzten Jahren in Oberbayern nachgewiesenen Bären verhielten sich bis dahin äußerst unauffällig. Niemand hatte sie gesehen, kein Nutztier wurde gerissen, kein

Bienenstock zerstört. Die Bären wurden lediglich anhand von Pfotenspuren, Losungsfunden oder Fotofallenbildern nachgewiesen. Doch der Bär, der nun nach Bayern eingewandert war, riss gleich drei Schafe und erregte dadurch große Aufmerksamkeit. Die Frage nach der Wahrscheinlichkeit einer dauerhaften Rückkehr von Bären nach Deutschland wurde heftig diskutiert.

Intensiv wurde darüber spekuliert, welche Folgen dies für die Menschen hierzulande haben könnte. Markus Söder, der gerade eine Verordnung zur Erleichterung des Abschusses von Wölfen und Fischottern im Freistaat erlassen hatte[3], ließ es sich deshalb nicht nehmen, Ende April zu einer Pressekonferenz am Bichlersee einzuladen, dorthin, wo zuvor die drei Schafe gerissen worden waren, und auf die Bedeutung der Almwirtschaft und die Notwendigkeit der Regulierung von Beutegreifern hinzuweisen.

Einige Wochen später mache ich auf dem Weg nach Norditalien zur Freilassung des Luchses Karlo Station in Bayern. Ich halte bei meiner Kollegin Nina, die in unmittelbarer Nähe des Bichlersees aufgewachsen ist.

Die Freien Wähler haben an diesem Tag zu einem Informationsabend mit dem Titel »Wolf und Bär – eine Gefahr für die heimische Tierwelt?« in den Gasthof Falkenstein in Flintsbach eingeladen, um über Wolf und Bär zu informieren. Aus aktuellem Anlass wird die Frage diskutiert, ob ein Zusammenleben möglich sei. Der Saal ist gut gefüllt, und der Referent aus der Schweiz ist bekannt dafür, offen die Regulierung von Bär und Wolf zu fordern.

Im Publikum wird geäußert, dass die Eltern und Großeltern schon gewusst hätten, weshalb sie Bären und Wölfe ausgerottet hatten, und sich im Grabe herumdrehen würden, wenn sie sähen, dass wieder Beutegreifer in unserer Kulturlandschaft angesiedelt würden. Die einseitigen Argumente trugen vermutlich nicht dazu bei, dass sich das Publikum eine möglichst differenzierte Meinung bilden konnte.

Nina erzählt mir später, dass viele Menschen in der Region verunsichert seien, was die Rückkehr von Wolf und Bär für sie bedeute. Ob man noch im Wald spazieren gehen könne und ob man nun Angst um seine Kinder haben müsse. Im Gegensatz zu anderen Ländern, in denen große Beutegreifer nie ausgestorben sind, haben wir 150 Jahre lang nicht mit großen Wildtieren zusammengelebt. Kein Wunder und völlig verständlich, dass wir das Zusammenleben erst wieder lernen müssen. Keine leichte Zeit für uns Naturschützer, denn die Bären- und Wolfsgegner erreichen mit ihren lauten Rufen ein größeres Publikum als wir mit unseren Sachargumenten.

Etwas ernüchtert fahre ich am nächsten Tag nach Norditalien, in die Region Friaul-Julisch Venetien. Ich darf bei der Freilassung des slowakischen Waisenluchses Karlo dabei sein. Das junge Männchen soll zusammen mit vier weiteren umgesiedelten Luchsen aus Rumänien, der Schweiz und der Slowakei dafür sorgen, dass die Luchspopulationen der Westalpen, der Nordostalpen und der Dinariden in Zukunft genetisch – also durch hin- und herwandernde Tiere, die sich untereinander fortpflanzen – miteinander verbunden sind. Ich übernachte bei Anja und Paolo vom Progetto Lince Italia, die sich seit Jahrzehnten für die Rückkehr von Bär, Luchs, Wolf, Fischotter, Wildkatze und Co. in die norditalienischen Alpen einsetzen. Beide haben schon zahlreiche Bären und Luchse gefangen und mit Sendern ausgestattet (besendert), sie kennen sich gut mit der Situation der Bären in Italien aus. Im Friaul (in den Karnischen und Julischen Alpen des Dreiländerecks Italien-Österreich-Slowenien) waren Bären, wie im Trentino, eigentlich nie ausgestorben,[4] sagt Paolo. Das Verbreitungsgebiet war nur geschrumpft und hatte in der Zeit der zwei Weltkriege einen Tiefpunkt erreicht. Danach wurden immer wieder Bären gesichtet oder Spuren von ihnen nachgewiesen. »Zwischen den Jahren 2000 und 2010 gab es einen Höhepunkt«, erzählt Paolo. »Während dieser Zeit wanderten ständig Bären aus Slowenien ein, und einige wanderten weiter nach Norden, nach Österreich oder nach Westen in die Dolomiten. Dank genetischer Analysen von Haar- und Kotproben und der Besenderung einiger Tiere wissen wir, dass wir bis zu zwölf verschiedene Bären pro Jahr im Gebiet hatten. Allerdings waren nur wenige standorttreu, die meisten wanderten weiter. Es fehlten vor allem weibliche Tiere, nur kurze Besuche von Weibchen konnten registriert werden.« Bärinnen wandern bekanntermaßen nicht sehr weit und bleiben häufig in der Nähe des mütterlichen Gebietes.

Ab 2010 ging es wieder bergab, was – so vermutet Paolo – mit den erhöhten Abschusszahlen für Bären in Slowenien zusammenhing. Konflikte gab es laut Paolo so gut wie keine. Zwar wurden Schafsrisse und Schäden an Bienenstöcken dokumentiert, aber da diese von der Region Friaul entschädigt werden, gab es keine großen Diskussionen. Wie die Einstellung der Menschen zu den Bären hier ist, möchte ich wissen. »Grundsätzlich recht positiv«, meint Paolo, »auch wenn viele Bürger nach wie vor skeptisch sind oder berechtigte Sorgen haben. Berechtigt nicht deshalb, weil sie sich tatsächlich Sorgen machen müssten, sondern weil ihre Sorgen aus Mangel an Erfahrung und Wissen durchaus verständlich sind. Die Jäger haben bei uns überhaupt kein Problem mit Bären.« Paolo ist selbst Jäger. »Die Tierhalter sind schon skeptischer, aber da es derzeit keine hohe Bärendichte gibt und auch nur wenige Schafzüchter, ist das Konfliktniveau im Friaul niedrig. Die Ereignisse der letzten Jahre im Trentino haben sich aber auch in unserer Region sehr negativ ausgewirkt. Immer mehr Menschen haben Angst vor Bären, wobei sich die Einstellung von Region zu Region zum Teil drastisch unterscheidet.« Man müsse nur ein paar Kilometer über die Grenze ins österreichische Kärnten schauen, wo die Bewohner, vor allem die Tierhalter, viel negativer eingestellt seien. Zudem gebe es in einer Gesellschaft, die immer mehr von stark polarisierten Meinungen geprägt ist, auch beim Bären viele Extreme: Meinungsverschiedenheiten zwischen Stadt- und Landbevölkerung, Tierschützern, Bauern und Jägern. Die einen wollen keinen einzigen Bären, die anderen möglichst viele. Die einen wollen jedes Tier schießen, die anderen nicht einmal jenes, das Andrea Papi im Trentino getötet hat. Der Fall Papi, so Paolo, zeige deutlich die Grenzen des Zusammenlebens auf: »Das Trentino ist eine der tourismusreichsten Regionen der Alpen und hier gleichzeitig das Gebiet mit der höchsten Bärendichte. Dass so etwas passieren musste, war eigentlich nur eine Frage der Zeit. Denn auch dort haben die Menschen das Zusammenleben mit dem Bären verlernt, und es wird noch einige Zeit dauern, bis sich ein halbwegs konfliktarmes Miteinander eingespielt hat. Wenn opportunistische Politiker, Populisten und Bärengegner weiterhin Desinformation und Panikmache betreiben, wird die Situation angespannt bleiben, und für die Menschen ist es schwer, sich ein realistisches Bild über Bären und ihren Platz in unserer Kulturlandschaft zu machen.«

»Der Fall Andrea Papi«, so Paolo weiter, »war ein herber Rückschlag für die Rückkehr der Bären in den Alpenraum. Ein junger Mann ist gestorben, und dies hat viele, auch wohlgesinnte Menschen mit einer neuen Realität konfrontiert. Bären sind nun mal Raubtiere und in der Lage, Menschen zu töten.«

Generell, sagt Paolo, hängt die Einstellung der Menschen zu den Bären stark von den Erfahrungen und Traditionen im Zusammenleben mit diesen Tieren ab. »Dort, wo sie schon immer zusammengelebt haben, wie im benachbarten Slowenien, ist alles einfacher: Der Umgang ist geübt und macht niemandem Angst. Bären sind dort nie ausgerottet worden und gehörten und gehören zum Alltag«, sagt Paolo. Viel Zeit und Geld werde in das Bärenmanagement investiert. Nicht nur die Bereitstellung von Elektrozäunen für Viehzüchter oder Imker, auch der Abschuss von Bären ist ein selbstverständlicher Teil des Umgangs mit den Tieren. Bären werden und wurden gejagt, ihre Felle liegen als Trophäen in den Wohnzimmern. Fünf bis zehn Prozent der slowenischen Braunbären, also fünfzig bis hundert Tiere, werden jedes Jahr legal erlegt. Dabei ist die Population stabil und schwankt immer um die tausend Tiere. Ihr Fleisch wird gegessen – gekocht, gebraten oder zu Wurst verarbeitet. Für Touristen und Fotografen gibt es geführte Wanderungen oder die Möglichkeit, an einer Futterstelle zu übernachten mit der Chance, Bären zu beobachten. Die Tiere sind ein fester Bestandteil der Kultur des Landes, und deshalb wissen die

Menschen auch, wie sie sich zu verhalten haben, denn fast ganz Slowenien ist Bärenland.

Am Schluss unseres Gesprächs möchte ich noch wissen, ob Paolo glaubt, dass in Bayern Platz für Bären ist – sowohl was den Lebensraum betrifft als auch und vor allem in den Köpfen und Herzen der Menschen.

Bayern ist dreieinhalb Mal so groß wie Slowenien. Als Paolo mich fragt, ob ich mir tausend Bären in Bayern vorstellen könne, muss ich schmunzeln. Selbst wenn man nicht den gesamten Freistaat, sondern nur das für Bären potenziell geeignete Gebiet, also den alpinen Teil Bayerns mit einer Fläche von 5500 Quadratkilometern betrachtet, wären das – analog zur slowenischen Bärendichte – 400 Bären im bayerischen Alpenland. Kaum vorstellbar. Derzeit sieht Paolo auch keine große Bereitschaft der Menschen in Bayern, mit Bären zusammenzuleben.

Die einen sind dafür, die anderen dagegen. Die Landbevölkerung ist im Großen und Ganzen negativ eingestellt. In Bayern werde es wohl noch länger dauern als im übrigen Alpenraum, meint Paolo.

Anfang Januar 2024 mache ich mich wieder auf den Weg nach Oberbayern. Es sind die Wochen, in denen Reisende entweder durch Bauern- oder Lokführerstreiks oder durch Eisregen ausgebremst werden. Mich halten nur die üblichen Verspätungen der Deutschen Bahn auf. Zusammen mit Nina bin ich in den Landkreisen Miesbach und Rosenheim unterwegs. Ich möchte wissen, ob Paolo und ich mit unserer Vermutung richtigliegen, dass es viele Bayern gibt, die den Braunbären eher skeptisch gegenüberstehen.

Wir sprechen mit Mitgliedern der Gemeindeverwaltung von Bayrischzell, der Gemeinde, in der Bruno 2006 erschossen wurde, und mit einer Tierhalterin in der Gemeinde Oberaudorf, wo siebzehn Jahre nach Brunos Tod erstmals wieder ein Bär auf deutschem Boden nachgewiesen wurde, der kurz darauf gleich mehrere Schafe riss. Beide Vorfälle haben bekanntlich großes Interesse in den Medien, in der Politik, vor Ort und darüber hinaus hervorgerufen. Wir wollen zuhören und verstehen, nicht überzeugen oder verhandeln. Uns interessiert, was die Menschen in Oberbayern über die Rückkehr der Bären und anderer Wildtiere denken, welche Erfahrungen sie gemacht haben, welche Vorbehalte sie haben und ob sie sich ein Zusammenleben mit den Tieren vorstellen können.

Unzumutbare Schützbarkeit

Im Rathaus von Bayrischzell treffen wir den Geschäftsleiter und den dritten Bürgermeister. Die Freude über die Rückkehr von Bär und Wolf ist hier eher verhalten. Man macht sich große Sorgen um die Zukunft der Almwirtschaft und erinnert sich an eine Serie von Wolfsrissen im Jahr 2010, als ein standorttreuer Wolf in der Gemeinde »große Schäden und unsägliches Tierleid« verursachte. Vier Jahre zuvor war Bruno etwa sieben Kilometer Luftlinie vom Rathaus entfernt erschossen worden. Zugegeben, die Erfahrungen mit großen Beutegreifern sind hier in der jüngeren Vergangenheit nicht gerade positiv. Ich möchte wissen, vor welchem der beiden Raubtiere man sich mehr Sorgen macht. Ich habe das Gefühl, dass zwischen Bär und Wolf nicht differenziert wird.

»Der, der gerade da ist«, lautet die Antwort.

Die über mehrere Wochen anhaltenden Risse von Weidetieren im Jahr 2010 waren nach Aussage der Gemeindevertreter auch der Grund dafür, dass in der Folge fast alle Schafhaltungen im Gemeindegebiet aufgegeben wurden. Ich frage nach, um welche Betriebe es sich gehandelt hat und ob es noch andere Gründe für die Aufgabe gegeben haben könnte.

Vor allem Tierhalter, die wenige Tiere im Nebenerwerb hielten, sollen damals aufgegeben haben. Haltungen also, für die Herdenschutzmaßnahmen zu aufwendig oder nicht praktikabel sind. Schnell ist die Rede von »nicht zumutbar schützbaren Weideflächen«, einem Begriff, den Bayern als erstes Bundesland im Zusammenhang mit dem Wolf eingeführt hat. Der Begriff ist umstritten, weil er den Eindruck erweckt, man wolle in Bayern raubtierfreie Zonen schaffen. Ziel der Einstufung ist es, trotz der strengen Schutzvorgaben der EU schnell reagieren zu können, wenn große Beutegreifer Weidetiere reißen. Denn nach der FFH-Richtlinie ist es zwar möglich, einzelne Exemplare streng geschützter Arten wie Bär, Wolf und Luchs im Einzelfall zu töten, zunächst müssen aber mildere Mittel versagt haben. Dass ein Bär ein Schaf reißt, rechtfertigt somit noch nicht seinen Abschuss. Mit dem Konzept der »unzumutbar schützbaren Weidegebiete« will man diese Alternativenprüfung gewissermaßen im Vorhinein erledigen, indem man Gebiete definiert, in denen der Schutz von Weidetieren nicht zumutbar ist. Für wen »nicht zumutbar«?, frage ich mich. Für die Tierhalter oder für den Steuerzahler, weil die Maßnahmen zu aufwendig und zu teuer sind?

Die bayerische Landwirtschaftsministerin Kaniber sagte dazu: »Unsere einzigartige Berglandschaft ist das Ergebnis der harten und unermüdlichen Arbeit unserer Bäuerinnen und Bauern. Ihre Tiere halten die Landschaft offen. Und die nutzen wir auch zur Erholung, für Einheimische wie auch Gäste. Oft sind trotz aller Bemühungen präventive Maßnahmen zum Schutz vor Wolfsangriffen nicht zumutbar. Was wir von unseren Weidetierhalterinnen und -haltern verlangen, muss auch in der Praxis durchführbar bleiben.« Und sie wurde dabei von ihrem Amtskollegen Umweltminister Glauber unterstützt: »Weidetierhalter sind wichtige Partner bei der Erhaltung und nachhaltigen Nutzung von Lebensräumen in der bayerischen Kulturlandschaft. Es ist das klare Ziel der Staatsregierung, die für die Biodiversität so wichtige Weidetierhaltung auch bei Wolfsanwesenheit in Bayern flächendeckend und dauerhaft zu erhalten. In vielen alpinen Gebieten sind Herdenschutzmaßnahmen aber nur bedingt bis gar nicht umsetzbar. Durch die

Bewertung ›nicht zumutbar schützbarer Weidegebiete‹ bringen wir die Vorgaben des Artenschutzes und die Belange der Weidewirtschaft in Einklang.«[5]

Wir wollen von den Gemeindevertretern wissen, warum Herdenschutzmaßnahmen ihrer Meinung nach nicht umsetzbar sind. Man sagt uns, dass die allseits empfohlenen Elektrozäune gegen Bären und Wölfe im bayerischen Alpenraum bestenfalls punktuell und nicht flächendeckend eingesetzt werden können. Im steilen, felsigen und abgelegenen Gelände könne man die Zäune nicht aufstellen. So sei es auf dem felsigen Untergrund nicht möglich, Zaunpfähle in den Boden zu rammen. Außerdem sei es wegen der vielen Hügel und Steine nicht machbar, die geforderte Höhe der Zäune zu gewährleisten und auszuschließen, dass die unterste stromführende Litze (gemeint sind stromführende Drähte oder Leiter) nicht den Boden berührt und damit den Strom ungewollt in den Boden ableitet. Schließlich könne auch niemand eine komplette Umzäunung der Alpen befürworten, um den gesamten Naturraum raubtiertauglich umzugestalten. Abgesehen von den immensen Kosten und der mangelnden Umsetzbarkeit solcher Maßnahmen würde eine großflächige Einzäunung auch eine Zerschneidung der Lebensräume anderer wandernder Tierarten wie Reh, Gämse und Hirsch bedeuten. Ich erwähne Untersuchungen mit Fotofallen auf Weideflächen, die zeigen, dass auch größere Säugetiere wie Rehe Elektrolitzenzäune problemlos überwinden können, und nenne Beispiele von Betrieben, die gute Erfahrungen mit Elektrozäunen und Herdenschutzhunden gemacht haben. Und ich führe Beispiele aus der Schweiz an, wo ich mich selbst schon davon überzeugen konnte, dass Herdenschutz auch im Hochgebirge funktionieren kann.

Meine Beispiele, Erfahrungen und Vorschläge werden dankbar zur Kenntnis genommen mit dem Hinweis, dass im Freistaat andere Verhältnisse herrschen würden und die Erfahrungen aus dem Flachland nicht auf die Situation in den bayerischen Alpen übertragbar seien.

Wir sprechen auch über den Einsatz von Herdenschutzhunden, wie er in anderen Regionen Deutschlands erfolgreich und mit zunehmender Beliebtheit zum Schutz vor Wolfsübergriffen eingesetzt wird. Wir wollen wissen, wie es um den Einsatz von Herdenschutzhunden in den bayerischen Alpen steht. Angesichts der großen Zahl von Touristen, die jedes Jahr die Almen besuchen – eine Auswertung von Handydaten habe ergeben, dass an mindestens hundert Tagen im Jahr mehr als 70 000 Ausflügler den Landkreis Miesbach besuchen –, sei der Einsatz von Herdenschutzhunden viel zu gefährlich, erklärt man uns. Wie solle sichergestellt werden, dass Erholungssuchende bei Wanderungen über Almen, auf denen Herdenschutzhunde im Einsatz sind, nicht von diesen angegriffen und verletzt werden? Ich denke auch hier an Erfahrungen aus der Schweiz und Frankreich, wo der Einsatz von Herdenschutzhunden auch in Wandergebieten gang und gäbe ist.

Die Angst vor einer Gefährdung des Tourismus scheint neben der Angst um die Viehhaltung sehr groß und auch ein Grund für die ablehnende Haltung gegenüber Bären und Wölfen zu sein. Schließlich sei der Tourismus die tragende Säule der Wirtschaftskraft der Gemeinden im Alpenraum. Nicht nur Gastronomie und Hotellerie, sondern auch Handel und Handwerk seien von den Urlaubern abhängig. Deren Ausbleiben wolle man unbedingt verhindern. Wichtigstes Aushängeschild der Region sei die intakte und frei zugängliche Natur mit der über Jahrhunderte gepflegten Kulturlandschaft der Almen. Eine funktionierende und vitale Land- und Almwirtschaft mit ihrem extensiven Weidesystem sei daher systemrelevant für den Wirtschaftsstandort. In einem Schreiben der Gemeinde an Ministerpräsident Markus Söder spricht der Bürgermeister davon, dass eine sukzessive Verdrängung der traditionellen heimischen Nutztierhaltung durch die Ausbreitung der großen Beutegreifer die wirtschaftliche Grundlage der Gemeinden im Alpenraum und damit einer ganzen Tourismusregion untergrabe.

Beide Gesprächspartner betonten auch noch einmal die Bedeutung der Almen als Hotspots der Biodiversität mit zahlreichen seltenen und streng zu schützenden Pflanzen- und Tierarten und Lebensraumtypen, die nur hier in den Hochlagen der Alpen vorkommen. Es sei weder rechtlich noch naturschutzfachlich zu rechtfertigen, dass stark rückläufige, streng geschützte Lebensräume und Arten in ihrem Bestand belastet werden sollen, um einer anderen streng zu schützenden Art wie Wolf oder Bär einen Vorteil zu verschaffen.

Schließlich möchten wir noch wissen, ob es nicht sinnvoll wäre, Hirten einzusetzen, die die Weidetiere während der Almsaison hüten und vor Angriffen durch große Beutegreifer schützen, wie es zum Beispiel in der Schweiz praktiziert wird. Der Idee stehe man prinzipiell offen gegenüber, doch fehle sowohl Geld als auch geeignetes Personal, heißt es dazu.

Von Hunden und Hirten

Die Bedenken sind mir nicht neu, einige davon kann ich nachvollziehen, andere halte ich hingegen nicht für gerechtfertigt. In einem europaweiten Projekt (EuroLargeCarnivores), das sechzehn WWF-Büros und weitere Partner zwischen 2017 und 2022 durchgeführt haben, wurden Erfahrungen im Umgang mit Bären, Wölfen, Luchsen und Vielfraßen aus ganz Europa gesammelt und ausgetauscht.

Wir wollten wissen, wo das Zusammenleben mit den großen Beutegreifern bereits funktioniert, wo es Hindernisse gibt und welche guten Beispiele existieren. In fünf Fokusregionen sprachen wir mit Jägern, Förstern, Tierhaltern, Behördenmitarbeitern, Gutachtern von Nutztierrissen und Naturschützern. Bei über 250 runden Tischen, Konferenzen, Exkursionen und Workshops in ganz Europa waren Menschen, die mit großen Beutegreifern leben und arbeiten, eingeladen, ihre Erfahrungen mit Schutz und Management von Wildtieren zu teilen und sich über Sprach- und Landesgrenzen hinweg auszutauschen. Praxisbeispiele und Lösungsansätze für die gesellschaftlichen, politischen und wirtschaftlichen Herausforderungen, die Wolf, Luchs, Bär und Vielfraß mit sich bringen, wurden gesammelt.[6]

Wir schauten uns auch die Situation in der Schweiz an, um zu erfahren, ob und wie Herdenschutz im Hochgebirge möglich ist. Denn dort wird der Herdenschutz seit Jahren sehr professionell organisiert. Der Hirtenberuf ist einer der ältesten Berufe und existiert in vielen Formen auf der ganzen Welt. In der Schweiz ist dieser Beruf bis heute erhalten geblieben, hat in seiner langen Tradition aber Höhen und Tiefen erlebt. Häufig waren es vor allem kleine Bauernbetriebe, die verschiedene Nutztierarten, insbesondere Rinder und Schafe, hielten, und ihre Tiere dauerhaft behirteten. Im Sommer kamen auch sehr erfahrene Wanderschäfer dazu – die sogenannten Bergmasker Schäfer – mit ihren Schafen aus Italien, um die Schweizer Bergalmen zu beweiden.

Die Intensivierung der Landwirtschaft führte aber auch in der Schweiz zu einer Konzentration auf einen Betriebszweig, häufig die Milchviehhaltung mit Kühen. Nicht nur der Rückgang der Schafe, sondern auch die Ausrottung der großen Beutegreifer führte dazu, dass der Hirtenberuf immer mehr an den Rand gedrängt wurde: Ohne Beutegreifer in den Bergen konnten Schafe und Ziegen ohne ständige Kontrolle auf die Alpen getrieben werden. In den letzten Jahren haben verschiedene Faktoren dazu beigetragen, dass sich die Bedingungen für den Beruf des Hirten wieder verbessert haben: insbesondere ein wachsendes ökologisches Bewusstsein der Gesellschaft, das die extensive Tierhaltung ebenso befürwortet wie die Rückkehr großer Wildtiere.[7] Damit einher ging die Einführung verschiedener Förderprogramme: Für bestimmte Formen der Beweidung sowie ständige Behirtung gab es fortan Direktzahlungen des Bundes zur Unterstützung einer nachhaltigen Bewirtschaftung der Alpen und Voralpen.

Hirten sind für das Wohlergehen der Herde verantwortlich, sie sind bei jedem Wetter draußen bei den Tieren und arbeiten sieben Tage die Woche. Ihre Anwesenheit sorgt für eine gute Ausgangslage, um die notwendigen Schutzmaßnahmen bei Anwesenheit von Großraubtieren in die Praxis umsetzen zu können. Wichtig ist dabei immer, dass die Herde gut gelenkt wird und sich nicht über zu große Flächen verteilt, da sonst auch die Herdenschutzhunde die Herde nicht effektiv schützen können. Vor allem nachts, wenn Bär, Wolf und Luchs besonders aktiv sind, muss die Herde gut zusammengehalten werden können. Dafür eignen sich zum Beispiel sogenannte Nachtpferche. Das sind kleine eingezäunte Flächen, die nicht der Fütterung dienen, sondern zum Zusammenhalten der Tiere über Nacht. Zudem können sie so einfacher durch einen elektrifizierten Zaun und Herdenschutzhunde geschützt werden. Klar ist bei alldem: Herdenschutzmaßnahmen sind arbeitsintensiv und erfordern je nach Herdengröße mehrere Arbeitskräfte und Hunde.

Seit 2009 gibt es in der Schweiz die »Schweizerische Schäferausbildung«, um den Bedarf an gut ausgebildeten Schäfern zu decken. Auch in der Schweiz stößt der Herdenschutz immer wieder an Grenzen, auch hier werden Weidetiere von Wölfen und Bären gerissen, und auf manchen Hochalmen ist der Schutz der Tiere gar nicht oder nur mit großem Aufwand möglich. Ich bin davon überzeugt, dass hier insbesondere durch die zentrale Koordination des Herdenschutzes durch die entsprechenden Fachstellen der landwirtschaftlichen Beratungszentrale Agridea wichtige Grundlagen geschaffen wurden, um die Konflikte zwischen Großraubtieren, Weidetieren und Menschen zu reduzieren: umfangreiche Beratungs- und Unterstützungsangebote für Tierhalter, die gut organisierte Zucht und Bereitstellung von Herdenschutzhunden sowie die Ausbildung und Vermittlung von Hirten.

Nach unserem Besuch in der Gemeinde Bayrischzell fahren wir zu Lisa, die im Haupterwerb Pferde, Ponys und Mutterkühe hält und auf Weideflächen, die nach Definition der Bayerischen Landesanstalt für Landwirtschaft »nicht zumutbar schützbar« sind, bären- und wolfsabweisende Elektrozäune errichtet hat und mehrere Herdenschutzhunde hält. Lisa heißt eigentlich anders, aber sie möchte nicht mit ihrem richtigen Namen genannt werden. Sie hat Angst vor Anfeindungen anderer Tierhalter oder sabotierten Zäunen, denn wer Herdenschutzmaßnahmen anwendet, gilt manchen anderen Tierhaltern als »Nestbeschmutzer«. Wenn man Zäune oder Hunde einsetze, würde das ja bedeuten, dass man die Rückkehr von Wölfen und Bären akzeptiere. Doch viele wehren sich massiv gegen die Anwesenheit von Wölfen und Bären. Lisas Partner, so erzählt sie mir, wurde vor einiger Zeit schon einmal aus einem Gasthaus rausgeworfen mit dem Vorwurf, dass er ja Herdenschutz betreibe und deshalb hier nicht erwünscht sei.

Ich weiß noch, wie Lisa kurz nach meinem Auftritt in einer Bären-Diskussionsrunde im Bayerischen Rundfunk auf mich zukam. Von dem Naturschützer, der ein Nebeneinander von Bär und Mensch für möglich hielt, wollte sie wissen, wie das denn in Oberbayern auf ihren eigenen Flächen in unwegsamem Gelände mit hohem Freizeitdruck ganz konkret aussehen könne. So kamen wir ins Gespräch. Angetrieben von der Motivation, ihren Tieren den bestmöglichen Schutz zu bieten, nahm Lisa in den nächsten Monaten Kontakt mit Tierhaltern aus ganz Deutschland auf, mit Behörden auf Kreis-, Landes- und Bundesebene, mit Zaunbauern und Politikern.

Wir gehen über die Weide in der Nähe ihres Hofes und sehen uns den Zaun an. Ich bin beeindruckt, wie sie in diesem steilen Gelände mit vielen Hängen, Felsen und Bäumen einen sehr stabil wirkenden Herdenschutzzaun errichtet hat. 700 Arbeitsstunden, verteilt auf sieben Wochen, hat sie in den Bau des 1,5 Kilometer langen Zaunes gesteckt.

Sowohl für den Schutz vor Bären als auch vor Wölfen und Luchsen wird in der Regel ein Zaun mit mindestens vier Litzen und einer Mindesthöhe des obersten Drahtes von 90 Zentimetern als sogenannter Grundschutz empfohlen. Alternativ kann auch ein sogenanntes Elektrozaunnetz verwendet werden, das sich besonders für temporäre Zäune eignet. Wichtig ist immer, dass die unterste

Litze nicht mehr als 20 Zentimeter Abstand zum Boden hat, da vor allem Wölfe dazu neigen, Hindernisse zu untergraben, und bei dem Versuch, den Zaun zu unterkriechen, möglichst sofort einen ordentlichen Schlag bekommen sollen. Entscheidend für die abwehrende Wirkung ist eine konstante Spannung von mindestens 5000 Volt. Vor allem bei Bären ist ein ordentlicher »Wumms« nötig, damit sie durch ihr dickes Fell hindurch einen spürbaren Schlag abbekommen. Elektrozäune sind eine Form der negativen Konditionierung. Die vierbeinigen Eindringlinge sollen erkennen, dass der Versuch, an Weidetiere – oder im Falle von Bären insbesondere auch an Bienen – zu gelangen, mit großen Schmerzen verbunden ist, und davon Abstand nehmen. Für den Schutz von Bienenstöcken vor Bären empfehlen sich etwas höhere Zäune, bestenfalls 1,20 bis 1,50 Meter hoch, mit stabilen Holzpfosten und gut sichtbaren Stromleitern in Form von Elektrobändern, damit Bären diese besser wahrnehmen können. Es ist immer wichtig, auf die Topografie zu achten, damit Felsen oder Bäume von den Tieren nicht zum Überwinden des Zauns benutzt werden können.

Die vier Hunde, die uns interessiert und laut bellend auf der Weide begrüßen, sind Herdenschutzhunde der Rasse Pyrenäenberghund. Es sind wohlgemerkt keine Hütehunde – Herdenschutzhunde und Hütehunde haben völlig unterschiedliche Aufgaben. Korrekterweise muss bei den in der Weidetierhaltung eingesetzten Arbeitshunden zwischen Hütehund, Treibhund und Herdenschutzhund unterschieden werden. Während Hütehunde (z. B. Altdeutscher Schäferhund, Border Collie oder Australian Shepherd) und Treibhunde (z. B. Australian Cattle Dog) den Befehlen des Hirten gehorchen und die Tiere treiben und zusammenhalten, schützen Herdenschutzhunde die Weidetiere selbstständig, insbesondere vor großen Beutegreifern.

Je nach Einsatzgebiet unterscheiden sich die Rassen auch im Körperbau. Während Hüte- und Treibhunde schnell und wendig sein müssen, um mit den Schafen und Ziegen Schritt halten zu können, beeindrucken Herdenschutzhunde durch ihren eher massigen Körperbau und ihre Gelassenheit. Sie wirken manchmal etwas träge, zeigen aber im Ernstfall eine erstaunliche Reaktionsfähigkeit und Wehrhaftigkeit, denn Herdenschutzhunde verteidigen ihr Revier und ihre Herde gegen jeden Eindringling.

Im Gegensatz zu Hütehunden verbringen sie meist Tag und Nacht auf der Weide und müssen in der Lage sein, selbstständig, das heißt ohne Befehl des Besitzers, mögliche Gefahren von der Herde fernzuhalten. Viele Rassen haben ein sehr dichtes Fell, das sie auch im Winter zuverlässig wärmt. Herdenschutzhunde werden weltweit eingesetzt. Bei uns kommen vor allem die Rassen Pyrenäenberghund, Maremmano-Abruzzese und Kangal zum Einsatz. Die jahrhundertelange Zucht von Herdenschutzhunden hat selbstbewusste und sehr soziale Tiere hervorgebracht, die über einen ausgeprägten Schutzinstinkt verfügen. Herdenschutzhunde betrachten die Tiere, mit denen sie in der Herde leben, als ihr Rudel, die Weide als ihr Revier, und sie signalisieren dies Eindringlingen unmissverständlich. Während der Sozialisierung und Ausbildung der jungen Hunde wird sowohl in den deutschen Herdenschutzhundevereinen als auch im offiziellen Schweizer Zuchtprogramm großer Wert darauf gelegt, dass die Hunde keine Gefahr für Menschen darstellen. Das Bild vom zähnefletschenden und beißenden Herdenschutzhund trifft bei dieser Art der Zucht und Sozialisierung nicht zu.

Das Wissen um Herdenschutzhunde ist vielerorts verloren gegangen, da nach der Ausrottung von Bär, Luchs und Wolf die Nachfrage nach diesen Tieren dort erloschen ist. In vielen Regionen mit Beutegreifervorkommen (z. B. Osteuropa, Nordamerika, südliches Afrika) wurden und werden Herdenschutzhunde jedoch erfolgreich eingesetzt. Erste Belege für den Einsatz von Herdenschutzhunden stammen bereits aus dem Jahr 2200 v. Chr.

Wie viele Herdenschutzhunde für den konkreten Einsatz benötigt werden, hängt von der Herdengröße, den Geländeverhältnissen und der Raubtierpopulation vor Ort ab. Zudem braucht nicht jeder Betrieb Herdenschutzhunde, um die Tiere zuverlässig zu schützen. Das Wichtigste ist zunächst der fehlerfrei funktionierende Zaun. Herdenschutzhunde sind das i-Tüpfelchen. Der Schutz ist am wirksamsten, wenn die Herde möglichst kompakt gehalten, eingezäunt oder gehütet wird und sich nicht über größere Flächen verteilen kann. Grundsätzlich müssen Herdenschutzhunde als soziale Tiere aus Tierschutzgründen mindestens zu zweit gehalten werden.

Da Herdenschutzhunde in Deutschland in der Regel in Kombination mit Zäunen eingesetzt werden, kommen sie nicht direkt mit Menschen in Kontakt. Dennoch kann ein Herdenschutzhund auf Spaziergänger, Hundebesitzer, Mountainbiker, Jogger oder Nachbarn bedrohlich wirken oder die Nachtruhe stören. Vor allem auf Almen in der Schweiz kommt es bisweilen vor, dass Herdenschutzhunde ohne Zaun arbeiten. Daher ist es wichtig, Hunde einzusetzen, die mit den Gegebenheiten des jeweiligen Weideortes gelassen umgehen können. Auch gegenüber Menschen ruhige Charaktere können im Notfall ihre Schützlinge gegen vierbeinige Angreifer erbittert verteidigen. Es ist wichtig, dass Natursuchende klar und umfassend über das richtige Verhalten in der Nähe von Herdenschutzhunden informiert werden. Gut arbeitende Hunde reagieren sofort, wenn sich Fremde – egal ob Tier oder Mensch – der Herde nähern.[8] Auch Lisas Hunde standen schon am Zaun und beobachteten uns, als wir noch mehrere Hundert Meter entfernt waren.

Normalerweise sind Herdenschutzhunde für Menschen ungefährlich. Wenn man aber bei der Annäherung an eine geschützte Herde die Warnsignale der Hunde nicht beachtet und sein Verhalten nicht entsprechend anpasst, können sie durchaus zubeißen. Angriffe von Herdenschutzhunden auf Wanderer sind aber eher selten. Jährlich werden in der Schweiz rund zwanzig Fälle gezählt, im gleichen Zeitraum werden auf Almen in der Schweiz drei bis fünf Personen durch Angriffe von Kühen verletzt. Für die Begegnung mit Herdenschutzhunden gelten folgende Verhaltensempfehlungen:

Bleiben Sie ruhig und gehen Sie langsam und zielstrebig weiter. Wenn Sie mit dem Fahrrad unterwegs sind, steigen Sie ab und schieben Sie das Fahrrad. Halten Sie möglichst Abstand zur Herde und scheuchen Sie weder Schafe noch Ziegen oder Herdenschutzhunde auf.
Wenn Sie keine Herdenschutzhunde sehen, aber Anzeichen auf ihre Anwesenheit hinweisen, machen Sie sich durch lautes Sprechen bemerkbar. Bei Wanderungen in Gebieten, in denen Herdenschutzhunde arbeiten, sollte man seinen eigenen Hund nicht mitnehmen. Unbekannte Hunde provozieren ein starkes Abwehrverhalten der Herdenschutzhunde. In diesem Fall bleibt nur die Möglichkeit, die Herde in weitem Bogen zu umgehen. Niemals sollte man mit dem Hund eine Weide betreten, auf der ein Herdenschutzhund das Sagen hat.
Wenn Herdenschutzhunde bellen (was sie meistens tun), auf Sie zurennen oder Ihnen sogar den Weg versperren, bleiben Sie ruhig stehen und geben Sie den Hunden Zeit, die Situation einzuschätzen. Schreien Sie die Hunde nicht an.
Wenn Sie sich von einem Herdenschutzhund bedrängt fühlen, vermeiden Sie Blickkontakt, bleiben Sie aber dem Hund zugewandt. Gehen Sie erst dann ruhig weiter, wenn die Herdenschutzhunde aufgehört haben zu bellen und Ihre Anwesenheit akzeptieren. Wenn sich die Herdenschutzhunde nicht beruhigen, ist es besser, den Abstand zur Herde zu vergrößern, die Hunde allenfalls mit Stöcken auf Distanz zu halten und sich langsam zurückzuziehen.[9]

Mit ihren Herdenschutzhunden hat Lisa bisher gute Erfahrungen gemacht. Die vier Hunde, die zuvor bei einer Schäferin in der Lausitz lebten, arbeiten gut zusammen und haben sich mittlerweile an ihre Schützlinge, die Ponys und Pferde, gewöhnt. Bisher hat sich niemand über nächtliches Gebell beschwert, und auch Konflikte mit Natursuchenden gab es noch nicht.

Ob sie genug Unterstützung für den Schutz ihrer Tiere bekommt, wollen wir wissen. Geld vom Staat für Herdenschutzzäune und Herdenschutzhunde gibt es in Bayern zu dem Zeitpunkt nur in bestimmten Förderkulissen, in denen Wölfe in jüngster Zeit nachgewiesen wurden.

Als es im Frühjahr 2023 erneut Hinweise auf Bären gab, aber noch keine Fördermöglichkeiten für Landwirte, die ihre Weidetiere vor Bärenangriffen schützen wollten, verkündete Umweltminister Glauber kurzerhand, dass sich Landwirte in den betroffenen Gebieten Zäune vom Landesamt für Umwelt finanzieren lassen können. Dreizehn Landwirte erhielten einen Zaun, dann war das Geld aufgebraucht. Tierhalter, die in einer der Förderkulissen »Wolf« leben, können Gelder für Zäune und Hunde beantragen. Für Elektrozäune werden derzeit (Stand 2024) 18 Euro pro laufendem Meter erstattet, aber die tatsächlichen Kosten liegen laut Lisa bei circa 35 Euro pro laufendem Meter. Der Zaun, den wir uns gemeinsam anschauen, wurde mithilfe von Freiwilligen gebaut. Da sich die staatliche Förderung von Herdenschutzzäunen bislang auf die Materialkosten beschränkt, nicht aber den wolf- oder bärenbedingten Mehraufwand für Aufbau und Pflege der Zäune abdeckt, gibt es Initiativen wie Wikiwolves oder Herdenschutz Niedersachsen, die ehrenamtliche Helfer rekrutieren, schulen und koordinieren, um die Landwirte beim Zaunbau zu unterstützen.

Ich frage Lisa, wie sie mit Beschimpfungen anderer Tierhalter umgehe. Sie sagt, die direkten Anfeindungen gingen zurück, manchmal werde sie jedoch gefragt, auf welcher Seite sie stehe. »Auf der Seite meiner Tiere und sonst nirgendwo«, sagt sie dann.

Lisa ist der Meinung, dass Landwirte, die ihre Weidetiere vor Angriffen durch Bären und Wölfe schützen wollen, finanziell besser unterstützt werden müssen. Von der Forderung, Wölfe und Bären zu bejagen, hält sie wenig, denn der Abschuss der Tiere gibt ihr weniger Sicherheit als der Schutz durch Zäune und Hunde. Aber sie sagt auch, dass es auf manchen Almen fast unmöglich sei, vernünftige Schutzmaßnahmen zu installieren. Lisa zeigt auf einen kleinen weißen Fleck an einem steilen Hang unterhalb eines Gipfels in der Ferne, umgeben von Bäumen. Das ist ihre Hochalm, auf die sie im Sommer einen Teil ihrer Tiere bringt. Es gebe keine Straße dorthin, und Zäune müsste sie mit dem Hubschrauber einfliegen lassen. Ob sie darüber nachgedacht habe, einen Hirten für den Sommer einzustellen, will ich wissen. Im Prinzip wäre das eine gute Idee, wenn die Löhne vom Staat bezahlt würden. Tatsächlich hat die EU vor einigen Jahren die Möglichkeit geschaffen, dass die Mitgliedstaaten im Rahmen der EU-Agrarförderung Gelder für die Bezahlung von Schäfern abrufen können. In Deutschland hat bisher allerdings kein Bundesland davon Gebrauch gemacht: Wer hierzulande einen Hirten einstellen will, muss ihn aus eigener Tasche bezahlen.

Zukunftsperspektiven für Bären in Deutschland und Europa

Ich habe noch in den Ohren, wie die Gemeindevertreter aus Bayrischzell von intakter und frei zugänglicher Natur als Aushängeschild der Alpen sprachen. Gleichzeitig gelten die Alpen als das meistgenutzte Gebirge weltweit. Millionen von Besuchern kommen zum Wandern, Skifahren und Mountainbiking, und zahlreiche Straßen, Schienen, Skilifte und Siedlungen durchschneiden die Gebirgsketten. Gibt es hier überhaupt Platz für Bären?

Wissenschaftler bedienen sich gern verschiedener Modelle, um die Lebensraumeignung und die räumliche Verteilung von Tieren, Pflanzen oder anderen Organismen in einem bestimmten Gebiet zu verstehen und vorherzusagen. Diese Modelle basieren auf statistischen Analysen von Daten zu Anwesenheit oder Abwesenheit von Arten und berücksichtigen die Zusammenhänge zwischen Umweltfaktoren und dem Vorkommen von Arten. Sie versuchen dabei zu prognostizieren, wo bestimmte Arten vorkommen könnten, basierend auf bekannten Standorten und Umweltbedingungen. Modelle zur Lebensraumeignung sind von besonderer Bedeutung, wenn eine Art lokal ausstirbt und Wiederansiedlungs- oder Bestandsstützungsprojekte darauf abzielen, diese in ihr früheres, möglicherweise inzwischen verändertes Verbreitungsgebiet zurückzubringen. Sprich: Wenn eine Art wieder angesiedelt werden soll, muss erst verstanden werden, ob das Gebiet überhaupt dafür geeignet ist.

Trotz der Wiederansiedlungsbemühung des WWF Österreich in den 1980er-Jahren, der Wiederansiedlung von Bären im Trentino und der regelmäßigen, aber spärlichen Zuwanderung einzelner Bären aus den nördlichen Dinariden verläuft die Besiedlung der Alpen durch Bären eher zögerlich. Die Lebensraumpräferenzen des Braunbären wurden in Europa intensiv untersucht, und in unseren relativ dicht besiedelten Landschaften scheint er sich vor allem dort niederzulassen, wo er ausreichend Deckung findet und menschliche Infrastruktur möglichst weit entfernt ist. In den Abruzzen in Mittelitalien bevorzugen die Bären Laubwälder und höher gelegene Gebiete und meiden offene Buschlandschaften. Auch die wieder angesiedelten Bären im Trentino bevorzugen Laubwälder und meiden Gebiete mit anthropogenen Störungen. In Spanien bevorzugen Bären Buchen- und Eichenwälder und meiden Straßen und Dörfer, und auch in Schweden halten sich Bären von menschlicher Infrastruktur fern und bevorzugen unwegsames Gelände.

In einer umfangreichen Modellierung aus dem Jahr 2010 wurden die GPS-Daten von 42 Bären aus Slowenien, Österreich und Italien verwendet, um ein Habitatmodell für Bären im östlichen Alpenraum (Liechtenstein, Österreich, Deutschland, Slowenien) zu erstellen. Über 6000 Koordinaten der 25 besenderten Weibchen und 17 Männchen flossen in die Analyse ein. Jeder Datenpunkt wurde einer von sechs Kategorien hinsichtlich des Landschaftstyps zugewiesen. So wurde unterschieden, ob sich der Bär zum Zeitpunkt der Datenaufnahme auf einer landwirtschaftlichen Fläche, in einem Laubwald, Nadelwald, Mischwald, im Unterholz oder auf offener Fläche befand. Auch die Distanz zur nächsten Straße oder Siedlung und die Höhe über Meeresspiegel wurde mit einbezogen. 83 Prozent aller Datenpunkte stammten aus bewaldeten Gebieten, wovon die meisten in Nadelwäldern lagen, gefolgt von Misch- und Laubwäldern. Die anderen Datenpunkte entfielen auf die anderen Kategorien, wobei nur 400 der über 6000 Koordinaten aus landwirtschaftlichen Flächen oder Offenland stammten. Folglich halten sich Bären im Alpenraum überwiegend im Wald auf.

Wenn man jetzt die verschiedenen Landschaftskategorien betrachtet, auch Siedlungen und Straßen mit in die Berechnung einbezieht und von einer durchschnittlichen Bärendichte von etwa zwei Bären auf 100 Quadratkilometer ausgeht, kommt das Modell zu dem Ergebnis, dass wenigstens 1500 erwachsene Bären geeignetes Habitat im östlichen Alpenraum vorfinden würden.[10] Früher nahm man an, dass sich Bären nur in großen, menschenleeren Gebieten dauerhaft niederlassen würden. Sowohl das Modell als auch die Realität zeigen aber, dass dies nicht der Fall ist. Solange Braunbären Nahrung, einen geeigneten Platz für ihren Winterschlaf und einen Geschlechtspartner finden, kommen sie, um zu bleiben. Zukünftige Bärenvorkommen in Deutschland würden allerdings aufgrund der Zersiedelung des deutschen Alpenraums immer Grenzgänger eines gemeinsamen Vorkommens zwischen Deutschland und Österreich sein.

Unbestritten ist auch, dass es in dichter besiedelten Gebieten häufiger zu Konfliktsituationen kommt. Der Platz, den sich Wildtiere und Menschen teilen, wird mit der Ausdehnung menschlicher Siedlungen und mit der Erholung von Wildtierpopulationen jedes Jahr größer. Global betrachtet teilen wir uns bereits jetzt über 56 Prozent der Landfläche mit Wildtieren, und nur rund ein Viertel der Landfläche weltweit ist noch nicht von Menschen besiedelt.[11]

Neben der Bären- und Menschendichte gibt es weitere Rahmenbedingungen, die das Auftreten von Konflikten zwischen Bären und Menschen beeinflussen.[12] Da sind zum Beispiel die Jahreszeiten: Im Frühling und Herbst werden häufiger Konflikte zwischen Menschen und Braunbären in Europa dokumentiert. Beides hängt mit der saisonalen Zunahme des Bärenhungers zusammen: Sowohl im Frühjahr, wenn die Bären ihre Winterschlafplätze verlassen, als auch im Herbst, wenn sie sich in Vorbereitung auf die winterliche Ruhe einen ordentlichen Energievorrat anlegen müssen, sind sie ständig auf Nahrungssuche und kommen dabei auch in die Nähe von Menschen, insbesondere in Jahren mit schlechtem natürlichen Nahrungsangebot zum Beispiel aufgrund von Schwankungen bei der Baummast (wir sprachen im Kapitel Rumänien schon über Eicheln, Kastanien und weitere Früchte).

Auch Alter und Geschlecht der Bären spielen eine Rolle: Insbesondere sind es oft jugendliche Bären und erwachsene Weibchen, die Jungtiere führen, die sich in Schwierigkeiten bringen. Es sind häufig nur einzelne »Problembären«, die einen kleinen Teil der Bärenpopulation ausmachen, während andere Bären der gleichen Population selten oder nie in Konflikte geraten. Ein Beispiel aus Slowenien war der habituierte männliche Bär Rožnik. Nach Auswertung der Telemetriedaten wurde klar, dass dieser einzelne Bär für 40 Prozent der rund 500 gemeldeten Zwischenfälle mit Bären in Slowenien verantwortlich war.[13]

Wenn Braunbären über Tirol aus Italien zu uns wandern und sich hierzulande niederlassen wollen, dürften es ihnen insbesondere Straßen und Schienen schwermachen. So wissen wir beispielsweise aus Rumänien und Kroatien, dass dort Bären immer wieder von Zügen oder Autos angefahren werden. Cristi erzählte mir, dass durch die zahlreichen neuen Infrastrukturprojekte in Rumänien immer mehr Bären getötet werden.

Auch der junge Bär, der im Frühjahr 2023 sechs Wochen lang in Oberbayern unterwegs war und in unmittelbarer Nachbarschaft von Lisa drei Schafe riss, kam durch den Verkehr zu Tode: Zwei Lokführer meldeten den auf den Gleisen liegenden und offensichtlich vom Zug überfahrenen Bären am 23. Mai im österreichischen

Pongau. Grünbrücken, welche die Lebensräume von Bären und anderen Tieren auch über Verkehrsachsen hinweg verbinden und die auch in Deutschland immer häufiger zu sehen sind, können helfen, Unfälle mit tödlichem Ausgang für Tier und Mensch zu vermeiden.

Die Erholung des Bärenvorkommens in den Ostalpen und damit in Deutschland dürfte also nicht am Mangel an geeignetem Lebensraum scheitern. Die Frage, ob Bären dauerhaft wieder die Alpen besiedeln werden, ist vielmehr eine gesellschaftliche Frage: Sind wir in der Lage, Konflikte zwischen Mensch und Bär zu lösen, und sind wir bereit, die großen Raubtiere wieder in unserer Nachbarschaft zu dulden?

Wenn man von Mensch-Wildtier-Konflikten spricht, denkt man zunächst an Schwierigkeiten im Zusammenleben von Mensch und Tier. Das ist aber nur die oberflächliche Ebene. Viel häufiger geht es um Konflikte zwischen Menschen mit unterschiedlichen Interessen oder Wertesystemen in Bezug auf den Umgang mit Wildtieren oder um ganz andere Meinungsverschiedenheiten, die auf dem Rücken von Wolf, Luchs, Bär und Co. ausgetragen werden. Konflikte zwischen Menschen über Wildtiere sind vielschichtig, und auf den ersten Blick sehen wir oft nur die Spitze des Eisbergs. Was zum Beispiel wie die Abneigung eines Schäfers gegenüber dem Wolf aussieht, der seine Schafe gerissen hat, kann auch einen tieferen Grund haben, zum Beispiel die Angst vor einer fehlenden Zukunftsperspektive für den eigenen Betrieb aufgrund der schwierigen wirtschaftlichen Situation von Schäfereien in Europa. Um Übergriffe von Raubtieren auf Schafe zu verhindern, gibt es wirkungsvolle und erprobte Maßnahmen wie Herdenschutzzäune oder auch -hunde. Diese erste Konfliktebene lässt sich also häufig lösen oder wenigstens mindern.

Hierfür gibt es weltweit viele Beispiele: Im Nordosten Indiens kommt es häufig zu Konflikten zwischen Landwirten und Elefanten. Für Bauern mit kleiner Ackerfläche kann eine Elefantenherde, die in einer Nacht die gesamte Ernte zerstört, den wirtschaftlichen Ruin bedeuten. Trotzdem gibt es in einigen dieser Gemeinschaften eine kulturell begründete starke Toleranz gegenüber Elefanten und somit auch die Bereitschaft, mit Behörden oder Naturschutzorganisationen zusammenzuarbeiten, die beispielsweise Zäune oder Vergrämungsmittel zur Verfügung stellen, mit denen ein solcher Konflikt weitgehend gelöst werden kann.[14]

Auf einer Wolfskonferenz in Schweden traf ich Yadvendradev Jhala, den ehemaligen Direktor des Indian Wildlife Institute, der einen Vortrag über Mensch-Wildtier-Konflikte in Indien hielt. Es war für mich sehr bemerkenswert, wie gut Wildtiere dort akzeptiert werden, obwohl in Indien jedes Jahr Tausende Menschen von Leoparden, Schlangen, Wölfen und Elefanten getötet werden. Während die buddhistische Religion alle Lebewesen als gleichermaßen wertvoll und miteinander verbunden ansieht, wird bei uns schon beim bloßen Auftauchen großer Wildtiere gleich zum Abschuss von Problemwölfen oder Bären aufgerufen.

Konflikte können so tief verwurzelt sein, dass Wolf, Bär und Co. wirklich nur noch ein Symbol für die Unzufriedenheit gegenüber einem ganzen System sind. In Nordamerika und Europa ist der Wolf häufig ein Symbol dieser tief verankerten Konflikte. Die Einstellung zum Wolf ist oft schwarz oder weiß; ich kenne nur wenige Menschen, denen der Wolf gleichgültig ist. Entweder sind die Menschen von ihm fasziniert und begrüßen seine Rückkehr, oder sie wünschen sich, dass er wieder ausgerottet wird. Der Wolf macht den Menschen bewusst, dass sie grundsätzlich sehr verschiedene Wertvorstellungen haben.

Vor dem NABU-Artenschutzzentrum in Leiferde in Niedersachsen wurde 2023 zu Ostern ein abgetrennter Wolfsschädel platziert. In den folgenden Tagen sollen etliche jagdliche Hochsitze in der Region zerstört worden sein. Dieses Beispiel macht deutlich, welche Ausmaße Meinungsverschiedenheiten zwischen Menschen in Bezug auf Wildtiere annehmen können. Solche tiefgreifenden Konflikte lassen sich dann nicht mehr durch Zäune oder Hunde lösen.

Die Frage, ob in Zukunft wieder Bären in Deutschland leben und eine Koexistenz möglich sein wird, hängt davon ab, ob wir in der Lage und bereit sind, mit auftretenden Konflikten umzugehen. Unser historisches Verhältnis zu Wölfen und Bären erschwert einen sachlichen Umgang mit ihrer Rückkehr, und Unwissen wird durch populistische Parolen und Fake News weiter befeuert.

Für die Menschen, die mit den Bären leben (müssen), bedeutet dies, Kompromisse einzugehen. Landwirte müssen ihre lang geübten Praktiken nicht aufgeben, sondern ihre Arbeitsweisen anpassen, um ihre Nutztiere besser vor Raubtieren zu schützen. Dass dies unbequem ist und Zeit und Geld kostet, können wir ihnen als Gesellschaft teilweise abnehmen, indem wir einen angemessenen finanziellen Ausgleich bieten. Gleichzeitig sollten wir uns meiner Meinung nach daran gewöhnen, dass auch Abschüsse von Tieren Teil des Managements sind, wie es in Slowenien und Teilen der USA der Fall ist. Hierbei wünsche ich mir jedoch eine ehrliche und sachliche Diskussion darüber, wann ein »Management mit der Büchse« wirklich helfen kann und wann nicht. Denn eines ist sicher: Der Nutzen wahlloser Abschüsse von Beutegreifern oder die Festlegung von Jagdquoten ist mehr als fraglich.

Wohlgemerkt: Ich bin nicht kategorisch gegen eine Bejagung. Doch stelle ich ihren Nutzen für die Vermeidung von Konflikten infrage. Befürworter der Jagd auf Wölfe und Bären argumentieren, dass dadurch die Zahl der Übergriffe auf Nutztiere reduziert werden könne. Solange jedoch unzureichend geschützte Viehherden existieren, können auch wenige Bären und Wölfe Verluste verursachen. Mehrere Schäfer, mit denen ich in den letzten Jahren in Deutschland gesprochen habe, sagen, dass sie von einer Bejagung des Wolfs wenig halten, da ihnen diese nichts bringe. Nur wenn man die Tiere wieder komplett ausrotten würde, wären Herdenschutzmaßnahmen nicht mehr notwendig.

Ich denke auch häufig an die Worte von Tibor, dem Schäfer aus Rumänien, der sagt, dass das Jagdverbot den Bären mehr schade als nütze, da ihr Ruf sich zunehmend verschlechtere. Vielleicht würde sich die Akzeptanz gegenüber Bären, Wölfen und Luchsen erhöhen, wenn eine bestimmte Anzahl von ihnen legal geschossen werden dürfte, wie das in manchen Ländern der Fall ist. In der wissenschaftlichen Literatur finden sich darauf jedoch nur wenig Hinweise beziehungsweise wird dort auch das Gegenteil beschrieben. Wenn beispielsweise in Montana eine Quote für die Wolfsjagd festgelegt wird, führt das nicht zwangsläufig dazu, dass diejenigen, die gern Wölfe schießen möchten, zufriedener sind. Sie fragen eher, wieso die Quote so gering ist, während diejenigen, die Wölfe schützen möchten, die Quote für viel zu hoch halten und den Sinn der Wolfsjagd als solchen bezweifeln.

Das Thema Bejagung ist häufig nicht nur eine rote Linie, sondern auch ein rotes Tuch, wenn Naturschützer, Landwirte, Jäger und Politiker über den richtigen Umgang mit großen Beutegreifern diskutieren. Hier zeigt sich am deutlichsten, dass die Diskussion um die Rückkehr von Raubtieren nach Deutschland ein Konflikt zwischen unterschiedlichen Glaubenssystemen ist – zwischen Menschen mit konträren Ansichten darüber, wie wir mit der Natur umgehen sollten: Ob wir berechtigt sind, sie uns untertan zu machen, oder in Harmonie mit ihr leben wollen, ob wir Tiere töten sollen, wenn sie uns nichts nützen oder unbequem sind, oder ob sie ein eigenes Lebensrecht haben, das wir nicht infrage stellen dürfen. Deshalb passen die Diskussionen um Bär, Wolf und Co. sehr gut in unsere Zeit der sich immer stärker polarisierenden gesellschaftlichen Debatten und Politik. Können wir beim Bären einen Konsens oder zumindest einen guten Kompromiss finden?

Koexistenz von Menschen und Wildtieren bedeutet, einen Weg zu finden, wie beide Seiten friedlich und nachhaltig nebeneinander existieren können. Koexistenz ist dann erfolgreich, wenn sie nicht als Zustand verstanden wird, sondern als fortlaufender, adaptiver Prozess ohne vordefiniertes Ende, indem unterschiedliche Zielvorstellungen und gegensätzliche Perspektiven Platz finden.

In meinen Augen liegt der Schlüssel zur Koexistenz von Mensch und Wildtier in der Bereitschaft aller Beteiligten auf menschlicher Seite, sich auf diesen Prozess mit ungewissem Ausgang einzulassen, die Notwendigkeit von Veränderungen anzuerkennen und offen für Anpassungen und Kompromisse zu bleiben. Natürlich ist das nicht einfach und verlangt viel von uns als Gesellschaft. Wir alle wünschen uns Sicherheit und Beständigkeit. Warum sollte eine Viehhalterin jahrhundertealte Weidetechniken anpassen, nur weil große Wildtiere zurückkehren?

Wir leben in einer immer komplexeren Welt voller Herausforderungen und Konflikte. Es gibt keine Legitimation mehr für »Das haben wir schon immer so gemacht, also machen wir weiter so«.

Ich appelliere aber auch an uns Naturschützer, zu akzeptieren, dass das Ende dieses Prozesses nicht klar absehbar ist und sowohl mehr Schutz für Wildtiere als auch möglicherweise mehr Regulierung ihrer Populationen bedeuten kann. Entscheidend ist, dass wir uns auf einen Weg begeben, der von Verständnis, Flexibilität und Kooperationsbereitschaft geprägt ist.

Das bayerische Alpenland droht jedenfalls nicht dadurch unterzugehen, dass der Bär zurückkehrt.

GLOSSAR

ART Eine Gruppe von Organismen, die sich untereinander fortpflanzen können und Nachkommen hervorbringen, die ebenfalls in der Lage sind, sich fortzupflanzen. Alle Mitglieder einer Art teilen ähnliche Merkmale und genetische Eigenschaften.

BOREALE WÄLDER Boreale Wälder, auch als Taiga bezeichnet, sind die größten zusammenhängenden Waldgebiete der Erde und erstrecken sich über die nördlichen Breitengrade in Nordamerika, Europa und Asien. Sie liegen in den gemäßigten bis subpolaren Klimazonen und sind gekennzeichnet durch kalte Winter und kurze, warme Sommer.

BÜCHSE Vielleicht fragen Sie sich, was eine Büchse ist, und denken: »Meint er nicht Flinte?« Umgangssprachlich wird für ein Gewehr häufig der Begriff »Flinte« benutzt, jedoch ist eine Flinte eine Feuerwaffe, aus der kleine Schrotkugeln verschossen werden, die lediglich auf kurze Distanz tödlich sind. Damit wird jedoch nicht Jagd auf größere Tiere gemacht. Diese kommen in der Regel durch den Schuss aus einer »Büchse« zu Tode, einem Gewehr, das ein einzelnes Geschoss abfeuert, welches noch auf eine Distanz von mehreren Hundert Metern tödlich sein kann.

DIMORPHISMUS Dimorphismus beschreibt das Auftreten von zwei unterschiedlichen Erscheinungsformen innerhalb einer Art. Diese Unterschiede können sich auf das Aussehen, die Größe, das Verhalten oder andere Merkmale beziehen. Beispielsweise beschreibt sexueller Dimorphismus Unterschiede zwischen männlichen und weiblichen Individuen einer Art, saisonaler Dimorphismus Unterschiede im Aussehen derselben Individuen in verschiedenen Jahreszeiten.

FOTOFALLEN Fotofallen sind automatisierte Kameras, die häufig in der Wildtierforschung eingesetzt werden. Sie ermöglichen das unauffällige Beobachten und Dokumentieren von Tieren. Die Kameras werden automatisch durch Bewegungssensoren ausgelöst.

GATTUNG Eine taxonomische Kategorie, die mehrere verwandte Arten umfasst, die bestimmte gemeinsame Merkmale teilen. Zum Beispiel gehören der Wolf *(Canis lupus)* und der Hund *(Canis familiaris)* zur Gattung der Wolfs- und Schakalartigen *(Canis).*

GENOMIK Genomik ist ein Teilgebiet der Biologie, das sich mit der Untersuchung und Analyse von Genomen beschäftigt. Ein Genom umfasst die gesamte Erbinformation eines Organismus, die in der DNA gespeichert ist. Die Genomik geht über die Untersuchung einzelner Gene hinaus und betrachtet das Zusammenspiel aller Gene und deren Funktionen in einem Organismus.

HOLZPOLTER Als ein Polter wird in der Forstwirtschaft gesammeltes und sortiertes Rundholz bezeichnet. Es wird nach der Ernte auf einem Sammelplatz gestapelt und liegt dort zur Abfuhr bereit.

HYBRIDISIERUNG Hybridisierung, genauer gesagt sexuelle Hybridisierung, bezeichnet die Kreuzung von genetisch unterschiedlichen Organismen, die zur Bildung von Nachkommen führt, die als Hybride bezeichnet werden.

KOEVOLUTION Koevolution bezeichnet den Prozess, bei dem sich zwei oder mehr Arten in enger Wechselwirkung miteinander entwickeln, wobei Veränderungen in einer Art zu Anpassungen in der anderen führen. Es handelt sich um einen wechselseitigen, evolutionären Anpassungsprozess, der durch gegenseitige Abhängigkeit oder Interaktion angetrieben wird.

LANDSTADT Der Begriff Landstadt beschreibt eine Stadt mit städtischen Merkmalen, die jedoch eine enge Verbindung zum ländlichen Raum aufweist. Landstädte befinden sich häufig in ländlichen Gebieten und erfüllen sowohl urbane Funktionen als auch Aufgaben für das Umland. Sie stellen oft eine Brücke zwischen dem ländlichen Raum und größeren städtischen Zentren dar.

MITOCHONDRIEN Mitochondrien sind Bestandteile (Organellen) in tierischen und pflanzlichen Zellen, die oft als »Kraftwerke der Zelle« bezeichnet werden. Sie sind essenziell für die Energieversorgung von Zellen, da sie den Großteil sogenannter ATP (Adenosintriphosphat)-Moleküle produzieren, die als universelle Energieträger in biologischen Prozessen dienen.

MONITORING Monitoring, genauer Wildtiermonitoring, ist die systematische Erfassung und Überwachung von Wildtierpopulationen und ihrer Lebensräume. Es dient dazu, Daten über die Verbreitung, Häufigkeit, Gesundheit und das Verhalten von Wildtieren zu sammeln und langfristige Entwicklungen zu beobachten. Diese Informationen sind entscheidend für den Natur- und Artenschutz sowie für das Management von Wildtieren.

MUTUALISMUS Mutualismus ist eine Form der Beziehung zwischen zwei verschiedenen Organismen, bei der beide Partner einen gemeinsamen Vorteil aus der Interaktion ziehen. Diese Beziehung ist in der Regel langfristig und stabil, da beide Parteien voneinander profitieren. Der Begriff »mutualistisch« beschreibt also einen wechselseitigen, vorteilhaften Austausch zwischen den beteiligten Arten beziehungsweise Individuen. Eine besonders enge Form mutualistischer Beziehungen ist die Symbiose, in der beide Partner aufeinander angewiesen sind.

NIEDERWILD Die historische Einteilung von jagdbaren Tierarten in Nieder- und Hochwild hat nur bedingt mit der Größe der Tiere zu tun. Das Hochwild umfasst vielmehr alle Wildarten, die dem Hochadel vorbehalten waren. Die Jagd auf Niederwild war auch niederem Adel und bestimmten anderen Personengruppen gestattet. Zum Niederwild zählen unter anderem Rehwild, Dachs, Hase, Kaninchen, Fuchs, Murmeltier und fast alle jagdbaren Vögel.

PHOTOTOXIZITÄT Phototoxizität bezeichnet eine Hautreaktion, die durch die Kombination von bestimmten chemischen Substanzen (z. B. in Pflanzen, Medikamenten oder Kosmetika) und Lichtstrahlung (meist UV-Strahlung) ausgelöst wird. Diese Reaktion führt zu einer erhöhten Empfindlichkeit der Haut gegenüber Sonnenlicht und kann zu Hautschäden führen.

POPULATION Eine Gruppe von Individuen derselben Art, die in einem bestimmten geografischen Gebiet leben und sich fortpflanzen können.

PRÄDATOR Die Bezeichnung Prädator stammt vom lateinischen *praedatio,* was so viel wie »Rauben« oder »Beutemachen« bedeutet. Als Prädator bezeichnet man demnach einen Organismus, der einen anderen Organismus (die Beute) angreift, um ihn im Ganzen oder teilweise zu konsumieren. Synonyme sind: Räuber, Beutegreifer, Fressfeind.

SCHALENWILD Schalenwild ist ein Begriff aus der Jagd und bezieht sich auf wildlebende Säugetiere, die Huftiere sind und deren Hufe von einer Hornschicht (den sogenannten Schalen) bedeckt sind. Diese Tiere gehören zur Gruppe der Paarhufer und Unpaarhufer z.B. Rotwild, Rehwild, Schwarzwild (Wildschweine), Muffelwild

TCM In der Traditionellen Chinesischen Medizin (TCM), die vor mehr als 4000 Jahren in der Xia-Dynastie in China ihren Ursprung hat, finden rund 750 verschiedene Tierarten und mehr als 3000 Pflanzenarten Verwendung. Wie groß der weltweite Absatz für TCM-Medikamente ist, lässt sich nur schwer abschätzen, da neben regulierten Märkten auch ein großes Angebot auf dem Schwarzmarkt besteht.

TELEMETRIE Telemetrie ist die Fernmessung und -übertragung von Daten von einem entfernten Ort zu einer Empfangsstelle. In der Biologie und Ökologie bezieht sich Telemetrie oft auf die Methode, mit der Daten über die Bewegung, den Standort oder das Verhalten von Tieren oder anderen Organismen gesammelt werden. Diese Daten werden häufig mit speziellen Geräten wie GPS-Sendern oder Radio-Transmittern übermittelt und erlauben die Überwachung von Wildtieren aus der Ferne.

(WILD-)WECHSEL Der Begriff bezeichnet einen Pfad oder Weg, den Wildtiere regelmäßig benutzen, um zwischen verschiedenen Bereichen ihres Lebensraums umherzuziehen, wie zum Beispiel zwischen Futterplätzen, Schlafplätzen oder Wasserquellen. Ein Wechsel ist somit eine häufig genutzte Route, die Wildtiere in bestimmten Zeiten oder zu bestimmten Tageszeiten regelmäßig begehen.

DANKSAGUNG

Mein Dank gilt den Menschen, Tierhaltern, Bärenschützern, Wissenschaftlern und Kollegen, die dieses Buch mit ihrem Wissen, ihren Erfahrungen, ihren Sichtweisen und wertvollen Kommentaren bereichert haben. Ein besonderer Dank gilt meiner Familie, die mich mit kritischen Anmerkungen und der einen oder anderen kreativen Idee unterstützt hat. Und nicht zuletzt gilt mein Dank dem Verlagsteam, das mit viel Fingerspitzengefühl und Freude aus dem Manuskript ein großartiges Buch gemacht hat – ohne dabei einen Bärendienst zu erweisen.

BILDNACHWEIS

Vorsatz: le-tex publishing services unter Verwendung von Shutterstock.com: Anan Kaewkhammul, Alexey Seafarer, Christian Musat, Dennis van de Water, mariait, Martin Mecnarowski, photomaster, Titus JP
Nachsatz: WWF Deutschland 2019, Anita Drbohlav / www.paneemadesign.com

Seite 5: Kaczensky, Petra, Ranc, Nathan, & Hatlauf, Jennifer u. a.: »Large carnivore distribution maps for Europe 2017 – 2022/23 [Dataset]«. *Dryad* (2024). https://doi.org/10.5061/dryad.3xsj3txrc

Abbildungen im Bildteil:
Moritz Klose 01, 02, 03, 04, 05, 06, 07, 08, 09, 10, 11, 24, 25, 26, 27, 28, 29, 30, 31, 32; 12 Alexander Cher / Shutterstock.com; 13 photocech / Stock.Adobe.com; 14 Animalgraphy / Shutterstock.com; 15 Cedar / Stock.Adobe.com; 16 Volodymyr Burdiak / Shutterstock.com; 17 Natalia / Stock.Adobe.com; 18 WWF – Ralph Frank; 19, 20 KensCanning / Shutterstock.com; 21 FloridaStock / Shutterstock.com; 22 Joerg Sabel / Stock.Adobe.com; 23 dieKLEINERT.de / Ivonne Schreiber

QUELLEN

Acht

1 Winnie Jr, John, & Scott Creel. »The many effects of carnivores on their prey and their implications for trophic cascades, and ecosystem structure and function«. *Food Webs* 12 (2017): 88–94.

2 Gaynor, Kaitlyn M., u. a.: »Landscapes of fear: spatial patterns of risk perception and response«. *Trends in Ecology & Evolution* 34.4 (2019): 355–368.

3 Dietl, G. P., & P. H. Kelley. The fossil record of predator-prey arms races: coevolution and escalation hypotheses. *The Paleontological Society Papers* 8 (2002), 353–374.

4 Ripple, William J., & Robert L. Beschta: »Trophic cascades in Yellowstone: the first 15 years after wolf reintroduction«. *Biological Conservation* 145.1 (2012): 205–213.

5 Heurich, M.: »Welche Effekte haben große Beutegreifer auf Huftierpopulationen und Ökosysteme?«. *Naturschutz und Landschaftsplanung* 47.11 (2015): 337–345.

6 Grinath, Joshua B., Brian D. Inouye & Nora Underwood: »Bears benefit plants via a cascade with both antagonistic and mutualistic interactions«. *Ecology Letters* 18.2 (2015): 164–173.

7 Solé, Floréal, u. a.: »Dental and tarsal anatomy of ›Miacis‹ latouri and a phylogenetic analysis of the earliest carnivoraforms (Mammalia, Carnivoramorpha)«. *Journal of Vertebrate Paleontology* 34.1 (2014): 1–21.

8 McLellan, Bruce, & David C. Reiner: »A review of bear evolution«. In: *Bears: their biology and management* (1994): 85–96.

9 Hartstone-Rose, Adam, u. a.: »Diverse diets of the Mio-Pliocene carnivorans of Langebaanweg, South Africa«. *South African Journal of Science* 112.7–8 (2016): 1–14.

10 Gretzinger, Joscha, u. a.: »Large-scale mitogenomic analysis of the phylogeography of the Late Pleistocene cave bear«. *Scientific Reports* 9.1 (2019): 10700.

11 https://www.welt.de/wissenschaft/article112863153/Wie-Neandertaler-gefaehrliche-Hoehlenbaeren-toeteten.html. Zugriff: 27.11.2024.

12 Zou, Tiantian, u. a.: »Uncovering the enigmatic evolution of bears in greater depth: The hybrid origin of the Asiatic black bear«. *Proceedings of the National Academy of Sciences* 119.31 (2022): e2120307119.

13 Hailer, Frank, u. a.: »Nuclear genomic sequences reveal that polar bears are an old and distinct bear lineage«. *Science* 336.6079 (2012): 344–347.

14 Velez-Liendo, X., & García-Rangel, S.: Tremarctos ornatus (errata version published in 2018). The IUCN Red List of Threatened Species 2017: e.T22066A123792952. https://dx.doi.org/10.2305/IUCN.UK.2017-3.RLTS.T22066A45034047.en. Zugriff 17.9.2024.

15 Klose, Moritz, & Gerhard Zotz: »Caularthron bilamellatum: A Cleistogamous, Myrmecophytic Orchid«. *Smithsonian Institution Scholarly Press,* 2024.

16 Goldstein, Isaac, Victor Guerrero & Ricardo Moreno: »Are there Andean bears in Panama«. *Ursus* 19. 2 (2008): 185–189.

17 https://www.theguardian.com/uk-news/video/2022/jun/04/paddington-bear-joins-the-queen-for-afternoon-tea-at-buckingham-palace-video. Zugriff: 27.11.2024.

18 Spengler, Robert Nicholas: »Origins of the apple: the role of megafaunal mutualism in the domestication of Malus and rosaceous trees«. *Frontiers in Plant Science* 10 (2019): 617.

19 Gade, Daniel W.: »Mysterious Ucumari: the Andean Bear in nature and culture«. *Spell of the Urubamba: Anthropogeographical Essays on an Andean Valley in Space and Time* (2016): 217–238.

20 https://www.spektrum.de/lexikon/biologie/endozoochorie/21329. Zugriff: 27.11.2024.

21 Goldstein, Isaac, Paisley, Susanna, Wallace, Robert, Jorgenson, Jeffrey, Cuesta, Francisco, & Castellanos, Armando: »Andean bear-livestock conflicts: A review«. *Ursus.* 17. 8–15. 10.2192/1537–6176(2006)17[8:ABCAR]2. 0.CO;2.

22 Velez-Liendo, X., & S. García-Rangel: Tremarctos ornatus. The IUCN Red List of Threatened Species 2017: e.T22066A-123792952. International Union for Conservation of Nature, Gland, Switzerland, http://dx.doi.org/10.2305/IUCN.UK.2017-3.RLTS.T22066A45034047.en. Zugriff 27.11.2024.

23 Escobar-Lasso, Sergio, Cepeda-Duque, Juan C., Gil-Fernández, Margarita, & González-Maya, José F.: »Is the Banana Ripe? Andean Bear–Human Conflict in a Protected Area of Colombia«. *Human–Wildlife Interactions*: Vol. 14: Iss. 2, Article 10. DOI: https://doi.org/10.26077/6e5e-089e, https://digitalcommons.usu.edu/hwi/vol14/iss2/10.

24 https://www.acupari.de/blog/das-fest-von-qoyllur-riti-cusco-peru. Zugriff: 27.11. 2024.

25 Dickie, Gloria: Eight Bears: Mythic Past and Imperiled Future. WW Norton & Company, 2023.

26 https://www.wwf.de/themen-projekte/artenlexikon/lippenbaer. Zugriff: 27.11.2024.

27 Suraweera, W., Warrell, D., Whitaker, R., Menon, G., Rodrigues, R., Fu, S. H., Begum, S., Sati, P., Piyasena, K., Bhatia, M., Brown, P., Jha, P.: »Trends in snakebite deaths in India from 2000 to 2019 in a nationally representative mortality study«. *eLife* 2020, 9:10.7554/eLife.54076.

28 https://thewire.in/environment/tiger-elephant-attack-deaths-data-parliament. Zugriff: 27.11.2024.

29 https://www.nationalgeographic.com/animals/article/sloth-bears-are-worlds-deadliest-india-human-conflict. Zugriff: 27.11.2024.

30 Gulati, Sumeet, u. a.: »Human casualties are the dominant cost of human-wildlife conflict in India«. *Proceedings of the National Academy of Sciences* 118. 8 (2021): e1921338118.

31 https://www.cbsnews.com/news/sloth-bear-attack-kills-couple-india-forest/. Zugriff: 27.11.2024.

32 Yoganand, K., u. a.: »Is the sloth bear in India secure? A preliminary report on distribution, threats and conservation requirements«. *The Journal of the Bombay Natural History Society* (2006).

33 https://wikide.org/de/Forestry_in_India? Zugriff: 6.2.2025.

34 WWF (2024): *Living Planet Report 2024 – A System in Peril.* WWF, Gland, Switzerland.

35 Mora, C., Tittensor, D. P., Adl, S., Simpson, A. G., & Worm, B.: »How many species are there on Earth and in the ocean?«. *PLOS Biol* 9(8), e1001127.

36 D'Cruze, Neil, u. a.: »Dancing bears in India: A sloth bear status report«. *Ursus* 22.2 (2011): 99–105.

37 https://wildlifesos.org/sloth-bears-animals/from-captivity-to-conservation-our-efforts-to-protect-sloth-bears/. Zugriff: 27.11.2024.

38 Bernd Brunner: *Bär und Mensch: Die Geschichte einer Beziehung.* WBG, 2010.

39 https://english.news.cn/20240125/416e32c8c0634155b768f81364033b1b/c.html. Zugriff: 27.11.2024.

40 https://www.nationalgeographic.de/tiere/2020/08/mei-xiang-ist-wieder-panda-mama-warum-pandazucht-so-schwierig-ist. Zugriff: 27.11.2024.

41 https://www.sichuanfun.com/national-panda-census-released/. Zugriff: 6.2.2025.

42 https://blog.wwf.de/die-zehn-skurrilsten-panda-fakten/. Zugriff: 27.11.2024.

43 Huang, Guangping, u. a.: »Seasonal shift of the gut microbiome synchronizes host peripheral circadian rhythm for physiological adaptation to a low-fat diet in the giant panda«. *Cell Reports* 38. 3 (2022).

44 Ding, Bo, Ya-ping Zhang & Oliver A. Ryder: »Extraction, PCR amplification, and sequencing of mitochondrial DNA from scent mark and feces in the giant panda«. *Zoo Biology: Published in affiliation with the American Zoo and Aquarium Association* 17. 6 (1998): 499–504.

45 https://www.spektrum.de/news/bambushunger-machte-pandas-immer-aehnlicher/1435464. Zugriff: 27.11.2024.

46 Zheng, Xiao, u. a.: »The bamboo flowering cycle sheds light on flowering diversity«. *Frontiers in Plant Science* 11 (2020): 381.

47 https://www.wwf.de/themen-projekte/artenlexikon/grosser-panda. Zugriff: 27.11. 2024.

48 Dickie, Gloria: *Eight Bears: Mythic Past and Imperiled Future.* WW Norton & Company, 2023.

49 https://www.bz-berlin.de/archiv-artikel/wie-kanzler-helmut-schmidt-berlins-panda-papa-wurde. Zugriff: 27.11.2024.

50 https://www.bz-berlin.de/archiv-artikel/berliner-zoo-zahlt-millionen-fuer-panda-paerchen. Zugriff: 27.11.2024.

51 https://www.wwf.de/themen-projekte/artenlexikon/kragenbaer. Zugriff: 27.11.2024.

52 ebd.

53 Lazaridis, Konstantinos N., Gores, Gregory J., & Lindor, Keith D. »Ursodeoxycholic acid ›mechanisms of action and clinical use in hepatobiliary disorders‹«. *Journal of Hepatology* 35.1 (2001): 134–146.

54 https://www.nationalgeographic.de/tiere/2020/03/chinas-regierung-empfiehlt-baerengalle-gegen-covid-19. Zugriff: 27.11.2024.

55 https://www.animalsasia.org/de/our-work/end-bear-bile-farming/. Zugriff: 27.11. 2024.

56 https://www.morgenpost.de/ratgeber/article237795555/kragenbaeren-gallensaft-medizin-qual-prozedur-abzapfen.html#:~:text=Immer%20wieder%20gelangen%20Produkte%20mit,nur%20die%20Spitze%20des%20Eisbergs. Zugriff: 27.11.2024.

57 De Alvarado, Mónica Villalba, u. a.: »Pleistocene Asian black bear (Ursus thibetanus Cuvier, 1823) in the Iberian Peninsula: new evidence and a complete review«. *Quaternary Science Reviews* 325 (2024): 108385.
58 Izumiyama, Shigeyuki & Toshiaki Shiraishi: »Seasonal changes in elevation and habitat use of the Asiatic black bear (Ursus thibetanus) in the Northern Japan Alps«. *Mammal Study* 29. 1 (2004): 1–8.
59 https://www.nationalgeographic.de/geschichte-und-kultur/2017/11/japans-heilige-baerenjagd. Zugriff: 27.11.2024.
60 https://www.kleinezeitung.at/international/6327285/Baerenattacken-in-Japan_MonsterWoelfe-sollen-die-Raubtiere-verjagen. Zugriff: 27.11.2024.
61 Taylor, D., Hartmann, D., Dezecache, G., u. a.: »Facial Complexity in Sun Bears: Exact Facial Mimicry and Social Sensitivity«. *Sci Rep* 9, 4961 (2019). https://doi.org/10.1038/s41598-019-39932-6.
62 Fredriksson, Gabriella: »Human-sun bear conflicts in east Kalimantan, Indonesian Borneo«. *Ursus* 16. 1 (2005): 130–137.
63 Krishnasamy, Kanitha, & Chris R. Shepherd: »A review of the sun bear trade in Sarawak, Malaysia«. TRAFFIC *Bulletin* 26. 1 (2014): 37–40.
64 https://www.vier-pfoten.at/unsere-geschichten/news-und-blog/die-geschichte-der-baerenfarmen-zur-gallesaftgewinnung-in-vietnam. Zugriff: 27.11.2024.
65 https://www.wwf.de/themen-projekte/artenlexikon/amerikanischer-schwarzbaer-baribal. Zugriff: 27.11.2024.
66 Apps, Clayton D., Bruce N. McLellan & John G. Woods: »Landscape partitioning and spatial inferences of competition between black and grizzly bears«. *Ecography* 29. 4 (2006): 561–572.
67 https://www.sn.at/panorama/international/britische-armee-behaelt-baerenfell-muetzen-78821296. Zugriff: 27.11.2024.
68 Lewis, D. L., u. a.: »Foraging ecology of black bears in urban environments: guidance for human bear conflict mitigation«. *Ecosphere* 6. 8 (2015): 1–18.
69 Dickie, Gloria: *Eight Bears: Mythic Past and Imperiled Future.* WW Norton & Company, 2023.
70 Vonk, J., & S. E. Jett: »›Bear-ly‹ learning: Limits of abstraction in black bear cognition«. *Animal Behavior and Cognition* 5. 1 (2018): 68–78.
71 https://www.landtiere.de/weitere-tiere/intelligenz-tests-forschungen-eigenschaften-alleskoenner-bedrohung-forscher-studie-baeren-zr-92265958.html. Zugriff: 27.11. 2024.
72 Crockford, Susan J.: »The State of the Polar Bear Report 2020«. *Global Warming Policy Foundation Report* 48 (2021).
73 https://www.meereisportal.de/newsliste/detail/arktisches-meereis-weiter-auf-dem-rueckzug. Zugriff: 27.11.2024.
74 Bromaghin, Jeffrey F., u. a.: »Polar bear population dynamics in the southern Beaufort Sea during a period of sea ice decline«. *Ecological Applications* 25. 3 (2015): 634–651.
75 Obbard, M. E., Cattet, M. R. L., Howe, E. J., Middel, K. R., Newton, E. J., Kolenosky, G. B., Abraham, K. F., & C. J. Greenwood: »Trends in body condition in polar bears (Ursus maritimus) from the Southern Hudson Bay subpopulation in relation to changes in sea ice«. *Arctic Science* 2(1): 15–32.

76 Regehr, Eric V., u. a.: »Demographic risk assessment for a harvested species threatened by climate change: polar bears in the Chukchi Sea«. *Ecological Applications* 31. 8 (2021): e02461.

77 Wilder, James M., u. a.: »Polar bear attacks on humans: Implications of a changing climate«. *Wildlife Society Bulletin* 41. 3 (2017): 537–547.

78 https://www.welt.de/wissenschaft/umwelt/article145703742/Tod-von-Eisbaer-Knut-jetzt-endgueltig-geklaert.html. Zugriff: 6.2.2025.

Geschichte(n)

1 https://www.tagesspiegel.de/gesellschaft/panorama/stoibers-kleine-barenkunde-1338058.html. Zugriff: 27.11.2024.

2 Höneisen, Maya, u. a.: *Der Braunbär: die Rückkehr eines Grossraubtiers.* Haupt Verlag, 2009.

3 Hespeler, Bruno: *Brunos Heimkehr: Bär, Wolf und Luchs kommen wieder. Ängste, Risiken und Hoffnungen.* Ed. Raetia, 2006.

4 Pichler, Christian: »Das Verschwinden der Ötscherbären«. *Naturschutz-Nachrichten d. Niederösterr. Naturschutzbundes* (2021): 6–7.

5 Robin, Klaus, Graf, Roland, & Reinhard Schnidrig-Petrig: *Wildtiermanagement: eine Einführung.* Haupt Verlag, 2022.

6 Österreichische Bären-Eingreiftruppe: *JJ1 »Bruno« in Tirol, Vorarlberg und Bayern 2006 – Protokoll und Beurteilung der Ereignisse.* Wien 2006.

7 https://www.nytimes.com/2006/06/27/world/europe/27bear.html vom 27. Juni 2006. Zugriff: 27.11.2024.

8 Schmölcke, Ulrich: »The history of the brown bear (Ursus arctos L.) in the northern German lowlands«. *Bear and Human: Facets of a Multi-Layered Relationship from Past to Recent Times, with Emphasis on Northern Europe.* 2023. 265–290. In: Grimm, Oliver: »Bear and human: facets of a multi-layered relationship from past to recent times, with emphasis on Northern Europe«. (2023): 1 – 1198.

9 Hallowell, Alfred Irving: »Bear Ceremonialism in the Northern Hemisphere«. *American Anthropologist,* Vol. 28, No. 1. University of Pennsylvania, 1926.

10 Sommer, R. S., & N. Benecke: »The recolonization of Europe by brown bears Ursus arctos Linnaeus, 1758 after the Last Glacial Maximum«. *Mammal Review* 35, 2005, 156–164.

11 Brunner, Bernd: *Bär und Mensch: Die Geschichte einer Beziehung.* WBG, 2010.

12 Magnell, Ola: »Bears and humans in Sweden – 10,000 years of interactions from the Mesolithic to the Middle Ages«. *Bear and Human: Facets of a Multi-Layered Relationship from Past to Recent Times, with Emphasis on Northern Europe.* 209–234.

13 https://l-static.de/book-preview/121118.pdf. Zugriff: 27.11.2024.

14 Ganz, Robert: »Der Bär in der Antike und im Mittelalter – Mythos, des Teufels, Berns Wappentier«. 2016. in: Historischer Kalender, oder der hinkende Bot. https://doi.org/10.5169/seals-656867.

15 Brehm, Alfred Edmund: *Illustrirtes Thierleben: eine allgemeine Kunde des Thierreichs.* 6 Bände, 1869.

16 Hespeler, Bruno: *Brunos Heimkehr: Bär, Wolf und Luchs kommen wieder. Ängste, Risiken und Hoffnungen.* Ed. Raetia, 2006.

17 https://www.br.de/nachrichten/bayern/akribisch-verfolgt-wie-braunbaeren-ausgerottet-wurden,Tc44izF. Zugriff: 27.11.2024.

18 Kaczensky, P., Chapron, G., von Arx, M., Huber, D., Andrén, H., & J. Linnell: *Status, management and distribution of large carnivores – bear, lynx, wolf & wolverine – in Europe. Part 1.* Europe summaries. Report: 1–72. A Large Carnivore Initiative for Europe Report prepared for the European commission. sowie Kaczensky, Petra; Ranc, Nathan; Hatlauf, Jennifer u. a. (2024). Large carnivore distribution maps for Europe 2017–2022/23 [Dataset]. Dryad. https://doi.org/10.5061/dryad.3xsj3txrc.

19 Dickie, Gloria: *Eight Bears: Mythic Past and Imperiled Future.* WW Norton & Company, 2023.

20 Müller, Klaus (Hg.): *Lexikon der Redensarten. Herkunft und Bedeutung deutscher Redewendungen.* Bassermann Verlag, München 2005: »jmdm. einen Bären aufbinden«, Seite 46.

21 *Der Bär und der Gartenliebhaber.* Fabeln von Jean de La Fontaine. Illustration von François Chauveau. Ausgabe von 1728.

22 Ganz, Robert: »Der Bär in der Antike und im Mittelalter – Mythos, des Teufels, Berns Wappentier«. 2016. in: Historischer Kalender, oder der hinkende Bot. https://doi.org/10.5169/seals-656867.

23 Skuban, Michaela: *Dem Braunbären auf der Spur …* Stocker, 2011.

24 Brunner, Bernd: *Bär und Mensch.* WBG, 2010.

25 https://ich.unesco.org/en/RL/bear-festivities-in-the-pyrenees-01846. Zugriff: 27.11.2024.

26 https://www.baer.de/wissen/baerenmissbrauch/1159-kampfbaeren. Zugriff: 27.11. 2024.

27 P. Ovidius Naso: *Metamorphosen 2*, 466–475.

28 https://www.deutschlandfunk.de/der-zukuenftige-polarstern-100.html. Zugriff: 27.11. 2024.

29 https://www.ardaudiothek.de/episode/100-berlin/warum-hat-berlin-eigentlich-einen-baeren-als-wappentier/rbb-88-8/10538353/. Zugriff: 27.11.2024.

Alaska

1 https://www.fischbestaende-online.de/fischarten/wildlachs-pazifischer/pazifischer-wildlachs. Zugriff: 27.11.2024.

2 https://www.worldwildlife.org/stories/why-is-bristol-bay-important-for-salmon-and-seven-other-bristol-bay-facts. Zugriff: 27.11.2024.

3 Gende, Scott M., & Thomas P. Quinn: »The fish & the forest«. *Scientific American* 295. 2 (2006): 84–89.

4 https://www.seattletimes.com/seattle-news/helicopters-dropping-salmon-carcasses-into-oregon-national-forest/. Zugriff: 27.11.2024.

5 Leopold, Aldo Starker: *Wildlife Management in the National Parks.* 1963.

6 https://www.tt.com/artikel/30807674/wissen-aus-dem-alpenzoo-baeren-riechen-100-000-mal-besser-als-menschen. Zugriff: 27.11.2024.

7 https://www.provinz.bz.it/land-forstwirtschaft/fauna-jagd-fischerei/downloads/ratgeber.pdf. Zugriff: 27.11.2024.

8 https://www.alaskaexplored.com/42-hilarious-alaska-jokes/

9 Bombieri, Giulia, u. a.: »Brown bear attacks on humans: a worldwide perspective«. *Scientific Reports* 9. 1 (2019): 1–10. https://rdcu.be/dso5U. Zugriff: 27.11.2024.

10 Byrd, Caroline P.: »Of bears and women: Investigating the hypothesis that menstruation attracts bears«. Graduate Student Theses, Dissertations, & Professional Papers (1988). 7220.

11 Rogers, Lynn L., Gregory A. Wilker & Sally S. Scott: »Reactions of black bears to human menstrual odors«. *The Journal of Wildlife Management* (1991): 632 ff.

12 Gende, Scott M., & Thomas P. Quinn: »The fish & the forest«. *Scientific American* 295. 2 (2006): 84–89.

13 Mattson, David J.: »Consumption of wasps and bees by Yellowstone grizzly bears«. *Northwest Science.* 76. 2 (2002): 166–172.

14 McLellan, Bruce N., & Fred W. Hovey: »The diet of grizzly bears in the Flathead River drainage of southeastern British Columbia«. *Canadian Journal of Zoology* 73. 4 (1995): 704–712.

15 Ogurtsov, S. S.: »The diet of the brown bear (Ursus arctos) in the Central Forest Nature Reserve (West-European Russia), based on scat analysis data«. *Biology Bulletin* 45. 9 (2018): 1039–1054.

16 Klamárová, Simona. *Dietary analysis of the brown bear (Ursus arctos) in Sweden 2015–2018.* MS thesis. University of South-Eastern Norway, 2019.

17 https://www.nps.gov/katm/planyourvisit/upload/bear-viewing-at-brooks-camp.pdf. Zugriff: 27.11.2024.

18 Streams, Salmon: »Brown Bear Diurnal Activity and Human Use: A Comparison of Two«. *Ursus* 10:547–555.

19 https://bear.org/bear-facts/kodiak-bears/. Zugriff: 27.11.2024.

20 Skuban, Michaela: *Dem Braunbären auf der Spur … Lebensweise; Geschichte; Mythen.* Stocker, 2011.

21 Molinari, Paolo, Ryser-Degiorgis, Marie-Pierre, & Anja Molinari-Jobin: *Raubtiere am Werk. Handbuch zur Bestimmung von Rissen und allgemeinen Nachweisen von Großraubtieren in Mitteleuropa.* WWF, 2021.

22 Grolms, Joscha: *Tierspuren Europas: Spuren und Zeichen bestimmen und interpretieren. Mit Spuren und Zeichen von Säugetieren, Vögeln, Reptilien, Amphibien und Wirbellosen.* Verlag Eugen Ulmer, 2021.

23 Tattoni, C., Natalia, B., Claudio, G., & Francesco, R.: »Patterns in the use of rub trees by the Eurasian brown bear«. *Hystrix*, 26(2), 118–124.

24 Monson, Daniel H., Taylor, Rebecca L., Hilderbrand, Grant V., Erlenbach, Joy A., Coletti, Heather A., Kloecker, Kimberly A., Esslinger, George G., & James L. Bodkin: »Brown bear–sea otter interactions along the Katmai coast: terrestrial and nearshore communities linked by predation«. Journal of Mammalogy, Vol. 104/1, Februar 2023, 171–183. https://doi.org/10.1093/jmammal/gyac095.

25 Zedrosser, Andreas, u. a.: »The social system of a ›nonsocial‹ species, the brown bear«. *Bear and Human: Facets of a Multi-Layered Relationship from Past to Recent Times, with Emphasis on Northern Europe*. 121 – 128. In: Grimm, Oliver. »Bear and human: facets of a multi-layered relationship from past to recent times, with emphasis on Northern Europe«. (2023): 1–1198.

26 Trivers, R. L. (1972): »Parental investment and sexual selection«, p. 136–179. In: B. Campbell: *Sexual selection and the descent of man 1871–1971*. Aldine-Atherton, Chicago; Andersson, M.: *Sexual Selection*. Princeton University Press, 1994.

27 Smith, J. Maynard: »Parental investment: a prospective analysis«. *Animal Behaviour* (1977).

28 https://academic.oup.com/mbe/article/32/12/3114/2579313. Zugriff: 27.11.2024.

29 https://www.nationalgeographic.de/tiere/2018/06/alleinerziehende-vaeter-im-tierreich. Zugriff: 27.11.2024.

30 Andersson, M.: *Sexual Selection*. Princeton University Press, 1994.

31 Trivers, R. L. (1972): »Parental investment and sexual selection«, p. 136–179. In: B. Campbell: *Sexual selection and the descent of man 1871–1971*. Aldine-Atherton, Chicago.

32 Zedrosser, Andreas, u. a.: »The social system of a ›nonsocial‹ species, the brown bear«. *Bear and Human: Facets of a Multi-Layered Relationship from Past to Recent Times, with Emphasis on Northern Europe*. 121–128.

33 https://www.jagdfakten.at/rotwild-steckbrief-hirsch-kahlwild-hirschkalb/. Zugriff: 27.11.2024.

34 https://www.rothirsch.org/wissen/steckbrief-2/. Zugriff: 27.11.2024.

35 Andersson, M.: *Sexual Selection*. Princeton University Press, 1994.

36 Steyaert, Sam MJG, u. a.: »The mating system of the brown bear Ursus arctos«. *Mammal Review* 42. 1 (2012): 12–34.

37 Dahle, Bjørn, und Jon E. Swenson: »Seasonal range size in relation to reproductive strategies in brown bears Ursus arctos«. *Journal of Animal Ecology* 72. 4 (2003): 660–667.

38 Edwards, Mark A., & Andrew E. Derocher: »Mating-related behaviour of grizzly bears inhabiting marginal habitat at the periphery of their North American range«. *Behavioural Processes* 111 (2015): 75–83.

39 McLellan, Bruce, & David C. Reiner: »A review of bear evolution«. *Bears: Their Biology and Management*, Vol. 9, Part 1: A Selection of Papers from the Ninth International Conference on Bear Research and Management, Missoula, Montana, February 23-28, 1992 (1994), pp. 85-96 (12 pages). Published By: International Association for Bear Research and Management.

40 Zedrosser, Andreas, u. a.: »Genetic estimates of annual reproductive success in male brown bears: the effects of body size, age, internal relatedness and population density«. *Journal of Animal Ecology* 76. 2 (2007): 368–375.

41 Zedrosser, Andreas, u. a.: »The effects of primiparity on reproductive performance in the brown bear«. *Oecologia* 160 (2009): 847–854.

42 https://newsv2.orf.at/stories/2293423/. Zugriff: 27.11.2024.

43 https://www.hna.de/welt/eisbaer-polarbaer-grizzlybaer-pizzly-baer-grolar-baer-klimakrise-klimawandel-arktis-haeufiger-zr-90487833.html. Zugriff: 27.11.2024.

44 Dahle, Bjørn, & Jon E. Swenson: »Family breakup in brown bears: are young forced to leave?«. *Journal of Mammalogy* 84. 2 (2003): 536–540.

45 McLellan, Bruce N., & Fred W. Hovey: »Habitats selected by grizzly bears in a multiple use landscape«. *The Journal of Wildlife Management* (2001): 92–99.

46 Dahle, Bjørn, Støen, Ole-Gunnar, und Jon E. Swenson: »Factors influencing home-range size in subadult brown bears«. *Journal of Mammalogy* 87. 5 (2006): 859–865; Krofel, Miha, Filacorda, Stefano, und Klemen Jerina: »Mating-related movements of male brown bears on the periphery of an expanding population«. *Ursus* 21. 1 (2010): 23–29.

47 Støen, Ole-Gunnar, u. a.: »Inversely density-dependent natal dispersal in brown bears Ursus arctos«. *Oecologia* 148 (2006): 356–364.

48 Zedrosser, Andreas, u. a.: »Should I stay or should I go? Natal dispersal in the brown bear«. *Animal Behaviour* 74. 3 (2007): 369–376.

49 Dahle, Bjørn, Støen, Ole-Gunnar, & Jon E. Swenson: »Factors influencing home-range size in subadult brown bears«. *Journal of Mammalogy* 87. 5 (2006): 859–865.

50 Ordiz, Andrés, u. a.: »Distance-dependent effect of the nearest neighbor: spatiotemporal patterns in brown bear reproduction«. *Ecology* 89. 12 (2008): 3327–3335.

51 Hansen, Jennifer Eve, u. a.: »Social environment shapes female settlement decisions in a solitary carnivore«. *Behavioral Ecology* 33.1 (2022): 137 – 146.

52 Gosselin, Jacinthe, u. a.: »The relative importance of direct and indirect effects of hunting mortality on the population dynamics of brown bears«. *Proceedings of the Royal Society B: Biological Sciences* 282. 1798 (2015): 20141840; Frank, Shane C., u. a.: »Indirect effects of bear hunting: a review from Scandinavia«. *Ursus* 28. 2 (2017): 150–164.

53 Frank, Shane C., u. a.: »Indirect effects of bear hunting: a review from Scandinavia«. *Ursus* 28. 2 (2017): 150–164.

54 https://www.nationalgeographic.com/environment/article/tibet-china-zombie-fungus-cordyceps-trade. Zugriff: 27.11.2024.

55 Sapp, S. G. H., Gupta, P., Martin, M. K., Murray, M. H., Niedringhaus, K. D., Pfaff, M. A., & M. J. Yabsley: »Beyond the raccoon roundworm: The natural history of non-raccoon *Baylisascaris* species in the New World«. *Int J Parasitol Parasites Wildl.* 2017 Apr 30;6(2):85–99. doi: 10.1016/j.ijppaw.2017.04.003. PMID: 28529879; PMCID: PMC 5429227.

56 https://www.fli.de/de/institute/institut-fuer-molekulare-virologie-und-zellbiologie-imvz/referenzlabore/woah-und-nrl-fuer-tollwut-who-cc/. Zugriff am 7.2.2025.

Rumänien

1 https://www.tagesschau.de/ausland/europa/rumaenien-braunbaeren-101.html. Zugriff: 27.11.2024.

2 Nowak, C., Domokos, C., Dustov, A., & C. Frosch: »Molecular evidence for historic long-distance translocations of brown bears in the Balkan region«. *Conservation Genetics* 2014. dx.doi.org/10.1007/s10592–014–0570–7.

3 https://www.unesco.de/staette/alte-buchenwaelder-und-buchenurwaelder-der-karpaten-und-anderer-regionen-europas/. Zugriff: 6.2.2025.

4 https://www.profil.at/investigativ/kritik-in-rumaenien-wie-ein-holzkonzern-aus-oesterreich-baeume-kuerzerrechnet/402245577. Zugriff: 27.11.2024.

5 https://www.tagesschau.de/investigativ/ndr-wdr/holz-mafia-rumaenien-101.html. Zugriff: 27.11.2024.

6 https://www.wwf.de/themen-projekte/artenlexikon//braunbaer. Zugriff: 6.2.2025.

7 Friebe, A., Evans, A. L., Arnemo, J. M., Blanc, S., Brunberg, S., Fleissner, G., u. a.: »Factors Affecting Date of Implantation, Parturition, and Den Entry Estimated from Activity and Body Temperature in Free-Ranging Brown Bears«. *PLOS One* 9(7) 2014: e101410. https://doi.org/10.1371/journal.pone.0101410.

8 Nawaz, Muhammad Ali: *Ecology, genetics and conservation of Himalayan brown bears.* Department of Ecology and Natural Resource Management, Norwegian University of Life Sciences, 2008; McLellan, Bruce, & David C. Reiner: »A review of bear evolution«. *Bears: their biology and management* (1994): 85–96.

9 Goropashnaya, Anna V., Barnes, Brian M., & Vadim B. Fedorov: »Transcriptional changes in muscle of hibernating arctic ground squirrels (Urocitellus parryii): implications for attenuation of disuse muscle atrophy«. *Scientific Reports* 10. 1 (2020): 9010.

10 https://www.adfg.alaska.gov/index.cfm?adfg=wildlifenews.view_article&articles_id=21#:~:text=A%20bear%20may%20lose%20hundreds,bear%20recycles%20its%20metabolic%20waste. Zugriff: 27.11.2024.

11 https://www.aerzteblatt.de/archiv/230216/Uebermaessiger-Fruktosekonsum-Evolutionaerer-Vorteil-koennte-sich-umkehren. Zugriff: 27.11.2024.

12 Ovid: *Metamorphosen*, 15. Buch.

13 Goethe, J. W.: *Gedichte. Ausgabe letzter Hand, 1827*: »Sprichwörtlich«.

14 Koreň, Milan, u. a.: »Habitat suitability modelling from non-point data: the case study of brown bear habitat in Slovakia«. *Ecological Informatics* 6(5) (2011): 296–302.

15 Sahlén, Veronica, u. a.: »Behavioural differences between single Scandinavian brown bears (Ursus arctos) and females with dependent young when experimentally approached by humans«. *PLOS One* 10. 4 (2015): e0121576; Elfström, Marcus, Jon E. Swenson und John P. Ball: »Selection of denning habitats by Scandinavian brown bears Ursus arctos«. *Wildlife Biology* 14. 2 (2008): 176–187.

16 Evans, Alina L., u. a.: »Drivers of hibernation in the brown bear«. *Frontiers in Zoology* 13 (2016): 1–14.

17 Pusey, Anne E., & Craig Packer: »Infanticide in lions: consequences and counter-strategies«. *Infanticide and Parental Care* (1994): 277–299. Harwood Academic Publishers.

18 Dahle, Bjørn, & Jon E. Swenson. »Seasonal range size in relation to reproductive strategies in brown bears Ursus arctos«. *Journal of Animal Ecology* 72.4 (2003): 660 – 667.

19 https://www.politico.eu/article/romania-bear-attacks-on-humans/. Zugriff: 27.11. 2024.

20 Dokumentations- und Beratungsstelle des Bundes zum Thema Wolf: *Wolfsverursachte Schäden, Präventions- und Ausgleichszahlungen in Deutschland 2023.* September 2024.

21 https://www.focus.de/panorama/welt/tod-fuer-trophaee-groesster-braunbaer-europas-tot-prinz-von-liechtenstein-erlegt-baeren-fuer-trophaee_id_13268571.html. Zugriff: 27.11.2024.

22 https://www.sn.at/panorama/international/baeren-kragen-164038924. Zugriff: 27.11.2024.
23 Pop, Mihai I., u. a.: »Predictors of brown bear predation events on livestock in the Romanian Carpathians«. *Conservation Science and Practice* 5.3 (2023): e12884.
24 Reinhardt, Ilka, Kaczensky, Petra, Frank, Jens, Knauer, Felix, & Gesa Kluth: *Konzept zum Umgang mit Wölfen, die sich Menschen gegenüber auffällig verhalten. Empfehlungen der DBBW.* BfN-Skripten 502, 2018.
25 Immelmann, K., u. a.: *Verhaltensentwicklung bei Mensch und Tier.* Übs. H.-H. Bergmann & K. Grossmann. Berlin und Hamburg 1982.
26 Cimpoca, Alina, & Mircea Voiculescu: »Patterns of Human–Brown Bear Conflict in the Urban Area of Brașov, Romania«. *Sustainability* 14.13 (2022): 7833.

Bayern

1 https://www.unionesarda.it/de/italien/laufer-getotet-obduktion-bestatigt-es-war-der-bar-befahl-die-schlachtung-des-tieres-hqwvrys9. Zugriff: 27.11.2024.
2 https://www.lfu.bayern.de/natur/wildtiermanagement_grosse_beutegreifer/baer/monitoring/index.htm. Zugriff: 27.11.2024.
3 https://www.wochenblatt-dlv.de/politik/wolf-fischotter-so-man-bayern-jagen-572967. Zugriff: 27.11.2024.
4 Gutleb, B., Molinari, P., & M. Adamic: »Did the brown bear (Ursus arctos) ever disappear from the southeastern Alps?«. *11th International Conference on Bear Management and Research: European Session. Book of the Abstracts: 23. Bundesministerium für Umwelt, Jugend und Familie.* Graz, Austria 1997.
5 https://www.stmelf.bayern.de/service/presse/pm/2022/kaniber-und-glauber-verkuenden-erste-nicht-zumutbar/index.html. Zugriff: 27.11.2024.
6 https://www.eurolargecarnivores.eu/en/results.
7 https://www.protectiondestroupeaux.ch/fileadmin/doc/Projekte/Hirtenumfrage/Bericht_Hirtenumfrage.pdf. Zugriff: 27.11.2024.
8 WWF Deutschland: *Herdenschutz. Basisinformationen für Tierhalter:innen und Interessierte.* 2021.
9 https://www.protectiondestroupeaux.ch/herdenschutzhunde/tourismus-und-herdenschutzhunde/sichere-begegnungen-mit-herdenschutzhunden/. Zugriff: 6.2.2025.
10 Güthlin, Denise, u. a.: »Estimating habitat suitability and potential population size for brown bears in the Eastern Alps«. *Biological Conservation* 144.5 (2011): 1733–1741.
11 Gross, E., Jayasinghe, N., Brooks, A., Polet, G., Wadhwa, R., & F. Hilderink-Koopmans: *A Future for All: The Need for Human-Wildlife Coexistence.* WWF, Gland, Switzerland 2021.
12 Majić, A., & Miha Krofel: »Defining, preventing and reacting to problem bear behaviour in Europe«. *CDP News* 12 (2016).
13 Skuban, Michaela: *Dem Braunbären auf der Spur …* Stocker, 2011.
14 Zimmermann, Alexandra, McQuinn, Brian, & David W. Macdonald: »Levels of conflict over wildlife: Understanding and addressing the right problem«. *Conservation Science and Practice* 2.10 (2020): e259.

REGISTER

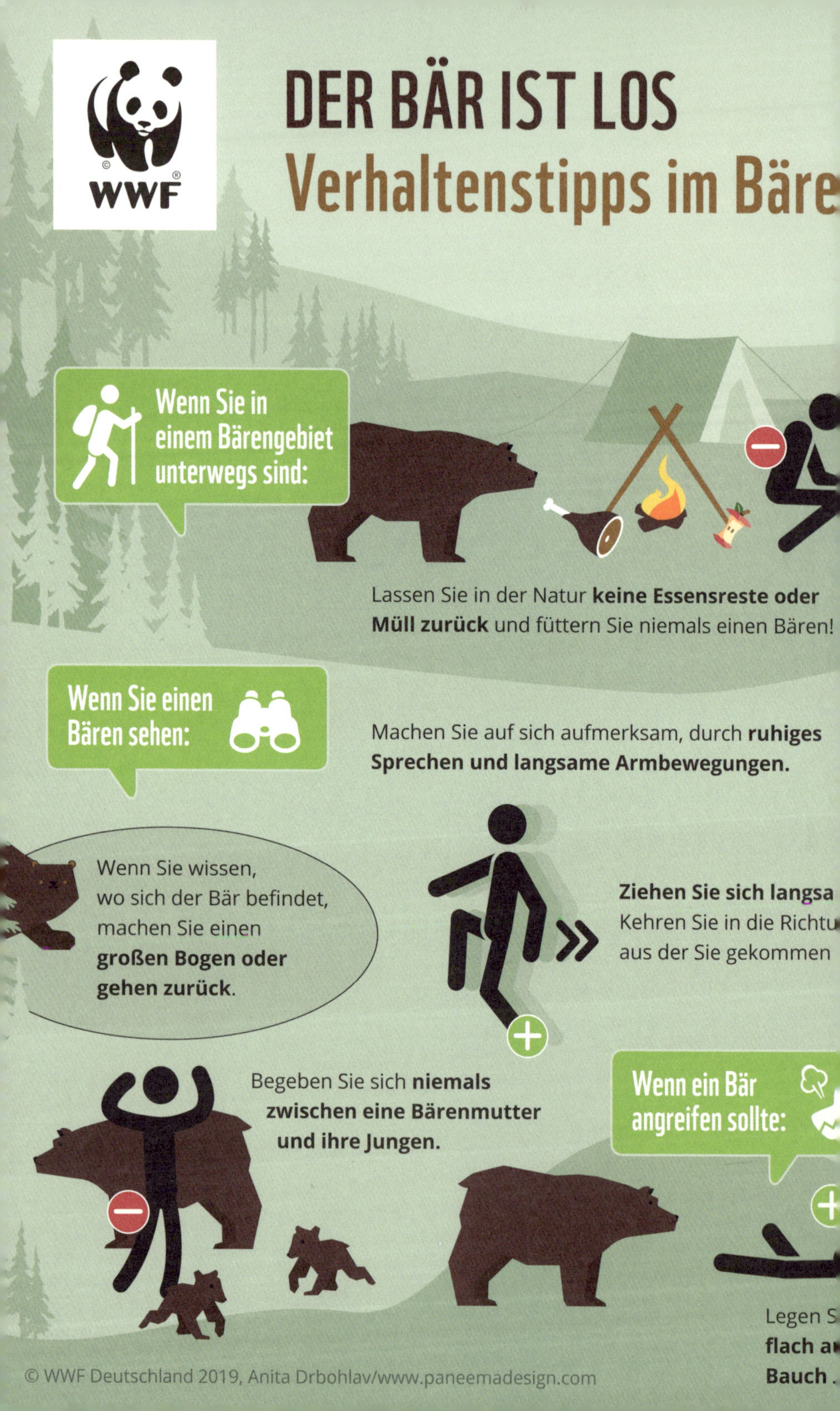
WWF
DER BÄR IST LOS
Verhaltenstipps im Bäre
Wenn Sie in einem Bärengebiet unterwegs sind:
Lassen Sie in der Natur **keine Essensreste oder Müll zurück** und füttern Sie niemals einen Bären!
Wenn Sie einen Bären sehen:
Machen Sie auf sich aufmerksam, durch **ruhiges Sprechen und langsame Armbewegungen.**
Wenn Sie wissen, wo sich der Bär befindet, machen Sie einen **großen Bogen oder gehen zurück.**
Ziehen Sie sich langsa
Kehren Sie in die Richtu
aus der Sie gekommen
Begeben Sie sich **niemals zwischen eine Bärenmutter und ihre Jungen.**
Wenn ein Bär angreifen sollte:
Legen S
flach a
Bauch .
© WWF Deutschland 2019, Anita Drbohlav/www.paneemadesign.com